MICROTOPOGRAPHY MEASUREMENT TECHNOLOGY

微观形貌测量技术

惠梅 著

北京理工大学出版社

BEIJING INSTITUTE OF TECHNOLOGY PRESS

版权专有　侵权必究

图书在版编目（CIP）数据

微观形貌测量技术 / 惠梅著. —北京：北京理工大学出版社，2018.12
ISBN 978-7-5682-6547-8

Ⅰ.①微…　Ⅱ.①惠…　Ⅲ.①表面形貌学–光学测量　Ⅳ.①O485

中国版本图书馆 CIP 数据核字（2018）第 287428 号

出版发行 / 北京理工大学出版社有限责任公司
社　　址 / 北京市海淀区中关村南大街 5 号
邮　　编 / 100081
电　　话 /（010）68914775（总编室）
　　　　　（010）82562903（教材售后服务热线）
　　　　　（010）68948351（其他图书服务热线）
网　　址 / http://www.bitpress.com.cn
经　　销 / 全国各地新华书店
印　　刷 / 保定市中画美凯印刷有限公司
开　　本 / 710 毫米×1000 毫米　1/16
印　　张 / 19　　　　　　　　　　　　　　　责任编辑 / 王美丽
字　　数 / 303 千字　　　　　　　　　　　　文案编辑 / 孟祥雪
版　　次 / 2018 年 12 月第 1 版　2018 年 12 月第 1 次印刷　责任校对 / 周瑞红
定　　价 / 86.00 元　　　　　　　　　　　　责任印制 / 李志强

图书出现印装质量问题，请拨打售后服务热线，本社负责调换

目 录
CONTENTS

第一章　绪论 ··· 001
- 1.1 形貌测量概述 ··· 001
- 1.2 微观形貌测量 ··· 003
  - 1.2.1 机械触针轮廓术 ··· 003
  - 1.2.2 光学轮廓术 ··· 006
  - 1.2.3 光学探针轮廓术 ··· 015
  - 1.2.4 扫描电子显微镜 ··· 020
  - 1.2.5 扫描隧道显微镜 ··· 022
  - 1.2.6 原子力显微镜 ··· 024
- 1.3 微观形貌测量技术应用及其发展 ··· 025

第二章　相移干涉原理 ··· 029
- 2.1 相移干涉术 ··· 029
  - 2.1.1 分步进相移干涉术 ··· 031
  - 2.1.2 线性连续相移干涉术 ··· 034
- 2.2 最佳采样方式 ··· 038
- 2.3 移相方式 ··· 040
  - 2.3.1 偏振移相 ··· 042
  - 2.3.2 光栅衍射移相 ··· 042
  - 2.3.3 倾斜玻璃板移相 ··· 043
  - 2.3.4 压电陶瓷移相 ··· 043
- 2.4 相位计算 ··· 047
  - 2.4.1 相位提取算法 ··· 047
  - 2.4.2 相位解包裹算法 ··· 048
- 2.5 影响测量误差的主要因素 ··· 051

第三章　相移提取算法 ··· 055
3.1 经典相位提取算法 ··· 056
3.1.1 最小二乘算法 ··· 056
3.1.2 同步检测算法 ··· 056
3.1.3 权重最小二乘算法 ··· 057
3.2 快速相位提取算法 ··· 058
3.2.1 传统快速相位提取算法 ··· 058
3.2.2 传统快速相位提取算法精度 ··· 059
3.2.3 改进快速相位提取算法 ··· 065
3.2.4 快速相位提取算法及其分析 ··· 067
3.3 特征多项式相位提取算法 ··· 070
3.3.1 特征多项式 ··· 070
3.3.2 高次谐波不敏感性分析 ··· 071
3.3.3 多项式的离散傅里叶变换 ··· 072
3.3.4 利用特征多项式构造算式 ··· 074
3.4 非线性相移误差不敏感算法 ··· 077
3.4.1 基于 Lissajous 图的最小二乘拟合算法 ··· 078
3.4.2 对基于 Lissajous 图的相位提取算法的改进和发展 ··· 081

第四章　相位解包裹算法 ··· 087
4.1 传统相位解包裹的数学描述 ··· 090
4.1.1 一维数学模型 ··· 090
4.1.2 二维数学模型 ··· 091
4.2 顺序扫描解包裹 ··· 093
4.3 快速离散余弦变换解包裹 ··· 096
4.3.1 二维非权重模型 ··· 096
4.3.2 二维权重模型 ··· 099
4.4 数值模拟相位解包裹算法 ··· 103
4.4.1 基于参考相位阈值的相位解包裹算法 ··· 103
4.4.2 基于一维 FFT 的相位解包裹算法 ··· 104
4.4.3 运用 Zernike 多项式的相位解包裹算法 ··· 105
4.4.4 基于相位跳变线估测的相位解包裹算法 ··· 110

- 4.4.5 基于理想平面拟合的相位解包裹算法 111
- 4.5 路径相依型相位解包裹算法 112
  - 4.5.1 Goldstein 枝切算法 112
  - 4.5.2 质量导引路径相依型算法 118
- 4.6 最小范数二维相位解包裹算法 120
- 4.7 解包裹相位图平滑处理 123

第五章 干涉显微测量 127
- 5.1 干涉显微镜 127
- 5.2 微分相衬干涉显微测量系统 132
  - 5.2.1 微分相衬干涉显微镜 133
  - 5.2.2 图像采集电路 134
  - 5.2.3 相移驱动系统 135
- 5.3 微分相衬干涉显微成像光路 135
  - 5.3.1 光路结构 135
  - 5.3.2 数学模型 136
  - 5.3.3 被测相位 139
  - 5.3.4 干涉图像 141
- 5.4 测量数据处理 141
  - 5.4.1 形貌计算 142
  - 5.4.2 粗糙度参数的定义及计算 143
- 5.5 测量流程及软件框图 147

第六章 微分相衬干涉显微测量 149
- 6.1 测量系统光路的调整 151
  - 6.1.1 检偏器零位的调整 151
  - 6.1.2 1/4 波片快轴方向的调整 151
  - 6.1.3 Nomarski 棱镜剪切方向的调整 152
  - 6.1.4 Nomarski 棱镜零位的调整 152
- 6.2 工作台倾斜的软件调平 153
- 6.3 图像滤波与平滑 154
- 6.4 典型试件测量实例 158
  - 6.4.1 台阶高度测量 158

6.4.2　光盘盘片表面凹坑 ·· 159
　　6.4.3　硅片表面划痕 ·· 159
6.5　相位解包裹实验 ··· 161
　　6.5.1　原理包裹的去除 ·· 161
　　6.5.2　噪声包裹的去除 ·· 161
6.6　Ra 测量对比实验 ·· 168
6.7　系统的分辨率 ··· 170
　　6.7.1　水平分辨率 ·· 170
　　6.7.2　垂直分辨率 ·· 170
6.8　系统的测量范围 ··· 172
　　6.8.1　表面差分测量范围 ·· 172
　　6.8.2　表面高度测量范围 ·· 173
　　6.8.3　表面粗糙度测量范围 ··· 174
6.9　重复测量精度 ··· 174
　　6.9.1　表面形貌高度的重复测量精度 ······································· 174
　　6.9.2　Ra 重复测量精度 ·· 183
6.10　系统的稳定性 ·· 185

第七章　多项式拟合 ··· 187
7.1　Zernike 圆多项式 ·· 188
7.2　Zernike 圆多项式项数确定 ··· 196
7.3　最小二乘正则法 ··· 204
7.4　Gram-Schimdt 正交法 ··· 205

第八章　相移干涉显微测量系统误差分析 ··· 209
8.1　移相器产生的移相误差 ·· 209
　　8.1.1　线性误差 ·· 210
　　8.1.2　二阶非线性误差 ··· 211
8.2　探测器的二次非线性响应误差 ··· 212
8.3　多光束干涉引起的误差 ·· 213
8.4　高频噪声影响 ··· 215
8.5　相位测量精度分析 ·· 216
　　8.5.1　1/4 波片的相位延迟误差 ·· 216

8.5.2　1/4 波片的方位角误差 …………………………………………… 217
8.5.3　检偏器转角误差（移相误差）…………………………………… 220
8.6　应用相位提取算法减小和消除相位测量误差 ………………………… 222
8.6.1　半周期四帧相位提取算法 ………………………………………… 222
8.6.2　无图像平滑滤波时相位提取算法实验验证 ……………………… 225
8.6.3　有图像平滑滤波时相位提取算法实验验证 ……………………… 230
8.7　测量系统的表面形貌计算误差 ………………………………………… 233
8.8　Normaski 棱镜对测量结果的影响 ……………………………………… 234
8.9　测量系统的其他误差分析 ……………………………………………… 235
8.9.1　光源的影响 ………………………………………………………… 235
8.9.2　显微物镜数值孔径的影响 ………………………………………… 236
8.9.3　采样间隔的影响 …………………………………………………… 236
8.9.4　样品倾斜对测量结果的影响 ……………………………………… 237
8.9.5　离焦对测量结果的影响 …………………………………………… 238
8.9.6　被测表面反射率及光波透入深度的影响 ………………………… 243

第九章　光电传感器位移测量 …………………………………………… 245
9.1　光电传感器数值读取 …………………………………………………… 245
9.2　振幅能量式传感器 ……………………………………………………… 247
9.3　振幅相位式传感器 ……………………………………………………… 247
9.4　振幅频率式自动反射镜传感器 ………………………………………… 248

第十章　光电传感器测角、标定和对中系统 …………………………… 251
10.1　测角、标定和对中系统 ………………………………………………… 251
10.2　零位对中 ………………………………………………………………… 253
10.3　小角度切线位移 ………………………………………………………… 254
10.4　系统组成 ………………………………………………………………… 255
10.4.1　总体结构 ………………………………………………………… 255
10.4.2　零部件的结构 …………………………………………………… 256
10.4.3　空气静压轴承 …………………………………………………… 256
10.4.4　光电传感器的定位 ……………………………………………… 257
10.5　精度装调 ………………………………………………………………… 260
10.6　误差与精度分析 ………………………………………………………… 262

- 10.6.1 系统误差 262
- 10.6.2 随机误差 264
- 10.7 标定系统精密轴系 265
  - 10.7.1 标定系统 265
  - 10.7.2 精密轴系 265
  - 10.7.3 精密轴系的组成 267
  - 10.7.4 精密轴系的结构 269
  - 10.7.5 精密轴系关键零部件的设计 278
  - 10.7.6 精密轴系控制驱动及转角读出系统 281

图索引 287

表索引 295

第一章
绪　论

1.1　形貌测量概述

光学仪器是对人眼在宏观及微观领域观察能力的延伸。但传统光学仪器对物体影像的记录均为二维的平面图像，而使实物的立体性无法显示。因此，光学仪器在对人眼功能延伸的同时，丢失了人眼的极其重要的能力——深度视觉。如何对一个现实的物体成三维像并精确地测量其表面几何形态——表面形貌学（Surface Topography），是人们长期以来一直追求的目标。

最早的表面形貌测量方法起源于"比较测量"的思想，即直观的手工测量方法。1929 年，德国科学家 G. Schmalz 第一次用光杠杆放大原理对物体表面形貌进行了定量测量。1936 年 E. J. Albott 制成了第一台车间用表面轮廓仪。1940 年英国泰勒－霍普森（Taylor－Hobson）公司成功研制了 Talysurf 表面轮廓仪，其原理是利用机械接触式的探头逐点获取物体表面的三维坐标。1941 年，世界上第一台机械触针式表面粗糙度仪 Talysurf－1 问世，该粗糙度仪仍然是当今各类触针式表面轮廓仪的基本形式，采用跟随表面粗糙轮廓的被放大和数字化的针尖的垂直运动，来获得轮廓的有用的粗糙度参数，以确定的步长扫描并采集平行的轮廓即可得到三维形貌。在此基础上，英国兰克精密工业公司研制出测量精度更好、灵敏度更高的机械触针式表面轮廓仪，针尖小至 $0.1~\mu m \times 2.5~\mu m$，接触力降至毫克数量级。

随着激光器的发明和应用，采用激光探针代替机械探头成为趋势。20 世纪 70 年代，英国雷尼绍（Renishaw）公司推出了世界上首个触发式激光测头，用激光探针三坐标测量机来测量汽车壳体，实现了对材料的无损检测，为坐标测量机行业带来了革命性变化。1975 年，泰勒－霍普森公司研制出了 Talysurf－5

及Talysurf-6系列表面轮廓仪，1984年推出了同时测量表面粗糙度、形状和轮廓的Form Talysurf系列仪器，并创建了评价表面粗糙度和形状的新的全球标准。在此基础上，0.6 nm分辨率的Form Talysurf Inductive电感式粗糙度轮廓仪上市，实现了测量、分析、输出及打印的全自动完成。但无论是机械探针还是激光探针，都未能完全摆脱其机械结构复杂、测量范围受机械装置尺寸限制以及逐点测量带来的测量效率低等缺点和不足。

由低效率的逐点测量向高效率的全场同时测量的转变成为人们努力的目标。其基本着眼点是将一空间图形编码投射到被测物面上。受物体表面形状的调制，该空间图形编码将发生变形。用探测器接收变形的图形编码并对之进行解码，即可获得物体表面形貌。按照这一思路，1970年，Takasaki和Meadows首次报道了一种基于光学条纹图分析原理的测量技术——三维表面轮廓成像技术。用莫尔条纹阴影等高线图形显示物体三维像，即将莫尔条纹作为空间编码，从受物体表面形貌调制的变形的莫尔条纹图中提取相位信息并转换为物体表面轮廓。由此创建了莫尔轮廓术。于是，利用光学成像原理测量物体表面形貌的技术引起了各方面的重视，并使这门技术向实用化迈开了步伐。莫尔轮廓术的测量原理如图1.1所示。

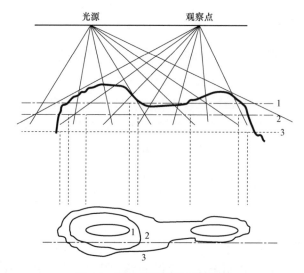

图1.1 莫尔轮廓术的测量原理

注：上面的数字1、2、3表示被测物体表面不同高度范围内所形成的莫尔条纹；
下面的数字1、2、3表示相对应的物体表面形状的等高线

莫尔轮廓术的出现，奠定了光学成像法测量物体表面轮廓的基础，使得通过图像的测量可获得所需的物体三维信息，它具有如下特点：

（1）实现了逐点式向全场同时测量的转变，使测量过程更直观，速度更快捷。

（2）可进行与时间无关的再测量。

（3）可测量物体的瞬间状态和材料的变形过程。

但是，莫尔轮廓术的应用仍然受到许多限制。最突出的问题是：由于莫尔法得到的仅仅是物体面形的等高线，因而无法判断物体的凹凸。除此以外，光栅的衍射使得测量结果难以精确地量化，也限制了该方法的实际应用。

近年来，在莫尔轮廓术的基础上，衍生出了许多基于光学成像原理的表面轮廓测量方法。例如，用一个正弦光栅取代莫尔法中的两个光栅，由分析莫尔条纹图转向直接分析投影在物体表面的光栅的变形光场，即条纹投影法。相移技术、频移技术及光载波技术也被引入变形条纹图的构造中，并对其进行数字图像处理以提取表面轮廓信息。所有这些方法的研究焦点在于不断提高测量的空间分辨率及测量精度、扩大物体的横向及纵向测量范围，并能实现快速、实时的自动测量。

1.2　微观形貌测量

微观形貌测量技术的研究由早期的定性测量逐步发展到定量测量，直至发展到与现代科学技术相结合的高精度定量测量。1951 年德国 Opton 生产出测量表面粗糙度的干涉显微镜。1958 年苏联研制出 MNN－4 型干涉显微镜，用来对物体表面微观形貌进行测量。近年来，基于各种原理的非接触微观形貌测量方法不断出现，在测量精度及测量速度方面均有了较大的提高。

微观形貌的测量方法有机械触针法、光学非接触法、SEM（扫描电子显微镜）、STM（扫描隧道显微镜）等。表 1.1 所示为国内外微观形貌测量技术各种测量方法的汇总。

1.2.1　机械触针轮廓术

机械触针轮廓术是开发较早、研究较充分的一种表面轮廓测量方法。利用具有微小圆弧半径（0.1 μm）的金刚石触针与被测面相接触并缓慢滑行，当触

表 1.1 微观形貌测量方法汇总

项目	测量方法		原理	被测参数	纵向分辨率	横向分辨率	纵向测量范围	备注
非光学测量法	兰克-泰勒-霍普森轮廓仪		金刚石触针	机构位移	0.1 nm	0.2 μm	800 mm	英国国家物理实验室
	阿尔法-台阶 500		金刚石触针	机构位移	0.1 nm	1 μm	800 mm	美国海军武器中心
	扫描电子显微镜		电子透射	电场	10 nm	2 nm	2 μm	德国西门子公司
	扫描隧道显微镜		量子力学	机构位移	0.001 nm	1 nm	75 μm	IBM 苏黎世实验室
	原子力显微镜		纳米探针	力	0.01 nm	20 nm	10 μm	法国 DIJN 公司
光学测量方法	结构光三角测量法		几何三角	光斑位置	0.1 mm	0.1 μm	15 μm	—
	立体摄影法		摄影测量	空间坐标	0.1 mm	—	—	
	条纹投影术		莫尔成像术	位相	10 nm	—	1 m	
	全息三维测量术		干涉成像	位相	—	—	—	
	光学探针	共焦显微镜	共轭成像	机构位移	1~5 nm	1 μm	±250 μm	德国 Feinpruf 公司
		离焦检测法	共轭成像	机构位移	1 nm	0.65 μm	±	HIPOSS 测量头
	相位测量法	时域法 相位锁模法	电子锁相	位相	—	—	—	—
		时域法 相位连续移动法	相位调制	位相	—	—	—	
		时域法 外差干涉法	频率调制	位相	0.1 nm	2 μm	<±λ/4	—
		时域法 微分干涉法	干涉	斜率	0.1 nm	1 μm	4 μm	美国 Rochest 大学
		空域法 傅里叶变换法	傅里叶光学	位相	—	—	—	
		空域法 空间载波法	光场调制	位相	—	—	—	

续表

项目	测量方法			原理	被测参数	纵向分辨率	横向分辨率	纵向测量范围	备注
光学测量方法	相位测量法	空域法	相位阶梯步长法	相位调制	位相	—	—	—	—
			Michelson 干涉法	干涉显微	位相	0.1 nm	1 μm（10×）	<±λ/4	美国 Arisona 大学
			Mirau 干涉法	干涉显微	位相	0.1 nm	1 μm（10×）	<±λ/4	美国 WYKO 公司
			Linnik 干涉法	干涉显微	位相	0.1 nm	0.5 μm	<±λ/4	美国 Arisona 大学

注：表中所列纵向分辨率为所测物体深度方向分辨细节的能力；横向分辨率为所测物体平面方向分辨细节的能力。

针沿被测面移动时，被测面的微观凹凸不平使触针上下移动，金刚石触针的上下位移量由与触针组合在一起的电学式位移传感器测量，转换为电信号，经放大、滤波、计算后由显示仪表指示出表面轮廓数值，也可用记录器记录被测截面轮廓曲线。所测数据经处理即得到被测表面的轮廓。图 1.2 所示为机械触针轮廓仪原理。

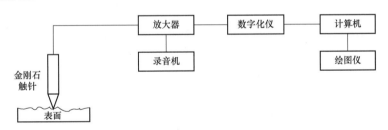

图 1.2　机械触针轮廓仪原理

一般将仅能显示表面粗糙度数值的测量工具称为表面粗糙度测量仪，同时能记录表面轮廓曲线的称为表面粗糙度轮廓仪（简称轮廓仪）。这两种测量工具都有电子计算电路或电子计算机，它能自动计算出轮廓算术平均偏差 Ra、微观不平度十点高度 R_z、轮廓最大高度 R_y 和其他多种评定参数，测量效率高，适用于测量 Ra 为 0.025～6.3 μm 的表面粗糙度。

机械触针轮廓仪纵向分辨率取决于与之配套的传感器，横向分辨率取决于被测面的高度斜率特性及触针针尖半径。将上述参数归结为简单的关系式

$$d > 2\pi(hr)^{1/2} \qquad (1-1)$$

式（1-1）适用于呈正弦分布的沟槽表面，其空间周期为 d、峰值高度为 h，当触针针尖半径为 r 时，如果空间周期 d 满足式（1-1），那么这样的表面可被正确地测量；反之，若 d 小于此值，表面轮廓则不能被精确地测量。

机械触针轮廓仪的测量范围较大，并具有 0.1 nm 的纵向分辨率和 0.2 μm 的横向分辨率。由于触针要在一定的压力下与被测表面接触，虽然测量力不大（1 mg），但是被测表面单位面积上承受的接触压力却很大（500 kg/cm²）。当测量铝、铜等软金属表面或涂有光刻胶等镀膜表面时，往往会在被测表面上形成划痕，这不仅会产生较大的测量误差，而且影响到被测表面的质量。另外，受触针尖端圆弧半径、触针磨损及测量速度的限制，其测量精度有限，亦无法实现在线实时测量。因此，非接触、高精度、实时测量的表面轮廓测量方法及仪器已成为超精加工领域中急需解决的问题。

1.2.2 光学轮廓术

光学轮廓术的原理是以光学成像的方式测量物体表面形貌，如干涉外差显微镜、散焦和共焦显微镜、用单色相干光束反射的粗糙度漫射、各种相移显微镜和投影条纹等方法。这些方法中大多数是选择数个离散的表面图像，从物体表面轮廓信息载体中提取数据，该信息载体可以是散斑图、相片、全息干板、波面和条纹图等，结合在一起形成三维图像。光学测量法可实现表面轮廓的非接触及全场各点的同时测量，这是它的优势所在。机械接触式和光学非接触式轮廓仪的优缺点比较如表 1.2 所示。

表 1.2　机械接触式和光学非接触式轮廓仪优缺点比较

项目	机械接触式	光学非接触式
优点	1. 较大的横向和纵向测量范围； 2. 成本较低	1. 不损伤被测面； 2. 全场同时测量，测量时间短； 3. 在亚纳米区域灵敏度最高； 4. 可进行面测量
缺点	1. 易损伤被测面； 2. 逐点测量，测量时间较长； 3. 仅能进行线测量	1. 单波长测量法高度测量范围受波长限制； 2. 成本高

下面详细介绍几种典型的光学轮廓术。

1. 结构光三角测量法

在光学测量方法中,结构光三角测量法是一种传统的距离测量方法。将一个光点或一条窄光带投射到被测物体表面,基于三角几何光学原理,根据待测物上的漫反射光斑在光电探测器上的位置变化得到物体表面起伏信息。该方法的信息载体为散斑图。

图 1.3 所示为激光片光垂直照明三角法测量原理。激光束经柱状透镜扩束并准直后构成一片状光束,形成一条光带。这条光带垂直投射到被测物体表面上就形成了光条,在物面上的投影为一条亮线。由于物面的高低不同,每条投影线在 CCD 光敏面上的像为一曲线,计算该曲线上各像素点偏离标准像(基准线)位置的距离,便可以得到物体表面一个剖面的高度分布。

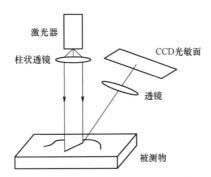

图 1.3 激光片光垂直照明三角法测量原理

结构光三角测量法原理简单,易于实现,但仍存在着测量效率低和对光源要求高等缺陷。另一个难以解决的问题是激光散斑问题。由于物面的微观起伏,在透镜平面上将会形成具有散斑形状的波面,经透镜成像后进一步在像面上叠加形成有散斑的片光像。该散斑对结构光三角测量法的测量精度具有重要的影响,是误差的主要来源之一。降低散斑效应以提高测量精度,一直是该领域普遍关注的问题。

2. 傅里叶变换轮廓术

傅里叶变换轮廓术通过傅里叶变换将时域条纹信号变换到频域,当有用的基频成分同其他的频域分量相互分离时,可以从频域中滤出包含物体高度信息的基频分量,经傅里叶变换、相位展开得到待测物体的高度信息。该方法结合了傅里叶变换与条纹图形数字处理技术,针对受物体表面形状调制的变形光栅场进行傅里叶分析、滤波及傅里叶逆变换,既而从变形条纹图中提取所测形貌信息。

图 1.4 所示为傅里叶变换轮廓术的测量原理，d 为投影仪与 CCD 之间的距离，L 为 CCD 到参考平面的距离。正弦光栅条纹投影到待测物体表面，物体高度分布 $h(x,y)$ 引起相位调制。

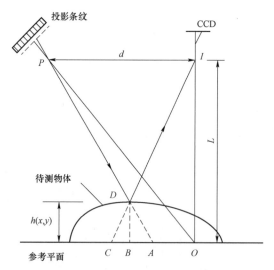

图 1.4 傅里叶变换轮廓术测量原理

正弦光栅图形投影到三维漫反射物体表面上时，由于受到物体高度的调制，基于正弦光栅投影的变形结构光场为

$$I(x,y) = a(x,y) + b(x,y)\cos[2\pi f_0 x + \varphi(x,y)] \quad (1-2)$$

式中，$a(x,y)$ 表示背景光场；$b(x,y)$ 表示物面非均匀反射率；$\varphi(x,y)$ 表示物体高度分布；f_0 表示投影光栅的基频。在实际测量中，$a(x,y)$ 和 $b(x,y)$ 通常是缓慢变化的，则变形条纹的傅里叶频谱分布为

$$G(f,y) = Q_0(f,y) + Q^*(f - f_0, y) + Q^*(f + f_0, y) \quad (1-3)$$

式中，$Q_0(f,y)$ 表示背景光场傅里叶频谱，即零频；$Q^*(f - f_0, y)$ 表示 $1/2 b(x,y)\exp[\mathrm{i}\varphi(x,y)]$ 的傅里叶频谱；$Q^*(f + f_0, y)$ 表示 $Q(f + f_0, y)$ 的共轭。投影光栅至参考平面上的相位分布为 $2\pi f_0 x + \varphi_0(x,y)$，其中 $\varphi_0(x,y)$ 为参考平面的原始相位，所以由物体高度引起的相位变化可表示为

$$\Delta\varphi = \varphi(x,y) - \varphi_0(x,y) \quad (1-4)$$

在远心投影光路条件下，$L_0 \gg h$ 时，被测物体高度分布和调制相位 $\varphi(x,y)$ 的关系为

$$h(x,y) = -\frac{L_0}{2\pi f_0 d}\varphi(x,y) \qquad (1-5)$$

傅里叶变换轮廓术具有物体表面形状凹凸的自动识别功能，无须知道条纹级次及确定条纹中心。应用快速傅里叶变换（FFT），更适合计算机数据处理的自动测量。由于只需要一帧干涉图，因此傅里叶变换轮廓术具有采样速度快的优点，其适用于研究三维面形动态变化过程。但不足之处是：因为傅里叶变换轮廓术是由空域转换到频域进行分析的，所以为避免频率域滤波时的频谱混叠现象，必须限制待测物体的斜率，即该方法只适用于测量物体陡峭度较小的情形。

3. 位相干涉测量法 PMI

位相干涉测量法（Phase Measurement Interferometry，PMI）是得到广泛应用的波面相位测量技术。基于光波干涉原理检测物体微观形貌，通过测量受物体表面形貌调制而变化的光程差（干涉波前相位差）在整个光场中的空间起伏变化，计算得到表面微观形貌。PMI 技术的关键是要精确获得干涉波前相位差（简称干涉相位）。测量干涉相位的方法有：条纹跟踪法、外差干涉法、相移法、空间载波法和相位锁模法等。

条纹跟踪法是一种传统的干涉检测手段，通过直接判读干涉条纹序号测定被检量，通过测量条纹变形来间接确定表面微观形貌。由于只注意条纹的极值位置，丢失了条纹之间的相位信息，因此在条纹极值点外的相位值无法确定。条纹跟踪法的空间分辨率低，测量精度长期停留在 $\lambda \sim \lambda/20$。通过多光束干涉、条纹细化取极值可提高相位测量精度，但精度也只能达到 $1/10\,\lambda \sim 1/30\,\lambda$。该方法需对干涉条纹进行条纹记数、条纹中心定位及条纹内插。由于需要人工干预，因此其测量过程费时，目前其仅在光学车间用于零件面形的定性检测。

随着光电探测器及计算机的迅速发展，人们将数字相移技术引入表面微观形貌测量中，发展出相移干涉术（Phase Shifting Interferometry，PSI）。其测量原理是：在参考光路中加入精密移相器件，使物光与参考光之间连续地产生相对的 N 帧相位移动，探测器探测每一像素点处的序列干涉光强 $I_N(x,y)$，并将光强数值送入计算机，计算得到每一像素点处的被测相位。使用三组或更多的相移条纹图，相位函数就可独立于干涉光强中的其他参数而单独提出。与对条纹图的直接几何测量相比较，相移技术具有明显的优点：

（1）将干涉条纹极值点相位值的判定转变为探测器点相位值的判定，具有很高的相位分辨率和空间分辨率，对相位测量的精度可以达到几十分之一到几百分之一个条纹周期。

（2）对背景、对比度和噪声的扰动不敏感。

（3）相位值是一个均匀分布的正交网格上点的测量值，测量点与探测器数组一一对应，有利于进一步的数字信号处理，实现自动的三维面形处理。

相移技术与干涉显微镜相结合测量物体微观表面形貌，是 20 世纪 80 年代以来发展的技术。1981 年，美国亚利桑那大学的博士研究生 Koliopoulos 对 Leitz 公司生产的 Mirau 干涉显微镜进行了改装，如图 1.5 所示。将显微镜中的参考板固定在一块筒状压电陶瓷上，通过计算机控制压电陶瓷驱动参考板沿光轴方

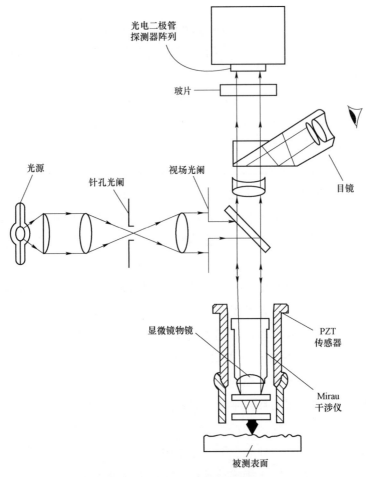

图 1.5 TOPO 表面测量系统

向匀速移动，使参考光与测量光之间的相位差随时间作线性变化，利用 CCD 面阵探测器探测干涉场上各点的光强，从 N 帧干涉光强算式中提取每一点的相位值，由相位与被测表面各点高度转换关系式，可获得被测表面形貌的高度分布。

1982 年 12 月，Koliopoulos 与其导师 Wyant 成立了 WYKO 公司（WYKO 为两人姓名的前两个字母组合），专门从事非接触表面轮廓及形貌测量系统的制造。历经数年的改进，在 1986 年生产出高精度的 TOPO 表面测量系统，这也是目前世界上应用最广泛的一种表面轮廓及形貌非接触测量系统。

TOPO 系统的垂直分辨率和水平分辨率分别为 0.1 nm 和 0.4 μm，在严格控制的工作环境下，可达到 0.01 nm 的重复测量精度，因此人们认为该系统革新了表面形貌测量技术。表 1.3 给出了 TOPO 三种型号光学轮廓仪的性能参数。

表 1.3 TOPO 三种型号光学轮廓仪的性能参数

性能	TOPO-2D	TOPO-3D	HiRes TOPO
探测器	1 024 CCD	256×256 光电管	1 024×1 024 CCD
显示分辨率	512×400	512×400	637×477
像素间距	13 μm	40 μm	6.8 μm
测量的重复性	0.01 nm	0.3 nm	0.7 nm
RMS 的重复性	0.003 nm	0.006 nm	0.001 nm
垂直测量范围	0.1 nm～15 μm	0.3 nm～15 μm	0.7 nm～0.162 μm
横向分辨率	0.35～8.7 μm	0.35～27 μm	0.35～8.7 μm
光源	白光	白光	白光
测量时间	2 s	4 s	2 s

另外一个结合相移技术与干涉显微镜的数字光学轮廓仪由美国 ZYGO 公司生产，主机为 Fizeau 干涉仪，装有压电陶瓷相移机构，配有专用的控制与驱动电路，由此产生多幅移相干涉图。仪器的测量精度达 $1/50\lambda$。表 1.4 给出了 ZYGO 两种型号非接触式表面轮廓仪的主要性能。

表 1.4　ZYGO 两种型号非接触式表面轮廓仪主要性能

性能	Maxim 3 Dmodel 5700	Newview 9000
测量场面	3.82 mm × 3.46 mm	3 mm × 3 mm
纵向分辨率	0.8 nm	0.15 nm
横向分辨率	0.36～26.4 μm	0.36 nm～9.5 μm
仪器重复性	0.3 nm	0.01 nm
垂直测量范围	0.16 nm～40 μm	1 nm～20 000 μm
光源	He－Ne	LED
可测最大粗糙度	0.1 μm	100 μm

TOPO 系统虽然是性能较为优越的表面非接触测量仪器，但是它仍存在以下不足：

（1）对机械振动、大气扰动及温度变化的影响十分敏感，需配备气浮隔振平台。

（2）由于参考反射镜面不是理想平面，因此其表面粗糙度会直接影响测量结果。

（3）压电陶瓷器件的非线性、滞后及定标误差对测量结果的影响较大。

（4）被测物体表面形貌上陡峭的斜坡产生的干涉条纹很密，以至于用 CCD 面阵探测不出干涉光强的变化（空间采样频率过低）。

（5）光学系统的调整较为复杂。

相移干涉技术是在干涉仪的两相干光的相位差之间引入有序的相位，其参考光程（或相位）变化时干涉条纹的位置也做相应的移动。相移干涉法已经替代传统的人工判读条纹法，成为当今精度最高的干涉测量方法。数字相移干涉仪是基于相移干涉术的干涉测量仪，常用的采用相移干涉法的干涉仪主要有两大类型——菲索型和泰曼－格林型，两种干涉仪原理不同，它们各有优缺点，如表 1.5 所示。

激光菲索干涉仪检测光路如图 1.6 所示，在双光束干涉中其参考透镜上装有压电陶瓷移相器（PZT），由驱动电路驱动参考透镜产生 1/10 波长量级的光程变化，使干涉场产生变化的干涉图形。

表 1.5　菲索型与泰曼-格林型干涉仪优缺点比较

菲索型		泰曼-格林型	
优点	缺点	优点	缺点
受机械振动和温度变化影响很小	精度略低于泰曼-格林型干涉仪	光程可调,使用低相干度光源以减少噪声	易受环境影响,必须校准后才能使用
分束元件可小于被测系统的口径	对于反射率高的表面的检测需加衰减器	使用小参考面	
系统复杂度减少,环境稳定性增强		对镀膜或不镀膜球面,无须加衰减器	
可以自动校准系统			

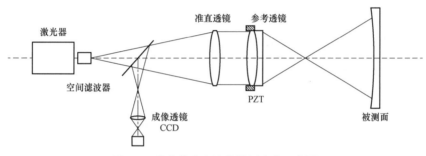

图 1.6　激光菲索干涉仪检测光路示意图

数字相移干涉仪可分为两大阵营,第一是 WYKO 公司、ZYGO 公司和 Phase Shift 公司等国际知名公司,由其生产的干涉仪测出的数据,用户一般不再要求进行复查;第二是一些有丰富生产经验的厂家,如日本的富士能和 Olympus、中国台湾的 K-Laser 等,产品价格处于中档位置。美国康涅狄格州 ZYGO 公司生产的菲索数字波面干涉仪可以作为世界标准,其 ZYGO GPI 系列干涉仪(见图 1.7),通过更换不同 F 数的球面透镜测量不同尺寸、不同大小的球面和非球面透镜,可以测量球面、非球面透镜的面形及平面光学元件的平面度等参数。ZYGO GPI 系列干涉仪采用精密移相技术和高分辨率 CCD 接收器件(最高可达 $2\,048 \times 2\,048$),配合功能强大的 MetroProTm 软件可以获得高精度和高质量的测量结果,具体参数如表 1.6 所示。

图 1.7 ZYGO GPI 系列干涉仪

表 1.6 ZYGO 干涉仪主要性能指标

系统均方根值（rms）	1/10 000（2 s）
系统峰—谷值（PV）的重复性	1/300（2 s）
系统分辨率	1/8 000
条纹分辨率	180 条，可升级到 340 条
数据采集时间	173 ms（高分辨率），93 ms（低分辨率）

瑞士 OPTIK 公司生产的 FISBA 微型干涉仪也是当前主流干涉仪之一，基于泰曼-格林型，采用五步移相法，其对波面相位的检测精度可达 $\lambda/100$ 以上，且有很高的重复性。FISBA 干涉仪的主体部分是一个小型的泰曼-格林干涉系统，连同 CCD 相机和移相器，置于非常小的箱体内。

图 1.8 所示为 FISBA 干涉仪内部光路简图，其工作原理为：光从单模光纤系统出射，被分束器分光。一部分光束射向参考面（参考光束），其余光束通过出射镜组射向被测部分（测量光束）。CCD 相机接收被反射的参考光，与干涉仪内部的测量光发生干涉产生干涉条纹。参考镜固定在用于精确图像分析的压电移相器上，使之以 1/2 波长为单位沿光轴移动（实际使用 633 nm 的氦氖激光器则近似为 317 nm）。FISBA 干涉仪的测量精度可达 1/20 波长，测量重复性高达 1/100 波长。

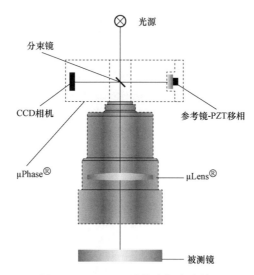

图 1.8　FISBA 干涉仪内部光路简图

近年来国内高等院校、科研院所及光电仪器公司在光干涉测量领域也有诸多创新，向市场推出了具有自主知识产权的仪器。利用菲索干涉原理实现仪器结构小型化的小型干涉仪，可以测量孔径为 25.4 mm 的平面和球面光学零件，平面光学零件测试精度为 1/20 波长，球面测试精度为 1/10 波长，利用 4 倍光学扩束实现对口径为 100 mm 的光学零件的测量。配有激光光源（波长为 632.8 nm），主要用于测量精密光学器件的平面度的激光平面干涉仪，测量精度可达 1/30 波长。

1.2.3　光学探针轮廓术

光学探针测量方法原理上类似于机械探针测量方法，只不过探针是聚集光束，光学探针利用像面共轭特性来检测表面形貌。根据采用的光学原理不同，光学探针可分为几何光学原理型和物理光学原理型两种。几何光学探针利用像面共轭特性检测表面形貌，有共焦显微镜和离焦检测两种方法。物理光学探针利用干涉原理通过测量光程差检测表面形貌，有外差干涉和微分干涉两种方法。

基于共焦显微镜原理的光学探针轮廓仪由共轭成像系统组成。光源、被测物点和点探测器三点处于彼此对应的共轭位置，如图 1.9 所示。测量时物点跟踪被测表面，并被成像在探测器上，当被测表面与物点重合时，点探测器上的像点最小，点探测器接收到的能量最大；当被测表面偏离物点时，点探测器上的像点变大，点探测器接收到的能量变小。测量时控制物点与被测面重合，保证点探测器有最大输出，利用微位移传感器测出被测物点与被测表面重合的位移量，便可测出被测表面的微观形貌。

由于共焦针孔的引入，点探测器只接收来自物镜焦点的光信号，焦点以外的光路将全部被针孔屏蔽。因而共焦成像法光学探针的分辨率很高，但这也给针孔位置的精确固定带来了困难。

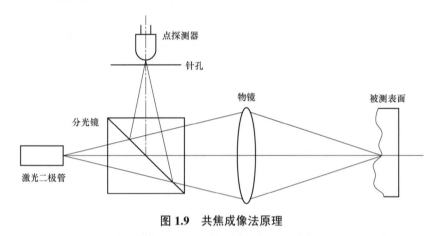

图 1.9　共焦成像法原理

利用离焦检测原理测量表面形貌有多种方法，如傅科刀口法、临界角法和像散法。这些方法通过测量成像物镜与被测表面的离焦量得到被测表面的形貌，其具有光路简单、使用方便等优越性。不足之处是线性范围较窄，而且光电探测器对被测表面的反射率和微观斜率变化较为敏感。

根据聚焦物镜在测量过程中的状态，离焦检测法可分为静态离焦法和动态离焦法两种形式，几种常用的离焦检测原理如图 1.10 所示。

傅科刀口法，如图 1.10（a）所示。刀口 KB 插入被测表面反射光束的返回光路中，并位于透镜 L 的焦点处，借助于刀口 KB，一个圆的像在光电探测器平面上形成。像的特征对应以下三种情况：如被测表面处于焦平面 B，将获得一个均匀照明像；如被测表面靠近透镜 L 位于平面 A，刀口将会遮挡住部分光，图像不均匀，一边变暗，另一边变亮，两区域的边界是模糊的，且平行于刀口边的方向；如被测表面远离透镜 L 位于平面 C，图像的明暗与上述位置相反。

用刀口检测离焦量光能损失大，对刀口位置要求严格且不易调节。为了克服这些缺点，采用大顶角的分束棱镜取代刀口作为离焦检测元件，分束棱镜在检测光路中起到双刀口的作用，因此其成像特性与刀口法一样，且其光路结构简单，聚焦检测范围宽。由于双刀口的作用，其有利于克服光量变化引起的聚焦误差。

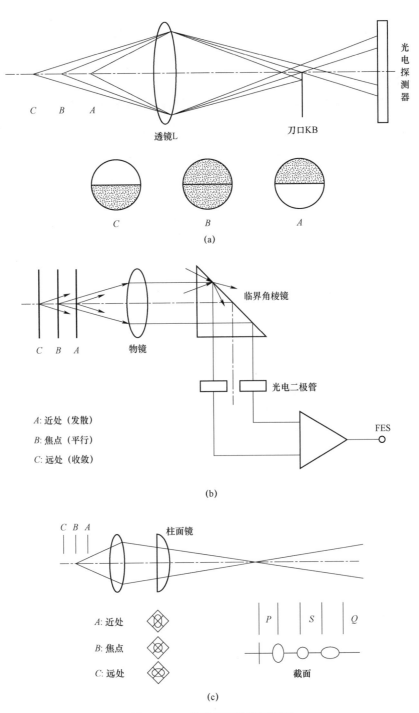

图1.10 三种常用离焦检测原理
（a）傅科刀口法；（b）临界角法；（c）像散法

与其他离焦法相比，傅科刀口法具有光学系统结构简单、聚焦检测范围宽的优点。一般来说，傅科刀口法具有 0.01 μm 的垂直分辨率，测量范围可达 1 mm 以上，适用于工程上的表面形貌测量。

临界角法是指在此角度下光束平行入射时能够被全部反射，否则将有一部分折射出去，造成光能量损失，如图 1.10（b）所示。临界角棱镜的斜面就是敏感的临界角面，当光线入射到临界角棱镜的斜面时发生反射和折射，用两个光电探测器接收反射光，当被测表面在透镜的焦点时，偏振光通过物镜后变成平行光，从而使两个光电探测器接收到相同的光强；若表面处于 A 处，靠近透镜，则通过透镜的光束略有发散，位于光轴上侧的光束以小于临界角的角度入射到棱镜斜面上而折射出去，光轴下侧的光束因入射角大于临界角而全部被反射，根据两个探测器的输出就可获得表面的微小位移；若在位置 C 处，远离透镜，则与在 A 处情况相反。为了避免光源及表面反射率的变化对测量结果的影响，采用双光路，利用差动技术消除信号的畸变分量，适于测量反射率高于 10% 的表面，垂直分辨率小于 1 nm，水平分辨率为 0.65 μm，测量范围约为 3 μm。

临界角法光路简单，调节容易，光能量损失小，分辨率较高，但其测量范围较小，抗环境干扰的能力有待提高。

像散法是利用像散元件（如柱面镜）产生的像散，在焦点附近像散光束出现轴向不对称性，在最佳焦点的两边出现水平方向或垂直方向的像散线，其原理如图 1.10（c）中所示。通过物镜的光在 Q 点成像，柱面镜放在物镜后以便像散成像，柱面透镜的成像表面位于 P 点。在 P、Q 之间的任意截面上，像的形状一般为椭圆，但在 S 点像为圆形。所以在 S 点，图像的形状随目标表面位置而变化。为了能够测量具有较大斜率的表面，利用像散法的测量装置通常采用双光路，运用差动技术来消除衍射的影响。目前已有的基于像散法的测量装置的分辨率为几十纳米，测量范围为十几微米。

外差干涉光学探针利用双光束外差干涉原理测量微观形貌，如图 1.11 所示。两支相干光的一束作为测量光束经显微物镜聚集在被测表面上，另一束则作为参考光束保持光程不变。采用声光调制器或电光调制器使两束相干光的光波频率产生频差，并对两束相干光的相位差引入时间调制，光电探测器检测随时间变化的干涉条纹，干涉条纹的光学相位转换成低频电信号的相位，探测器输出电信号中低频成分的相位就反映了干涉条纹的相位差，利用位相计测出低频信号的相位，就可高精度地测出干涉条纹的相位差，从而得到表面形貌信息。

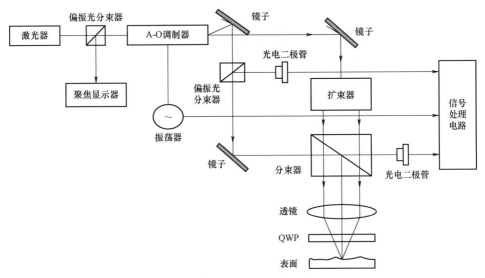

图 1.11　外差干涉光学探针

在外差干涉法中，消去了直流噪声，提高了图像对比度，使得外差干涉光学探针的纵向分辨率可达 0.01～0.1 nm，横向分辨率达到 4 μm。相位值的测定精度达 2π/1 000，比传统方法提高了 2～3 个数量级，并且具有较高的测量速度。但是，外差术对系统硬件要求较为苛刻，它要求探测器带宽大于光波频差，对于点探测器而言，这个带宽较易达到，但对于用于数字图像处理的二维传感器，如 TV 管或 CCD 数组来说，则难以达到带宽要求。此外，该系统对机械振动及扫描机构的运动误差比较敏感，需要更复杂的条纹图电子、机械扫描系统。

微分干涉光学探针的原理如图 1.12 所示。光源发出的一束光经沃拉斯顿（Wollaston）棱镜后分成两束矢量互相垂直的线偏振光，该两束光在被测表面上聚集成两个相距很近的光斑（两光点的分离量约为 1.5 μm），被测表面在这两个光斑之间的高度差决定了两束相干光的相位差，利用各种方法测出相位差，两相干光的相位差决定了被测面在这两个光斑之间的高度差，并可转换为表面形貌信息。由于微分干涉光学探针采用共光路光学系统，因此它对机械振动等外界干扰以及扫描机构的运动误差不敏感，具有良好的抗干扰特性，且不需要标准参考平面。

总之，与机械触针式轮廓仪相比，光学探针有着非接触测量的优势。但是

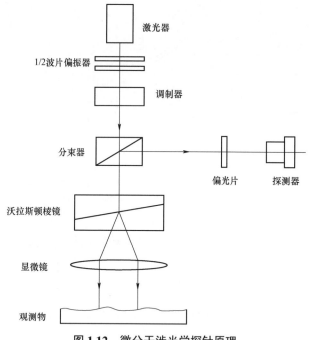

图 1.12 微分干涉光学探针原理

与机械触针式轮廓仪一样，光学探针测量表面形貌时也需要一套结构复杂的高精度机械扫描机构。其测量分辨率仍受机械振动、电路噪声及机械扫描机构运动误差的影响。由于是逐点扫描，因此存在测量效率低的缺点。光学探针在实际应用中存在的另外一个主要难题是，如何将光学探针的焦点准确地落在被测表面的平面上。

1.2.4 扫描电子显微镜

扫描电子显微镜（Scanning Electron Microscope，SEM）是介于透射电镜和光学显微镜之间的一种微观形貌观察手段，可直接利用样品表面材料的物质性能进行微观成像。

图 1.13 所示为扫描电子显微镜原理示意图。工作原理如下：从电子枪灯丝发出的直径 20～35 μm 的电子束，受到阳极 1～40 kV 高压的加速射向镜筒，并受到第一、二聚光镜和物镜的汇聚作用，缩小成直径几十埃的狭窄电子束射到样品上。与此同时，偏转线圈使电子束在样品上作光栅状的扫描。电子束与样品相互作用将产生多种信号，其中最重要的是二次电子。控制镜筒入

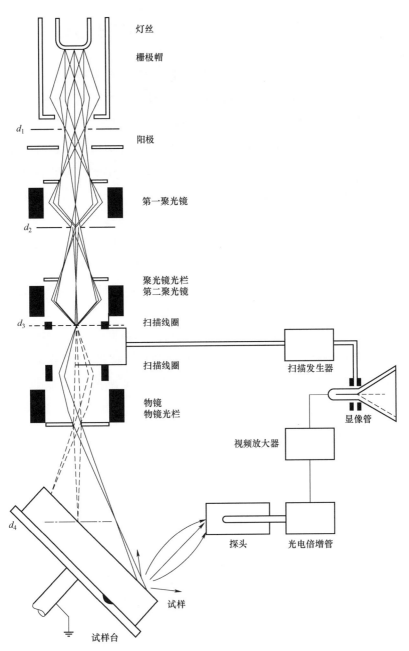

图 1.13 扫描电子显微镜原理示意图

射电子束的扫描线圈的电路同时控制显像管的电子束在屏上的扫描，用这种方法就如电视机屏上的像一样，一点一点，一线一线地组成了像。图像为立体形象，反映了标本的表面结构。为了使标本表面发射出次级电子，标本在固定、脱水后，要喷涂上一层重金属微粒，重金属在电子束的轰击下发出次级电子信号。

SEM 利用聚焦的非常细的电子束作为电子探针，即用极狭窄的电子束扫描样品，当电子探针扫描被测表面时，二次电子从被测表面激发出来，利用二次电子信号成像来观察样品的表面形态，通过电子束与样品的相互作用产生各种效应。二次电子产生样品表面放大的形貌像，这个像是在样品被扫描时按时序建立起来的，即使用逐点成像的方法获得的放大像。由于二次电子的强度和分布与被测表面形貌有关，当探测器接收二次电子以后，经放大和处理就可得到一幅扫描电子像，因此扫描电子像反映了被测表面的几何形貌。

SEM 具有较高的纵向分辨率和横向分辨率，分别达到 10 nm 和 2 nm，但目前主要用于对表面形貌的定性观察。扫描电子显微镜的优点是：① 有较高的放大倍数，20 万倍连续可调；② 有很大的景深，视野大，成像富有立体感，可直接观察各种试样凹凸不平表面的细微结构；③ 试样制备简单。

目前的扫描电镜都配有 X 射线能谱仪装置，可以同时进行显微组织形貌的观察和微区成分分析，因此它是当今十分有用的科学研究仪器。除此以外，SEM 要求在真空环境下工作，操作复杂，测量费时，且要求被测表面导电。这些均制约着它的应用范围。

1.2.5 扫描隧道显微镜

扫描隧道显微镜（Scanning Tunneling Microscope，STM）作为基于量子隧道效应的新型高分辨率显微镜，是纳米测量学的基本工具，其在微观表面形貌研究、生命科学及纳米制造等领域都有较广泛的应用。

作为一种扫描探针显微术工具，扫描隧道显微镜可以让科学家观察和定位单个原子，具有比同类原子力显微镜更高的分辨率。此外，扫描隧道显微镜在低温下（4 K[①]）可以利用探针尖端精确操纵原子，因此它在纳米科技中既是重要的测量工具又是加工工具。

扫描隧道显微镜的工作原理简单得出乎意料，就如同一根唱针扫过一张唱片，一根探针慢慢地通过要被分析的材料（针尖极为尖锐，仅仅由一个原子组成）。一个小小的电荷被放置在探针上，一股电流从探针流出，通过整个材料，

---

① 开氏度（K）= 摄氏度（℃）+ 273.15。

到底层表面。当探针通过单个的原子时,流过探针的电流量便有所不同,这些变化被记录下来。电流在流过一个原子时有涨有落,如此便极其细致地探出它的轮廓。通过绘出电流量的波动,人们可以得到组成一个网格结构的单个原子的美丽图片。

STM 是一种测量表面微观几何形貌的新技术,利用直径为原子尺度的针尖在被测表面扫描,根据量子隧道效应测量表面微观形貌图像。针尖将充分接近样品产生高度空间限制的电子束,因此在成像工作时,在三维空间具有极高的分辨率,其纵向分辨率达 0.001 nm,横向分辨率达 1 nm。

图 1.14 所示为扫描隧道显微镜的原理示意图。钨质针尖安装在垂直方向的压电陶瓷 P_z 上,而 P_z 又固定在水平放置的三维压电陶瓷 P_x 和 P_y 上。P_z、P_x 和 P_y 三者相互垂直。其中,P_z 用于调节针尖与样品表面间的距离,P_x 和 P_y 使针尖沿样品表面扫描。

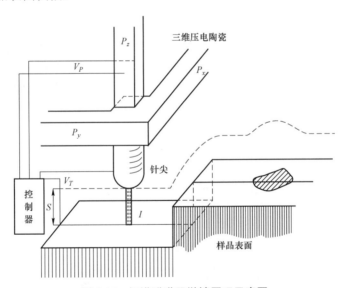

图 1.14 扫描隧道显微镜原理示意图

在针尖与样品之间施加直流电压 V_T(通常为 2 mV~2 V),当针尖与样品表面的距离只有几十纳米时,针尖与样品之间就形成了隧道电流 I。设针尖与样品表面间的距离为 S,则 I 与 S 成指数关系,当 S 变化 0.1 nm 时,I 就变化一个数量级。因此隧道电流 I 是针尖与样品表面间距离 S 的敏感函数。当探针沿被测表面起伏形状(图中虚线所示)扫描时,控制探针使其上下移动以保持隧道电流为定值,使探针与被测表面的间隙锁定,此时探针的上下移动量便反映了被测表面的轮廓。

测量时，通常利用控制器改变施加于 P_z 上的电压 $V_P(x, y)$，以保持 I 不变。若 I 的变化维持在 2%以内，则 S 的变化就可以保持在 0.001 nm 左右。当 P_x 和 P_y 驱动针尖对样品表面扫描时，施加在 P_z 上的电压值就反映了样品表面的形貌结构。

STM 极高的纵向分辨率和横向分辨率，使其成为极具吸引力的微细结构表面测量仪器。但与高分辨率相对，STM 的纵向及横向测量范围很小，横向测量在几十微米量级，这使得 STM 的使用局限于原子量级超微细、超光滑表面的测量。由于是高精密测量仪器，STM 涉及的技术难题大，如针尖的制作、针尖表面间隙的控制以及动件的精密控制等都是一些棘手的难题。

1.2.6 原子力显微镜

原子力显微镜（Atomic Force Microscope，AFM）利用微悬臂梁和放大悬臂上尖细探针与受测样品原子之间的相互作用力，达到检测的目的，具有原子量级的分辨率，原子量级的表面形态记录是原子力显微镜特有的性能。原子力显微镜既可以观察导体，也可以观察非导体，从而弥补了扫描隧道显微镜的不足。

图 1.15 所示为原子力显微镜的原理示意图。原子力显微镜通常使用氮化硅作为一个灵敏的弹性微悬臂，在其尖端有一个很尖的探针用来在样品上扫描。将对微弱力极敏感的微悬臂一端固定，另一端微小的针尖与样品表面轻轻接

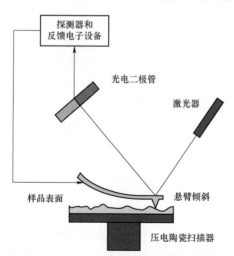

图 1.15　原子力显微镜原理示意图

触，由于针尖尖端原子与样品表面原子间存在极微弱的排斥力，通过在扫描时控制这种力的恒定，带有针尖的微悬臂将对应于针尖与样品表面原子间作用力的等位面而在垂直于样品的表面方向起伏运动。利用光学检测法或隧道电流检测法，可测得微悬臂对应于扫描各点的位置变化，从而可以获得样品表面微观形貌的信息。

AFM 是接触式测量，但接触力极小，为 $10^{-11} \sim 10^{-7}$ N，其微弱的接触力在针尖和被测表面之间产生的接触区域只有 20 nm 大小，因此 AFM 具有极高的纵向分辨率，可达 0.01 nm，但横向测量范围较小，仅为 10 μm，所以 AFM 常被用来测量线条的宽度，而较少用于测量表面轮廓。

AFM 是一种可用来研究包括绝缘体在内的固体材料表面结构的分析仪器。它通过检测待测样品表面和一个微型力敏感元件之间的极微弱的原子间相互作用力来研究物质的表面结构及性质。将一对微弱力极端敏感的微悬臂一端固定，另一端的微小针尖接近样品，这时将产生相互作用，作用力将使得微悬臂发生形变或运动状态发生变化。扫描样品时，利用传感器检测这些变化，就可获得作用力分布信息，从而以纳米级分辨率获得表面形貌结构信息及表面粗糙度信息。

AFM 和 STM 具有突出的分辨率，控制移动测量精度高，开辟了微结构的空间周期低于 1 μm 的测量区域。在此区域内，机械和光学轮廓仪几乎是无能为力的。但是，两者的测量范围，无论是横向还是纵向，都非常狭窄，且涉及的技术难题多，操作环境要求高。对于物体表面轮廓测量走向实用化而言，这些显微测量方法还得不到推广应用。

1.3 微观形貌测量技术应用及其发展

工程表面的许多性能是由表面形貌决定的，粗糙度、波纹度、表面结构等几何形状的测量和表征是形貌计量学的范畴之一。在现代工业制造和科学研究中，微观形貌测量技术具有精密化、集成化、智能化的发展趋势。根据测量原理的不同，表面微观形貌测量技术主要可分为接触式测量方法、光学测量方法和非光学式扫描显微镜法。随着计算能力、速度和图像、数据处理技术的不断发展，表面微观形貌的测量从传统的机械触针式测量已发展到由各种原理实现的非接触式测量。

表面微观形貌测量方法是集光学、电子、传感器、图像、制造及计算机技术于一体的综合性交叉研究方法，涉及广泛的学科领域，它的发展需要众多相关学科的支持。在各种表面微观形貌非接触测量方法中，可以采用电场技术、微波技术、超声技术及光学技术。光学技术将传统光学计量技术与信息光学和信息处理技术相结合，目前主要有相移干涉法、激光全息法、光学散斑法、光扫描法和光触针法。

光学测量法不仅能实现高精度的快速非接触测量，而且系统结构简单，成本较低，因此在表面非接触测量领域受到人们的极大关注，并得到迅速发展。比较成熟的精密表面光学测量方法和仪器包括：基于莫尔成像术的轮廓测量方法，基于离焦误差检测原理的光学探针、外差式光学探针和基于相移干涉显微镜的光学轮廓仪。

近年来，随着计算机技术和工业生产的不断发展，基于计算机视觉技术的表面微观形貌测量方法受到越来越多的关注。该方法是指使用摄像机抓取图像，然后将该图像传送至处理单元，通过数字化处理，根据像素分布和灰度、纹理、形状、颜色等信息，选用合理的算法计算工件的粗糙度参数值。采用显微镜对检测表面进行放大，并通过对 CCD 采集加工表面微观图像进行处理以实现对表面微观形貌的检测。为解决机械加工表面粗糙度的快速、在线检测，亦可用表面微观形貌图像检测方法，建立图像灰度变化信息与表面微观形貌之间的关系模型，通过数码相机拍摄的表面反射图来估计表面参数，运用修正的散射理论模型获得更好的估计结果。对基于显微视觉的不同机械加工表面参数获取的可行性进行评估，讨论照射光源与表面辐照度模型对检测的影响，尽管从视觉数据和触针数据所获得的参数存在一定差异，但是基于视觉的方法仍是一种可靠的表面形貌参数估计方法。

由此可见，根据计算机视觉技术的测量方法主要有统计分析、特征映射和神经网络等黑箱估计法。通过这些方法获得的表面形貌参数的估计值受诸多因素的影响，难以给出其准确的物理解释。真正要定量地计算出形貌参数，需要科学的计算。随着机械加工自动化水平的提高，基于计算机视觉技术的检测方法处理内容丰富、处理精度高、处理速度快、易于集成等优点将受到越来越多的重视。

表面微观形貌成像及测量技术已成为信息光学的前沿技术。现阶段的研究热点是复杂形状物体的高空间分辨率表面轮廓的测量。从三维轮廓测量的发展现状来看，可成像的物体从简单形状逐步向复杂形状发展，其成像分辨率在小视场、高光洁度物体情况下可达纳米数量级。但各种方法的应用都有一定的局限性，目前尚没有一种通用和可靠的测试方法。该领域还有许多难题有待进一步研究。因此，着重于提高测量速度和精度、实现测量自动化，是该技术今后努力的方向。

WYKO 公司总裁 J. C. Wyant 曾经预言：表面形貌测试系统是 10% 的光学、10% 的机械、20% 的电子及 60% 的软件。

表面形貌测量在工业产品自动检测、机械制造、电子工业、机器人视觉等领域有着重要的作用。深度分辨率为纳米级或亚纳米级的表面微观形貌的测量，在微细加工、二元光学、X 光光学、生物医学等领域均有着极大的应用价值。表面形貌既可以用来评价组件的质量，又可以用来监控制作过程、优化制作工艺，甚至可以用来模拟组件的功能、验证设计方法的有效性。

在机械制造方面，零件的表面形貌影响机械系统的磨损、疲劳和耐腐蚀性、机器的接缝刚度和传热性能，影响接口间的导电性能和密封性能。特别是当今发展较快的"摩擦学"和"润滑理论"，更是对表面微观形貌的检测提出了迫切的要求。在电子工业中，大规模集成电路芯片表面质量，影响着集成电路的性能和成品率，这些领域也离不开表面微观形貌检测的应用。此外，表面微观轮廓测试技术还在机器人视觉、实物仿形、计算机辅助设计等领域有着重要意义和广阔的应用前景。

在对国际国内表面微观形貌测试技术发展和使用现状进行的文献检索和比较分析及对当今发展动态进行深入调研的基础上，研究基于常规实验室条件、对机械振动等外界干扰不敏感的、测量精度在纳米数量级的微观表面形貌测量方法已成为当今的热点，分析并解决原有测量技术在实际系统运用中所遇到的各种局限性已成为当今的关键技术。

第二章
相移干涉原理

光学干涉测量技术是以光波为载体,以光波波长为单位的一种计量测试方法,是公认的高精度、高灵敏度的检测手段之一,在光学加工和检测方面占有重要的地位。干涉测量技术具有快速高效、非接触无损伤等特点,并在精度和灵敏度上优于其他类型的光学计量测试手段。其检测原理是通过研究光波波面经光学零件(或光学系统)后的变形来确定元件的表面质量的。

若已知合成光强的分布,再辅之以一定条件,完全有可能对两束光的相对相位分布进行推断,这就是干涉测量的基本依据。传统的干涉计量技术中,被测信息是以光学强度条纹形式表征的,信息的读取是通过条纹的判读来实现的。通过条纹跟踪法对单幅干涉图进行预处理、条纹最强和最弱中心定位、条纹修补、条纹级次确定、插值拟合等一系列步骤来提取波面信息,得到了更加完整的波相差信息。但是由于采样点少和单幅干涉图的不确定因素太多等问题,这种方法的测量精度有限。随着现代计算机技术和激光技术的迅速发展,干涉检测技术也得到很大的进步,计算机可以准确地提取干涉条纹信息并进行定量分析得到元件表面的准确信息,精度得到很大的提升。干涉术在光学检测领域具有广泛的应用前景,现在正朝着更高精度、更高自动化与智能化方向发展。

2.1 相移干涉术

在传统光学干涉测量技术中,相位的计算是以干涉条纹的条纹中心为定位,用此方式计算时:① 中心条纹定位不易;② 易受到外界或 CCD 噪声影响而导致解析的相位误差甚大,解析度与可靠度均甚低。利用相移干涉术不必透过辨识干涉条纹便可将空间相位进行精准的还原。

相移干涉术（Phase Shift Interferometry，PSI）将通信理论中同步相位探测技术引入光学干涉术中，是一种新的光干涉测试技术。相移干涉术的基本原理是：人为地引入已知的相位调制量，比较干涉场中某一点在不同相位下的光强变化以求得被测物体的相位分布，就能直接得到整个被测量表面的相位信息分布。相移干涉术克服了传统方法逐点测量工作效率低的问题，可实现全区域同步检测。

如图 2.1 所示，从光源发出的白光，经聚光镜后成为平行光，M_1 为被测工件，M_2 是参考镜（平面反射镜），G_1 为分光镜，G_2 为补偿镜，G_1 的第二表面镀有析光膜，使透射的光能和反射的光能大致相等。相移干涉术的基本原理是在干涉仪中两相干光之间的相位差引入等间隔阶梯式位移（由压电陶瓷实现），当参考镜 M_2 的光程（或相位）变化时，干涉条纹的位置也做相应的移动。在此过程中，用 CCD 摄像机对干涉图进行多幅阵列网格的光电探测采样，然后把光强数字化后存入帧存储器，由计算机按照一定的数学模型根据光强的变化求得波面的相位分布，同时可以分辨出波面的凹凸性。多幅的采样可以抑制噪声影响，在低条纹对比度的情况下，也有好的结果，它的测量精度与整个光瞳面上光强不均匀无关，可避免激光高斯分布的影响，这对大口径系统尤为重要。

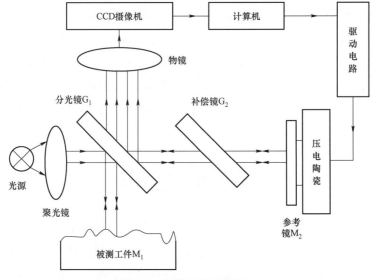

图 2.1 相移干涉测量原理

随着光电技术、计算机技术和激光技术的迅速发展，相移干涉术的原理、算法和移相模式也不断发展，各种新的研究成果和应用层出不穷。因其测量的实时性、自动高精度及实验装置的简单易实现性，相移干涉术已得到广泛应用。作为一种实时、自动、高精度测量原理，相移干涉术不仅成功应用于光学系统波像差的测量中，也被应用到激光产生等离子体研究的实验干涉图分析、全息图的自动分析等方面，它已成为计算机辅助干涉测试技术中的最重要领域之一。

相移即移动光学元件（或其他部件）以改变干涉光路中测量光与参考光间的相位差。在每一测量点处，相位差的变化使干涉场的光强值发生对应变化（构成光强方程组），通过解光强方程组得到该测量点处的相位值。

按相位测量方法的不同，相移干涉术包括时域法（Temporal Phase Measurement Methods）和空域法（Spatial Phase Measurement Method）两大类。在时间序列上顺序采集相位数据，从而各帧图像间形成固定相位差的方法称作时域相移干涉术。由于用了时间参数 t，因此问题简化为在时间坐标上读出正弦相位，与此同时，待探测点的空间坐标固定。空域相移干涉术是将相位信息进行空间分离并同时记录，各帧图像间形成固定相位差，从而形成空间相位移动。该方法需配备多个探测器同时探测空间相位移动，且所有的信号在同一空间坐标中相混合，故需要更复杂的处理。

从实际应用的角度考虑，通常采用时域相移干涉术来进行测量。时域相移干涉术（简称相移干涉术）依据实现相移的方法不同，分为分步进相移（Phase Stepping）和线性连续相移（Phase Shifting）两类。

2.1.1 分步进相移干涉术

图 2.2 所示为分步进相移干涉术原理。激光作为照明光源，经扩束器扩展为平行光，分束器将该平行光分为测量光束与参考光束两部分。两路光分别经待测物及参考镜反射后在干涉场发生干涉，形成干涉条纹。从图 2.2 中看出，该干涉条纹受被测物表面形状的调制而发生了变形。驱动电路驱动参考镜产生几分之一波长量级的光程变化（分步进相移），以改变参考相位，并产生时间序列上的多幅干涉图。整个测量过程由相移、采样、相位提取及数据处理等部分组成。

由双光束干涉理论，干涉场的光强分布亦可表示为

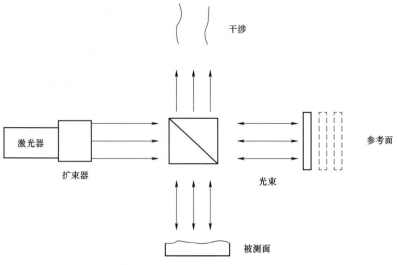

图 2.2 分步进相移干涉术原理

$$I(x,y,t) = I_1(x,y) + I_2(x,y) + 2\sqrt{I_1(x,y)I_2(x,y)}\cos[\varphi(x,y)+\delta(t)] \tag{2-1}$$

式中，$I_1(x,y)$，$I_2(x,y)$ 分别为两束相干光光强；$\varphi(x,y)$ 为被测波面与参考波面间的相位差；$\delta(t)$ 为参考相位移动量。

对于给定干涉场中的某点 (x,y)，式（2-1）中 $I_1(x,y)$、$I_2(x,y)$ 和 $\varphi(x,y)$ 均为未知量，故至少需要三帧干涉图才能确定出 $\varphi(x,y)$。该三帧干涉图由不同的相移值 $\delta(t_1)$、$\delta(t_2)$ 和 $\delta(t_3)$ 决定。一般地，不妨取 $\delta_i = \delta(t_i)$，$(i=1, 2, \cdots, N, N \geq 3)$。

改写式（2-1）为

$$\begin{aligned}I_i(x,y,t) &= I_1(x,y) + I_2(x,y) + 2\sqrt{I_1(x,y)I_2(x,y)}\cos[\varphi(x,y)+\delta_i]\\&= I'(x,y) + I''(x,y)\cos[\varphi(x,y)+\delta_i]\\&= a_0(x,y) + a_1(x,y)\cos\delta_i + a_2(x,y)\sin\delta_i\end{aligned} \tag{2-2}$$

$$\begin{aligned}a_0(x,y) &= I'(x,y)\\a_1(x,y) &= I''(x,y)\cos[\varphi(x,y)]\\a_2(x,y) &= I''(x,y)\sin[\varphi(x,y)]\end{aligned} \tag{2-3}$$

式中，$I'(x,y)$ 为光强直流部分，含有背景照明不均匀因子；$I''(x,y)$ 为光强交流部分，含有散斑噪声及对比度因子。

为了从式（2-2）中提取相位 $\varphi(x,y)$，按最小二乘定理

$$\sum_{i=1}^{N}[I_i(x,y)-a_0(x,y)-a_1(x,y)\cos\delta_i-a_2(x,y)\sin\delta_i]^2 = \min \quad (2-4)$$

得

$$\begin{bmatrix} N & \sum\cos\delta_i & \sum\sin\delta_i \\ \sum\cos\delta_i & \sum\cos^2\delta_i & \sum\cos\delta_i\sin\delta_i \\ \sum\sin\delta_i & \sum\cos\delta_i\sin\delta_i & \sum\sin^2\delta_2 \end{bmatrix} \begin{bmatrix} a_0(x,y) \\ a_1(x,y) \\ a_2(x,y) \end{bmatrix} = \begin{bmatrix} \sum I_i(x,y) \\ \sum I_i(x,y)\cos\delta_i \\ \sum I_i(x,y)\sin\delta_i \end{bmatrix}$$

$$(2-5)$$

式中

$$\begin{bmatrix} a_0(x,y) \\ a_1(x,y) \\ a_2(x,y) \end{bmatrix} = \boldsymbol{H}^{-1}(\delta_i)\boldsymbol{B}(I_i,\delta_i) \quad (2-6)$$

在干涉图的每一点解出 $a_1(x,y)$ 和 $a_2(x,y)$ 后，计算被测相位

$$\boldsymbol{H}^{-1}(\delta_i) = \begin{bmatrix} N & \sum\cos\delta_i & \sum\sin\delta_i \\ \sum\cos\delta_i & \sum\cos^2\delta_i & \sum\cos\delta_i\sin\delta_i \\ \sum\sin\delta_i & \sum\cos\delta_i\sin\delta_i & \sum\sin^2\delta_i \end{bmatrix}^{-1}$$

$$(2-7)$$

$$\boldsymbol{B}(I_i,\delta_i) = \begin{bmatrix} \sum I_i(x,y) \\ \sum I_i(x,y)\cos\delta_i \\ \sum I_i(x,y)\sin\delta_i \end{bmatrix}$$

$$\varphi(x,y) = \arctan\left[\frac{a_2(x,y)}{a_1(x,y)}\right] \quad (2-8)$$

该式即利用 N 步相移来获得两波面间的相位差信息的一般公式。

条纹对比度

$$\gamma(x,y) = \frac{I''(x,y)}{I'(x,y)} = \frac{[a_1(x,y)^2 + a_2(x,y)^2]^{1/2}}{a_0(x,y)} \quad (2-9)$$

上述所推导的公式均为相移量 δ_i（$i=1,2,3$）相等时的情形，一般而言，当相移量不等时，无论 δ_i 和 N（$\geqslant 3$）的值为多少，都能够求解出待测物体表面上每一点的相位分布。但是，选择恰当的 δ_i 值可简化相位计算过程。另外，由于相移时不可避免地要产生误差以及光强探测过程中的干扰噪声，故只有在

满周期等间距采样时其误差的引入最小。此时，$\delta = i2\pi/N$。

$$\varphi(x,y) = \arctan\left[\frac{\sum_{i=1}^{N} I_i(x,y)\sin\delta_i}{\sum_{i=1}^{N} I_i(x,y)\cos\delta_i}\right] \quad (2-10)$$

式（2-10）的特点是计算简单，且利于使用平均技术得到更多帧图像的组合计算公式，因而得到了较为广泛的应用。相移次数 N 的选择是根据算法对噪声的敏感程度来选取的，一般来说，采样次数 N 越大，位相测量误差越小。实际应用中综合考虑以上因素和获得三帧或更多帧图像像素阵列的连续读取时间、克服光子和电子噪声的积分时间、相移器响应速度及数据处理速度等来决定 N 的大小。

2.1.2 线性连续相移干涉术

分步进相移术由于每读取一帧干涉图的光强信号都需要准确移相并等待相位变化停稳后进行，因此难以避免光强信号随时间的漂移现象。线性连续相移干涉术从原理上取消了对确定性分步进相位的要求，这在使用中更加具有实用性。

为减小干涉域的各种噪声、探测和判读灵敏度的限制及其不一致性等因素的影响，降低干涉测量的不确定度，抑制时间漂移量，作线性连续相移干涉测量。即在每帧移相过程中，作光强积分平均

$$I_i(x,y) = \frac{1}{\Delta}\int_{\delta_i-\Delta/2}^{\delta_i+\Delta/2} I(x,y,\delta_i)\mathrm{d}\delta \quad (2-11)$$

式中，δ 表示积分域中心处相位移动量，Δ 表示积分域。

将式（2-2）代入式（2-11）得

$$I_i(x,y) = I'(x,y) + I''(x,y)\mathrm{sinc}(\Delta/2)\cos[\varphi(x,y)+\delta_i] \quad (2-12)$$

当 $\Delta = 0$ 时，$\mathrm{sinc}(\Delta/2) = 1$，从而式（2-12）与式（2-2）相同。因此，步进相移式是连续相移式的一种特殊形式。当 $\Delta = 2\pi$ 时，即满周期积分时，$\mathrm{sinc}(\Delta/2) = 0$，条纹对比度趋于零，此时无法提出波面相位信息。

将式（2-12）代入前述公式，得到 $a_2(x,y)$ 与 $a_1(x,y)$ 的比为

$$\frac{a_2(x,y)}{a_1(x,y)} = \frac{I''(x,y)\mathrm{sinc}(\Delta/2)\sin[\varphi(x,y)]}{I'(x,y)\mathrm{sinc}(\Delta/2)\cos[\varphi(x,y)]} = \arctan\varphi(x,y) \quad (2-13)$$

条纹对比度

$$\gamma(x,y) = \frac{I''(x,y)}{I'(x,y)} = \frac{[a_1(x,y)^2 + a_2(x,y)^2]^{1/2}}{a_0(x,y)} \mathrm{sinc}(\Delta/2) \quad (2-14)$$

由式（2-13）可以看出，波前相位 $\varphi(x,y)$ 可在不知积分间隔 Δ 时得到，但要求在采样过程中 Δ 必须保持一致。可见，分步进相移与连续线性相移相比仅在条纹对比度上有所不同。连续相移中的积分移相对接收到的干涉图光电信号的唯一影响是，降低了条纹的对比度，但随之带来的好处是抑制了随机噪声。

图 2.3 所示为两类相移方法的光强采集方式。在具体实施中，分步进相移术的相移器必须严格标定，线性连续相移术的相移器必须严格线性。由于 CCD 面阵探测器的信号不是同时输出而是逐行输出的，在线性连续相移术中需要对由探测光强计算出的相位值进行修正，因而分步进相移术得到了更广泛的应用。

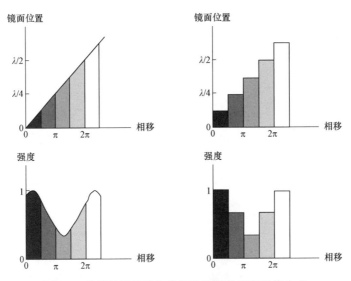

图 2.3　线性连续相移与分步进相移的光强采集方式

图 2.4 所示为 Twyman–Green 相移干涉系统，是著名的迈克尔逊白光干涉仪的变形。其原理是一束光被光学分束器（如一面半透半反镜）反射后入射到上方的参考面后反射回分束器，之后透射过分束器被相机接收；另一束光透射过分束器后入射到右侧的被测面，之后反射回分束器后再次被反射到相机上。光学分束器由一块薄而平的玻璃板组成，该玻璃板涂在基板的第一表面上。大多数分光镜在第二表面上具有防反射涂层，以去除不需要的 Fresnal 反射。注意

到两束光在干涉过程中穿过分束器的次数是不同的,从右侧被测面反射的那束光只穿过一次分束器,而从上方参考面反射的那束光要穿过三次,这会导致两者光程差的变化。对于单色光的干涉而言这无所谓,因为这种差异可以通过调节干涉臂长度来补偿;但对于复色光而言,由于在介质中不同色光存在色散,因此往往需要在右侧平面镜的路径上加一块和分束器同样材料和厚度的补偿板,从而消除由这个因素导致的光程差。

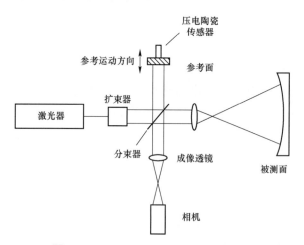

图 2.4 Twyman–Green 相移干涉系统

Twyman–Green 相移干涉系统利用 PZT 压电致动器来达到参考相位相移的目的。与迈克尔逊干涉仪相比,它具有以下特点:① 使用两列平面波进行干涉,相干得到等厚干涉条纹;② 只能使用单色光源;③ 参考光束和测试光束经过成像透镜聚焦后,观察者的位置固定。研究反射或透射光学元件的表面形貌或波面形状。

图 2.5 所示为 Mach–Zehnder 相移干涉系统,一道准直光束被第一个分束器分裂成两道光束,称为"样本光束"与"参考光束"。这两道光束分别被两块镜子反射后,又通过同样的第二个分束器。两个分束器的反射表面具有完全精确的相反取向(一个面向左上方,一个面向右下方),这样,样本光束与参考光束会透射过同样厚度的玻璃。由于检验光束与参考光束都经历到两个"空气—镜面的界面反射",因此造成同样的相移。参考相位的移动由压电陶瓷传感器来完成。

Mach–Zehnder 相移干涉仪的内部工作空间相当宽广,干涉条纹的形成位置有很多种选择,因此,它是观察在风洞里气体流动的佳选。对于一般流动可

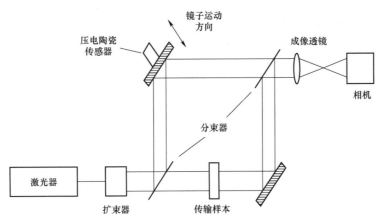

图 2.5 Mach–Zehnder 相移干涉系统

视化研究,也是很好的选择,被用于空气动力学、等离子物理学与传热学领域,可以测量气体的压强、密度和温度的变化。该干涉仪具有多功能性质,被广泛应用在量子力学的基础研究论题里,时常被用来研究量子纠缠——量子力学的最反直觉的预测之一。

图 2.6 所示为分步进相移分光路干涉显微测量系统。系统基于 Linnik 干涉显微镜,采用 PZT 微位移装置在参考光路中实现相移。

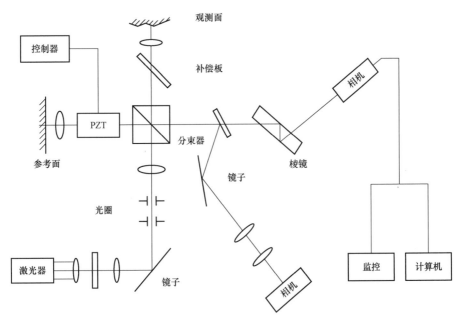

图 2.6 分步进相移分光路干涉显微测量系统

由激光器发出的光线经反射后投射到孔径光阑上，穿过位于照明物镜前面的视场光阑。通过照明物镜的光线投射到分束器上，光束分成两部分：一部分反射，另一部分透射。从分束器反射的光线经物镜射向标准反射镜参考面，再重新穿过物镜、分束器射向相机；从分光镜透射的光线，穿过补偿板、物镜射向工件观测面，反射后重新经过物镜、补偿板、分束器射向相机。在目镜焦平面上两束光相遇，产生干涉，形成条纹。

采用激光器作为光源，测量精度可以更精确一些。单色光相干性能较好，便于寻找干涉条纹，若在目镜系统中放置一狭缝，即只截取工件表面细长的一部分，经直视棱镜色散形成所谓的等色级条纹，以便对加工粗糙的或者呈粒状的工件表面产生规则的干涉条纹，便于测定。

如果挡住射向标准反射镜的一光路，即在视场中能看到观测表面的像，则它与观测表面的微观平面度形成的干涉条纹一一对应。此即干涉显微镜用于微小高度差测量的原理。

2.2　最佳采样方式

上述介绍的分步进相移及线性连续相移，其相位值的解算方法都是根据余弦函数的性质设计的。根据三角函数的性质，只要对函数分布中三个以上的点进行采样，就可以完全准确地解算出初相位值，因而原则上采样过程可以任意进行。事实是，这种推论只是一种纯理想化的结论。相移干涉术的研究主要集中在两个方面：一是建立一种有效的实际测量算法，此时假设移相被理想地实现；二是消除实际测量中移相器的线性和非线性误差。

在相移干涉计量的实施过程中，由于各种因素的影响，CCD 面阵探测器所探测到的光强值不可避免地存在误差，可将光强方程式一般性地表示为

$$I(x,y,\delta_i) = a_0(x,y) + a_1(x,y)\cos\delta_i + a_2(x,y)\sin\delta_i + \Delta I(x,y,\delta_i)$$

（2-15）

实际采样值解算出的结果显然存在误差。各种解算过程都可以看成利用采样值拟合出一个三角函数的过程。当采样方式不同时，拟合结果就会不一样，因而有必要探索当实验误差相同时，采用什么样的采样方式会得到最精确的结果。或者说在什么样的采样方式下，测量过程的抗干扰能力最强。具体归结为相移量 δ_i（$i=1, 2, \cdots, N$）如何取值的问题。下面利用上节的最小二乘法讨

论最佳采样方式。

将式（2-6）写成矩阵向量形式

$$A(x,y) = H^{-1}(\delta_i)B(I_i,\delta_i) \tag{2-16}$$

若将探测到的强度矩阵分解为理想探测值和误差扰动值，即

$$B(I,\delta_i) = B_0(I_i,\delta_i) + \Delta B(I_i,\delta_i) \tag{2-17}$$

将解分解为精确解和误差解，即

$$A(x,y) = A_0(x,y) + \Delta A(x,y) \tag{2-18}$$

根据式（2-16），测量误差与强度探测误差之间的关系为

$$\Delta A(x,y) = H^{-1}(\delta_i)\Delta B(I_i,\delta_i) \tag{2-19}$$

这表明，误差解 $\Delta A(x,y)$ 受误差探测值 $\Delta B(I_i,\delta_i)$ 的影响程度取决于系数矩阵 $H^{-1}(\delta_i)$。

矩阵理论中，常用系数矩阵的条件数来衡量方程的性态，即对噪声的敏感程度。系数矩阵的条件数定义为

$$\text{Cond}(H)p = \|H\|p \cdot \|H^{-1}\|p \qquad P=1,2,\cdots \tag{2-20}$$

式中，符号"‖‖"表示求范数运算，式（2-20）表示 p 取不同矩阵模时所对应的相应模的条件数。由矩阵理论，当方程右端出现扰动时，方程解的影响为

$$\frac{\|\Delta A\|}{\|A\|} \leqslant \|H\| \cdot \|H^{-1}\| \frac{\|\Delta B\|}{\|B\|} = \text{Cond}(H)\frac{\|\Delta B\|}{\|B\|} \tag{2-21}$$

式（2-21）对任何模的条件数均成立。

以上分析的是只存在探测误差扰动 $\Delta B(I_i,\delta_i)$ 时的情况，但实际应用中除此项外，还有相移误差扰动，即系数矩阵还存在 $\Delta H(\delta_i)$ 项，此时有

$$\begin{aligned}\frac{\|\Delta A\|}{\|A\|} &\leqslant \frac{\|H\| \cdot \|H^{-1}\|}{1-\|H\| \cdot \|H^{-1}\|\frac{\|\Delta H\|}{\|H\|}}\left(\frac{\|\Delta B\|}{\|B\|}+\frac{\|\Delta H\|}{\|H\|}\right)\\ &= \frac{\text{Cond}(H)}{1-\text{Cond}(H)\frac{\|\Delta H\|}{\|H\|}}\left(\frac{\|\Delta B\|}{\|B\|}+\frac{\|\Delta H\|}{\|H\|}\right)\end{aligned} \tag{2-22}$$

从式（2-21）、式（2-22）看出，当 $\text{Cond}(H)$ 相对大时，$\Delta B(I_i,\delta_i)$ 的微小值可能对 $\Delta A(x,y)$ 产生相当大的影响，即方程组的解关于增广阵元素的扰动很敏感，或者说扰动方程的解与无扰动时方程的解很有可能相差较大。方程组的这种性质是其固有性质，与求解方法无关。因而当 $\text{Cond}(H)$ 相对大时称方

程（2-16）为病态方程，否则为良态方程。对于良态方程，由于它的解与其扰动方程的解差别不大，因此只要求解算法稳定，是可以得到较满意的结果的。对病态方程则不然，即使用稳定性很好的算法去求解效果也未必理想。由此得出结论，在相同的探测误差下，条件数越大，解的误差也越大。

实际应用时常用

$$\text{Cond}(\boldsymbol{H}) = \lambda_{\max}/\lambda_{\min} \geqslant 1 \tag{2-23}$$

来表示条件数。式中，$\lambda_{\max}$ 和 $\lambda_{\min}$ 分别是矩阵 $\boldsymbol{H}$ 按模的最大、最小特征值。

显然，任何一种模的条件数

$$\text{Cond}(\boldsymbol{H})p = \|\boldsymbol{H}\|p \cdot \|\boldsymbol{H}^{-1}\|p \geqslant \text{Cond}(\boldsymbol{H}) \tag{2-24}$$

当 $\boldsymbol{H}$ 是正交矩阵时，$|\lambda_i(\boldsymbol{H})| = 1$，$i = 1, 2, \cdots, n$，有 $\text{Cond}(\boldsymbol{H}) = 1$，式（2-20）及式（2-23）均取得极小值

$$\frac{\|\Delta A\|}{\|A\|} \leqslant \frac{\|\Delta B\|}{\|B\|} \tag{2-25}$$

$$\frac{\|\Delta A\|}{\|A\|} \leqslant \frac{1}{1 - \frac{\|\Delta H\|}{\|H\|}} \left(\frac{\|\Delta B\|}{\|B\|} + \frac{\|\Delta H\|}{\|H\|} \right) \tag{2-26}$$

使 $\boldsymbol{H}$ 为正交矩阵的条件是，取 $\delta_i = i2\pi/N$ 时，即在 2π 范围内等间距采样时，由三角函数的正交性，系数矩阵 $\boldsymbol{H}$ 可简化为正交矩阵

$$\boldsymbol{H} = \begin{bmatrix} N & 0 & 0 \\ 0 & N & 0 \\ 0 & 0 & N \end{bmatrix} \tag{2-27}$$

由以上分析得出结论，在等间距满周期采样情况下，相位计算的误差最小，也就是具有最强的抗噪声能力。这种采样方式即最佳采样方式。

当偏离等间距满周期采样时，条件数会迅速变大。图 2.7 给出了当等间距采样而扫描范围小于 2π 时条件数与扫描范围的关系曲线。

2.3 移 相 方 式

无论是分步进相移干涉术还是线性连续相移干涉术，均需要相移装置来实现两干涉光束间相对相位的改变。其中移相器的性能直接影响到系统测量的精

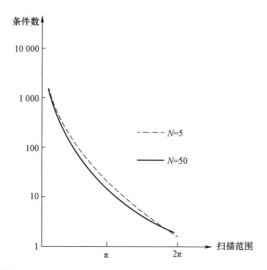

图 2.7　当等间距采样而扫描范围小于 2π 时条件数与扫描范围的关系曲线

度。实现相移的途径有平移参考反射镜移相、偏振移相、光栅衍射移相、倾斜玻璃板移相、声光或电光调制器移相及压电陶瓷移相。另外，还有拉伸光纤法、液晶移相法、波长调谐移相法、空气移相法和旋转波片法等移相方法可供选择。下面介绍几种典型的移相方法，如图 2.8 所示。

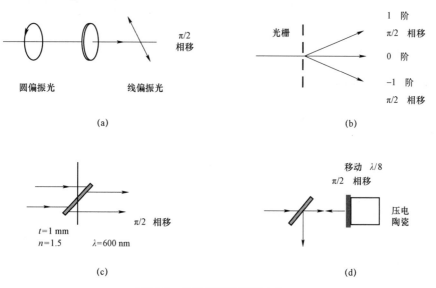

图 2.8　几种典型的移相方法

（a）偏振移相；（b）光栅衍射移相；（c）倾斜玻璃板移相；（d）压电陶瓷移相

2.3.1 偏振移相

偏振移相法也是相移干涉中常用的移相方法，它是将一个被检的二维相位分布 $\varphi(x,y)$ 转化为一个二维的线偏振编码场。这种编码场有两个特点，一是检偏器的转角可以精密控制移相准确度，振幅分布均匀；二是各点的偏振角正比于该点的相位，特别适用于干涉系统难以改变干涉臂光程的场合。但缺点是难以制作大口径的偏振元件。

用一检偏器来检测这个编码场，若检偏器与 x 轴方向成 θ 角，则它与线偏振光的夹角为 $[\varphi(x,y)/2-\theta]$，按马吕斯定律，检测到的光强为

$$I(x,y,\theta) = I_0 \cos^2\left[\frac{\varphi(x,y)}{2} - \theta\right]$$
$$= \frac{1}{2}I_0\{1 + \cos[\varphi(x,y) - 2\theta]\} \quad (2-28)$$

式中，移相角度 2θ 与检偏器的旋转角度有关，只要改变检偏角度 θ 就可以产生相应的移相值，即产生相位的移动。

偏振移相有两个优点：一是检偏器的旋转角度可以精密控制，故移相准确度高；二是特别适用于干涉系统难以改变干涉臂光程的场合，例如共光路干涉显微镜情形。然而由于偏振片与波长有关，大口径偏振片制作困难等缺点限制了偏振移相法的适用性。

2.3.2 光栅衍射移相

光栅衍射法是一种多通道的移相方法，该方法是利用光栅的衍射原理在空间上产生各级衍射光，当光栅沿垂直光栅刻线方向有一位移时，在光栅的 0 级和 ±1 级衍射光中分别引入 0 和 $\pm\delta$ 的相位变化（$\delta = 2\pi x/f_0$，x 为光栅的位移，f_0 为光栅的空间周期）。正交的二维光栅产生对称分光，选取对于理想光栅衍射效率一致的±级衍射光作为测量分光路，光栅在其平面内沿垂直于刻线方向移动一个距离，在 0 级和 ±1 级的衍射光中引入 $\pi/2$ 的相位移动，从而分别形成 0°、90°和270°相移的三幅移相干涉图。

该方法一次就可以得到三幅不同移相值的干涉图，不需要再次移动光栅，操作较为简便，并且相移量与输入波长无关。但是弊端是要使三级衍射光分开，必须在同一探测器上不同位置取数据，这样会引入误差，同时受光栅衍射效率

的影响，衍射光强比较弱。

2.3.3　倾斜玻璃板移相

倾斜玻璃板（平行平晶）移相相当于多通道透射镜片，经过平行平晶的光束的相位随平晶的倾斜而改变。在干涉系统的光路中，通过旋转玻璃板的角度使之与入射光束成不同的倾角，可以引入不同的光程差，从而实现不同的相位变化量。

其相位变化量与倾角的关系为

$$\Delta\varphi = \frac{\pi t(n-1)}{\lambda n}\theta^2 \qquad (2-29)$$

式中，$\Delta\varphi$ 表示相位变化量；t 表示玻璃厚度；n 表示玻璃折射率；θ 表示玻璃倾角；λ 表示光波波长。

此方法虽然操作简单，但由于光束是透射平板玻璃的，对于平板玻璃内部折射率均匀性和表面平整度有严格要求，平晶倾斜角度很难精确控制，从而导致移相精度较低、移相速度较慢以及调整较为困难。原理计算式采取了近似，引入了系统误差，为减小平晶引入的像差，必须将其置于平行光路中。

2.3.4　压电陶瓷移相

压电陶瓷（Piezoelectric Ceramic Transducer，PZT）是一种铁电多晶体材料，它由许多微小晶粒无规则地"镶嵌"在一起而成。常见的压电陶瓷材料有钛酸钡（$BaTiO_3$）、钛酸铅（PbT_iO_3）和铌镁钛酸铅（PCW）等。其中，改进型的钛酸铅材料制成的压电陶瓷片，其伸长变形方向与电场方向平行，微位移的线性好、转换效率大、性能稳定。当具有压电型的电介质置于外电场时，由于电场的作用，介质内部正负电荷中心将产生相对位移，而这个位移会产生介质的伸长变形。压电陶瓷材料被作为微位移器件就是根据这个原理。

压电陶瓷移相方法利用压电陶瓷在电压作用下会产生伸缩的所谓压电逆效应，将反射镜粘贴在压电晶体上，就可以构成压电陶瓷移相器。压电陶瓷移相法技术成熟，操作灵活方便，且移动精度较高，位移范围大，可嵌入能力强，移相干涉系统中常选用压电陶瓷作为移相器。

PZT 在精密控制位移机构中得到了广泛的应用。PZT 的最大位移伸长量也是其最重要的性能指标，这些应当在使用中全面考虑，其灵敏度、重复性和非线性都直接影响误差的大小。PZT 是一种容性元件，通常电容元件的寿命与所加电压直接相关，因此 PZT 的寿命取决于所加的电压大小。为了保证压电陶瓷的寿命，其电极所加电压应尽量低于其额定最高电压。一般锆钛酸铅压电陶瓷材料性能稳定，老化性能在 5 年内小于 0.2%；其居里温度也很高，可达到 300 ℃，可作高温压电元件，其使用温度范围在 $-40 \sim 300$ ℃。压电材料主要利用压电陶瓷的逆压电效应将电能直接转化为机械能而产生位移输出。在这种模式中，其位移方程为

$$S_i = S_{ij}^E T_j + d_{mi} V_m \tag{2-30}$$

当压电材料承受单方向恒定力时，上式可化简为

$$S_i = d_{33} V_m \tag{2-31}$$

式中，S_{ij}^E 为柔度矩阵；S_i 为应变量，一般以 μm 为单位；d_{mi} 为压电应变系数，以 μm/V 为单位；V_m 为施加在压电陶瓷上的电压量；T_j 为应力量；d_{33} 为纵向压电应变系数。在电压变化过程中，压电系数不是一个恒定不变的值，即伸长量随电压的变化有一定的非线性及一定的滞后性。常用的压电材料为 PZT($Pb(ZrTi)O_3$)。

由于 PZT 具有非线性，因此为实现线性移动，必须进行非线性补偿校正。校正的过程大致是，给 PZT 施加一个非线性电压

$$V_i = (A + Bi + Ci^2)\beta \quad i = 1, 2, \cdots, N \tag{2-32}$$

式中，A 为偏置电压，B 为线性系数，C 为二次项系数，β 为放大系数，i 为步进数。先给 PZT 一个初始电压 V_0，测出其位移变化，再与预置的相位变化比较，以决定修正系数 B、C，如此逐次逼近，直到非线性要求满足为止。

PZT 的主要性能指标有灵敏度、非线性、重复性和最大伸长量等。例如，一种适合光移相干涉用的 PZT 产品，其灵敏度为 0.01 μm，校正非线性为 1%，重复性为 1%，滞后误差≤6%，最大位移为 5.5 μm，加电压 0～500 V。

PZT 微位移器是实现相移测量的重要执行部件，它的性能直接影响着系统的测量精度，用作纳米定位器的压电陶瓷材料主要是各种锆钛酸铅陶瓷（PZT），该材料是用来产生高分辨力位移的理想材料。理想情况下，位移与所施加的场强成正比，实际应用中，压电陶瓷将表现出迟滞、非线性和蠕变等现象，影响位移结果。下面将进行分析说明。

(1) 迟滞。迟滞现象是因为压电陶瓷应变与电场强度存在回差，图 2.9 所示为压电陶瓷的位移和驱动电压的关系曲线。迟滞的大小与电场强度的变化历

史密切相关。电场强度变化的幅度越大，所表现出的迟滞越明显。从图 2.9 可以看出，当压电陶瓷两端的电压差由低到高变化时，与电压差由高到低变化时曲线并不能重合。这样，当对压电陶瓷采用电压直接驱动时，位移量与施加的电压差并不能形成固定的对应关系，所以也不能用曲线拟合等办法来消除这种误差。

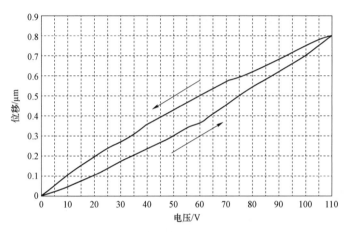

图 2.9　压电陶瓷的迟滞现象

（2）非线性。非线性则表现为压电陶瓷应变呈 S 形，如图 2.10 所示。典型的非线性误差为 2%～10%，在没有其他位移检测装置的情况下，压电陶瓷位移直接与驱动电压相对应，为了减少驱动电压与位移间非线性关系对测量的影响，应该将驱动电压的范围调整到关系曲线中线性较好的区域，如图 2.10 中 AB 段。

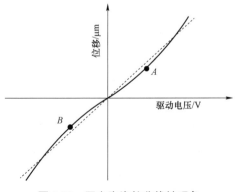

图 2.10　压电陶瓷的非线性现象

（3）蠕变。蠕变是指压电陶瓷对时间的滞后效应，这是由于电介质内部的晶格之间存在内摩擦力，在施加电场后极化作用不能立即完成。这样压电陶瓷在变化的电压作用下，在几毫秒内迅速响应，同时将伴随着长时间的较小变化。

（4）其他外界因素。温度变化会对 PZT 的位移输出产生影响，而且情况较为复杂，如果通过恒温的条件来消除这种影响，系统的应用范围将受到限制。另外，PZT 在位移过程中所受负载发生变化时，也对其位移输出的精度产生影响。

为了减少 PZT 特性造成的误差，目前主要的方法还是对 PZT 位移的误差进行软件的补偿。利用实物基准对纳米定位器进行定期的标定可以在一定程度上减少纳米定位器的误差，但最终的解决方法还是建立计量系统，对定位过程进行主动标定，例如采用电容式位移传感器或者激光干涉仪等实时测量纳米定位器的位移，这样才能精确控制纳米定位器的运动情况。系统选用的这款电容反馈型物镜纳米定位器，测量分辨率达到了 0.7 nm，全行程重复性±5 nm，有效地保证了相移过程中的纳米级精确定位，提高了测量精度。

压电陶瓷作为微动部分的驱动器，选择时需考虑的机械性能主要有：

（1）刚度。压电陶瓷致动器可以近似看成一个弹簧/质量系统，其刚度或弹性系数取决于自身的杨式模量大小（大约为钢的 25%）。

（2）承载能力及生成力大小。PZT 能够承受较大的推力和载荷，在不超过承载能力的条件下，即使全载也不会产生位移损失。PZT 能够产生的最大力取决于自身刚度和位移，实际应用时 PZT 并不能达到最大位移值，位移减少量取决于 PZT 刚度与弹簧刚度的比值，随着弹簧刚度的增加，位移减小，生成力增大。

（3）机械破坏保护。由于 PZT 自身较脆，不能承受较高的拉力和剪切力，因此使用时需外加保护以保证 PZT 不受到过大拉力和剪切力。一般 PZT 内部均配有弹簧预紧装置以增加 PZT 受拉能力，使用球形连接或柔性连接可避免 PZT 承受剪切力。

由于压电陶瓷微位移机构顶着压电陶瓷进行升降运动，因此应用时需要设计压电陶瓷固定套。固定套对压电陶瓷起保护作用并对其运动进行导向。图 2.11 所示为压电陶瓷微位移致动器微位移机构三维图，千分螺杆通过钢球与压电陶瓷的固定螺母接触，固定螺母与活动柱连接。为了消除螺杆上升时活动柱与外固定套的间隙，活动柱上开三角槽，放入圆柱形钢柱，这样既可以对压电陶瓷的升降运动进行导向使其侧面不受扭曲力，又可以保护压电陶瓷外围使其不被磨损。

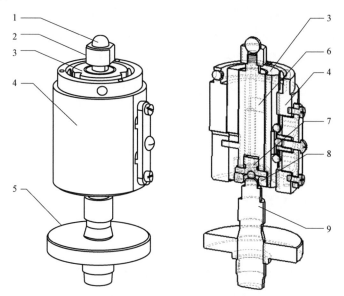

图 2.11　压电陶瓷微位移致动器微位移机构三维图

1—钢球；2—钢球座；3—活动柱；4—固定套；5—粗调旋钮；6—压电陶瓷（PZT）；
7—压电陶瓷固定螺母；8—压电陶瓷锁紧螺母；9—千分螺杆

2.4　相位计算

2.4.1　相位提取算法

从前面的论述看出，被测物体的表面形貌——高度信息包含在相位信息 $\varphi(x,y)$ 中，而 $\varphi(x,y)$ 又包含在光强信息 $I(x,y,\delta_i)$ 中。相移干涉术的核心问题就是如何从干涉光强图中正确地提取每一点的相位值 $\varphi(x,y)$。

在满足最佳采样方式 $\delta_i = i2\pi/N$ 的条件下（$i = 1, 2, \cdots$），对 δ、N 取不同的值将会构造出不同的相移光强方程组，从而得到不同的解算相位值的方法，我们称作相位提取算法。

式（2–10）即满周期等间隔 N 步移相获得两相干波面间相位差的一般式。通过判读表征被测面形貌的干涉图，就可以提取被测表面各点的相位。由相位与光程差之间的转换关系式，就可以得到被测表面的微观形貌。

$$d = \frac{1}{2} \times \frac{\lambda}{2\pi} \varphi(x, y) \quad (2-33)$$

式中，d 表示空间点(x, y)处参考面与被测面之间的光程差；λ表示激光波长。

对传统的三帧（$N=3$）、四帧（$N=4$）分步进相移算法的研究已经很完善，在此基础上运用扩展平均技术得到的改进算法又大大提高了它们对各种误差的抑制能力。其中，要求相移步距为 $\pi/2$ 的五帧（$N=5$）算法因为计算简洁而又对各种误差具有显著的抑制，在当前的商用相移干涉仪中得到广泛应用。但五帧算法对相移步距的标定误差（移相误差），即步距对 $\pi/2$ 的偏离，却无能为力，而这种误差是相移干涉仪的主要误差源之一。

线性连续（任意步距步进）相移算法能从原理上消除移相误差对测量的影响，所以在对测量精度要求较高的情况下，任意步距步进算法具有无可比拟的优势。但任意步距步进算法对移相这种误差的免疫能力却是用牺牲计算量和复杂程度换来的，而且它们同样会受到其他误差源的影响。

若没有环境扰动及测量误差存在，任何一种相位提取算法都将给出真实的相位值，并且所有算法都会给出一致的结果。但是，在实际应用中，扰动和误差是时刻存在的。相位提取算法的研究就是探讨一种能解算出尽量接近实际相位值的算法，即对扰动和误差不敏感同时又有应用价值的算法。

已有的研究结果表明，移相器的移相误差（包括线性和非线性误差）和探测器非线性误差是相移干涉术的两大主要误差。近年来围绕如何消除或抑制这两种误差涌现了许多新颖的相位提取算法。其可分为：

（1）线性相移误差不敏感快速算法。
（2）对线性相移误差及非正弦干涉光强信号误差不敏感多步算法。
（3）线性和非线性相移误差不敏感算法。

对于高精度的相位提取算法，还需进一步考虑特定误差。相位提取算法直接制约着相位测量精度，即形貌测量精度。针对测量时的特定误差源，选择对该误差源不敏感的相位提取算法，是提高测量精度的有力保证。

2.4.2 相位解包裹算法

相位提取算法得到的是反正切函数形式的相位表达式。由反正切函数性质可知，其相位主值范围分布在$[-\pi/2, \pi/2]$。这说明，计算出的干涉光强的相位

分布 $\varphi(x, y)$ 被截断在反正切函数的主值范围内,其值域定义在 $-\pi/2$ 与 $\pi/2$ 之间。

设式 (2-10) 右边为 S,加入如下判据:

$$\begin{aligned}
-\pi \leqslant \varphi \leqslant -\pi/2 & \qquad \varphi = \arctan|S| - \pi \\
-\pi/2 \leqslant \varphi \leqslant 0 & \qquad \varphi = -\arctan|S| \\
0 \leqslant \varphi \leqslant \pi/2 & \qquad \varphi = \arctan|S| \\
\pi/2 \leqslant \varphi \leqslant \pi & \qquad \varphi = \pi - \arctan|S|
\end{aligned} \qquad (2-34)$$

可将主值范围扩展到 $[-\pi, \pi]$。相位分布在 $-\pi$ 与 π 断点处的数值为 $k \cdot (2\pi)$ (k 为整数),称为受模 2π 所包裹。为了从相位函数中计算被测物体的高度分布,需将由于反正切函数运算引起的截断相位恢复成原有的连续相位分布。

实际干涉图中由于波面倾斜或残点的原因,在视场内出现了多条明暗相间的干涉条纹,即干涉图相位变化大于一个周期 2π。因此,处理得到的波面不是连续的相位面,而是一个个被截断在 $[-\pi, \pi]$ 的相位面。这种类型的相位称为包裹相位。包裹相位存在着 $-\pi$ 到 π 的相位跃变,通过合适的算法找出相位跃变点,并把它复原成不包含跃变点波面的过程称为相位解包裹。

假定有一个一维的相位截断 (Phase Wrapped) 函数 $\varphi(x_i)$,$0 \leqslant i \leqslant N-1$,其中 i 是采样点序号,N 为采样点总数,其解包裹 (Phase Unwrapping) 后的相位函数为 $\varphi(x_i)$,$\varphi_w(x_i)$ 为包裹相位,则相位解包裹过程可表示为

$$\begin{aligned}
\varphi(x_i) &= \varphi_w(x_i) + k_i \cdot (2\pi) \\
k_i &= \text{INT}\{[\varphi(x_i) - \varphi(x_{i-1})]/(2\pi) + 0.5\} + k_{i-1} \\
k_0 &= 0
\end{aligned} \qquad (2-35)$$

式中,INT 为取整算符。

图 2.12 所示为包裹在 $\pm\pi$ 之间及解包裹后的一维相位分布示意图。

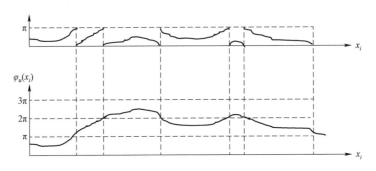

图 2.12 包裹在 $\pm\pi$ 之间及解包裹后的一维相位分布

图 2.12 中轮廓线的相位解包裹是在一维方向上扩展的。具体做法是：在相位图中沿着行方向扫描，当出现相位截断（两个相邻像素点的差值超过 $\pm\pi$）时增加或减少 2π。即在展开的方向上比较相邻两个点的相位值，如果差值小于 $-\pi$，则后一点的相位值加上 2π；如果差值大于 $+\pi$，则后一点的相位值减去 2π。

对于实际应用中的二维采样点阵列，首先沿二维数据阵列中某一列（一般可取第一列）进行相位展开，然后以该列展开后的相位为基准，沿每一行进行展开，得到连续分布的二维相位函数。也可以先对每一行进行展开，再对每一列展开。

值得注意的是，应用式（2-35）时，必须假定任意两个相邻采样点之间的非截断相位变化小于 $\pm\pi$，即满足奈奎斯特采样定理的要求（采样频率大于最高空间频率的两倍），并且没有噪声引起的相位突跳，这时的干涉图为理想干涉图。对理想干涉图，包裹相位只是由于相位计算公式原理本身所导致的，称其为原理包裹。

若干涉图满足奈奎斯特采样定理，并且在无噪声、无阴影等理想条件下相位解包裹，则令 $\varphi(x,y)$ 为包裹相位，$\phi(x,y)$ 为解包裹的相位值，二维相位函数有如下表达式：

$$\phi(x,y) = \varphi(i,j) + 2k(i,j)\pi \quad (2-36)$$

式中

$$k(i,j) = W^{-1}(\varphi(i,j), \varphi(N_{ij}^8)) \text{ 为整数} \quad (2-37)$$

式中，W^{-1} 表示解包裹算子；N_{ij}^8 表示点 (i,j) 的 8 相邻点，表示为

$$N_{ij}^8 \{(m,n) \mid (m,n) \in \Omega\} \quad (2-38)$$

式中

$$\Omega = \{(i-1,j-1),(i-1,j),(i-1,j+1),(i,j-1), \\ (i,j+1),(i+1,j-1),(i+1,j),(i+1,j+1)\} \quad (2-39)$$

因此，只要求出相应的整数 $k(i,j)$，在对应点上加上（或减去）$2k\pi$，得到真实相位，并且将其扩展到整个干涉区域求出各点真实相位值，就得到一幅连续的解包裹相位图。

对于有噪声的非完善干涉图，如散斑、随机扰动、低调制度、陡峭的表面所引起的相位突变，致使相邻两个采样点之间的相位差大于 $\pm\pi$，使局部区域

违背采样定理；表面本身的不连续，如沟槽、断裂、孔、阴影等，相位除有原理包裹外还存在着噪声包裹，此时式（2-35）已不适用，必须发展相位解包裹算法以去除噪声包裹，恢复连续真实的相位分布。

由于实际被测物体表面的复杂性，加之相位解包裹的过程是一个积分的过程，在一个噪声点上的解包裹错误将沿着相位展开的路径扩散，从而导致更大范围内的错误，使得局部误差变成了全局误差。误差的传播与解包裹的路径和方向均有关。所以，噪声包裹问题一直是相移干涉测量术中最为棘手的问题。

2.5 影响测量误差的主要因素

由各种算法的原理分析可知，理论上不管是分步进相移算法还是线性连续相移算法，求解得出的空间点的相位信息都是准确并且是唯一的。而实际上，由于移相器的移相误差（线性误差和非线性误差）、探测器的非线性、多光束干涉效应、光源稳定性、环境扰动和探测器量化误差等影响，使用不同算法得到的结果是不同的，精度也不一样。一般情况，采样帧数 N 增加，用多组数据优化求解的方式可减少系统误差。但是帧数越多，测量和处理时间也越长，不利于在线检测，有些误差（随机噪声、振动等）会随着步数的增加而累积，影响最后的测试精度。因此，应该从算法精度、速度和难度上找出一个合理的折中。

相移干涉测量有两种主要的测量误差——移相误差和探测器非线性响应误差。另外，还有环境稳定性和频率漂移等缓变过程造成的测量误差，如电噪声、光噪声、移相误差、探测器非线性响应及探测信号量化误差等引起的测量误差。

移相误差分为标定误差和非线性误差，也就是移相器的一阶和二阶移相误差。无论是压电陶瓷移相器还是光电晶体移相器，都会存在这种误差。一阶误差的影响会随着测量次数的增加而减小。一阶和二阶移相误差引起的测量误差的频率都是干涉条纹频率的 2 倍，而测量误差的相位和幅度则取决于所用的相位提取算法。

相移干涉一般应用 CCD 摄像机作为探测器记录干涉条纹的强度。其输入光强与输出电压之间的非线性就是探测器非线性响应误差。虽然大多数 CCD 记录装置都有增益调节以选择增益曲线的线性最好的部分工作，但这种误差还是不可避免地存在并导致系统的测量误差，并且是相移干涉仪的主要误差源之一。

环境稳定性的影响是空气扰动和振动引起的两路信号之间的相对相位变化（对分光路干涉系统），它直接影响测量精度和准确性。为降低这项误差，应将测量系统置于隔振台上，并使测量环境尽可能稳定，在系统设计上应使环境造成的影响在整个波面上均匀。为降低频率漂移所引起的相位变化，应使波面上各点处的相对光程差尽可能小，并对光源采取稳频措施。

光强度的探测误差由测量系统的电噪声引起。电噪声是指在 CCD 摄像机、A/D 转换器和采集系统电路中存在大量的电阻性器件，这些电阻性器件的热电子起伏产生的热电子噪声，即白噪声，是一种加性噪声。光噪声主要是指照明视场噪声，该噪声一是由电源波动及光源本身的不稳定而产生，它是随时间而变化的随机起伏噪声；二是由照明光学系统的不完善（相差或调整不好）而引起，它是随空间的起伏而变化的。由电噪声和光噪声引起的测量误差与采样次数成反比，还与探测器饱和强度与噪声强度的比值成反比。为了提高精度，两束光的参物比应接近单位值，探测器动态范围利用率也尽可能接近单位值。针对移相误差，可对测量系统实行预校准并选择恰当的相位提取算法。由参考面不准确性及干涉系统光学像差所产生的测量误差可用绝对测量法减除。然而，有些误差诸如移相器非线性或探测器非线性误差将限制测量结果的最后准确性。

若干涉场中有固定噪声 $n(x, y)$，CCD 面阵探测器的灵敏度分布为 $s(x, y)$，则式（2-1）改写为

$$I(x,y,t) = s(x,y)\{I_1(x,y) + I_2(x,y) + 2\sqrt{I_1(x,y)I_2(x,y)}\cos[\varphi(x,y) + \delta(t)]\} + n(x,y) \quad (2-40)$$

由于相位提取算式中含有减法和除法运算，因此上述干涉场中的固定噪声和 CCD 面阵探测器的不一致性影响均自动消除，这是相移干涉术的一大优点。

从以上分析可以看出，相移帧数的增加能够降低第二类误差的影响，但会增加采样时间，该过程将会受到第一类误差的影响。可见，相移帧数的选择应充分考虑到两个方面的影响。

关于各项主要误差的具体分析计算，将在后续章节中详细给出。

基于光学干涉成像原理的相移干涉法 PMI 是一种相对优越的非接触表面形貌测量方法。对实验需求、分辨率和精度、固有噪声抑制、像增强等方面与 PMI 中的相位提取方法进行比较，结果显示：将干涉术和相移技术相结合的相移干涉术具有较高的空间分辨率和较低的成本，具有数字化、定量化、测量精

度高和重复性好的特点。

由于采用了干涉法,相移干涉法 PMI 在提高测量精度的同时,对外界环境的要求也比较苛刻,微小的干扰信号将对测量结果造成较大的影响。目前的研究热点是以物体表面微观形貌测量作为基准目标,针对相移干涉术存在的关键技术开展研究。研究内容包括:① 高精度相位提取算法。寻求一种对线性移相误差、非线性移相误差、空间非均匀性误差以及干涉信号的非正弦性不敏感的相位提取算法。② 有效的相位解包裹算法。在传统相位解包裹算法的基础上,寻求更加有效的、实用的相位解包裹算法。针对被测物表面不连续、台阶引起的相位断点,设计相位提取算式及相应的相位解包裹算法。③ 立足于干涉显微镜这个成熟条件,研究基于相移干涉术、对误差不敏感的、测量精度达到纳米数量级的数字光学微观表面形貌测量系统。

第三章
相移提取算法

相移干涉术是一种理想的提高光学干涉计量精度和灵敏度以及测量自动化程度的方法，被广泛地应用在光学测量和光学元件测试中。由于是干涉测量，因此其精度会受到机械振动、光强变化和气流等随机误差的影响，而移相器的相移误差及探测器非线性响应误差则会引入原理性误差。各种相位提取算法对该两种原理性误差的灵敏程度基本上决定了相移干涉术的相位提取精度。

相位提取算法是在相移干涉测量过程中，通过对相位进行精确改变得到若干帧干涉图像，从而获得相位的方法，是相移干涉测量的重要部分。在相位提取过程中，由于测量仪器本身的限制，移相误差及探测器非线性响应误差无法避免，同时相位结果通过对各帧干涉图像和移相相位做运算获得，因此相移器的移相误差对相位的提取结果有很大影响，是影响移相干涉精度的主要误差源。

在纯理想情况即没有任何误差影响的情况下，各种相位解算式均应给出一致的结果。但是在实际应用中，扰动和误差是不可避免的，由于各种相位提取算法对误差的敏感程度不同，从而导致了不同的相位提取算法在同一测量点处将给出不一致相位值的情形。为了削弱移相误差及探测器非线性响应误差对相位计算的影响，需研究对移相误差和探测器非线性响应误差不敏感的相位提取算法，构建改进的相位提取算法及一系列多帧的组合算法。相位提取算法的研究就是探讨能解算出尽量接近实际相位值的算法，即对扰动和误差不敏感的算法。

在相移干涉术中，对相移值 δ_i、相移量 $\delta_i - \delta_{i-1}$、采样帧数 N 等，取不同的数值将会构造出维数和形式均不同的光强方程式，从而衍生出数种相位值解算方法，我们称作相位提取算法（Phase Stepping Algorithm）。相位提取算法研究的核心问题是干涉图相移量的选取(决定 $\delta_i - \delta_{i-1}$)、采样方式的确定(决定 N、δ_i)、构造及解算超定光强方程组的数学手段。下面分几个方面详述相位提取算法理论。

3.1 经典相位提取算法

3.1.1 最小二乘算法

对于 N 帧强度干涉图,将光强测量值与实际值做最佳平方逼近,列出矩阵方程组并解算相位的方法称作最小二乘计算相位法(简称最小二乘算法)。

第 i 帧相移干涉图的光强表达式为

$$I_i(x,y) = a_0(x,y) + a_1(x,y)\cos\delta_i + a_2(x,y)\sin\delta_i \tag{3-1}$$

对于 N 帧干涉图,在每一测量点处有 N 个光强值,式(3-1)构成 N 维方程组。对实际光强 $I_i(x,y)$ 作最小二乘

$$E = \min \sum_{i=1}^{N}[I_i^*(x,y) - I_i(x,y)]^2 \tag{3-2}$$

与前述解法类似,解得相位值

$$\tan\varphi(x,y) = \frac{a_2(x,y)}{a_1(x,y)} \tag{3-3}$$

3.1.2 同步检测算法

这一算法来自通信理论中的同步检测方法。它要求相移是等距的,即 $\delta_i = \frac{2\pi i}{N}$ ($i = 0, 1, 2, \cdots$)。根据等距抽样定理和三角函数的正交特性,有

$$\begin{aligned} I_0 &= \frac{1}{N}\sum I_i \\ I_0\gamma\cos\varphi &= \frac{2}{N}\sum I_i \cos\delta_i \\ I_0\gamma\sin\varphi &= \frac{2}{N}\sum I_i \sin\delta_i \end{aligned} \tag{3-4}$$

式中,γ 为干涉图对比度。由式(3-4)解得

$$\varphi(x,y) = \arctan\frac{\sum I_i(x,y)\sin\delta_i}{\sum I_i(x,y)\cos\delta_i} \qquad (3-5)$$

3.1.3 权重最小二乘算法

权重最小二乘算法是在最小二乘算法的基础上,为进一步改进算法精度而提出的。

对式(3-2)作权重最小二乘:

$$E = \min\sum_{i=1}^{N} w_i[I_i^*(x,y) - I_i(x,y)]^2 \qquad (3-6)$$

式中,w_i 为权重因子。解式(3-6):

$$\begin{bmatrix} \sum w_i & \sum w_i\cos\delta_i & \sum w_i\sin\delta_i \\ \sum w_i\cos\delta_i & \sum w_i\cos^2\delta_i & \sum w_i\sin\delta_i\cos\delta_i \\ \sum w_i\sin\delta_i & \sum w_i\sin\delta_i\cos\delta_i & \sum w_i\sin^2\delta_i \end{bmatrix} \begin{bmatrix} a_0(x,y) \\ a_1(x,y) \\ a_2(x,y) \end{bmatrix} = \begin{bmatrix} \sum w_i I_i^* \\ \sum w_i I_i^*\cos\delta_i \\ \sum w_i I_i^*\sin\delta_i \end{bmatrix}$$

$$(3-7)$$

写成矩阵形式:

$$A(\delta_i)a(x,y) = B(\delta_i) \qquad (3-8)$$

解得

$$\begin{bmatrix} a_0(x,y) \\ a_1(x,y) \\ a_2(x,y) \end{bmatrix} = A^{-1}(\delta_i)B(\delta_i) \qquad (3-9)$$

权重 w_i 的选择条件如下:

$$\begin{cases} \sum w_i\sin\delta_i = \sum w_i\cos\delta_i = 0 \\ \sum w_i\sin(2\delta_i) = \sum w_i\cos(2\delta_i) = 0 \\ \sum w_i = 1 \end{cases} \qquad (3-10)$$

这一条件使得 **A** 矩阵成为对角阵,由2.3节矩阵条件数的讨论知,此时 **A** 矩阵的条件数为1,式(3-9)有精确解,解得

$$\varphi = \arctan\left[\frac{a_2(x,y)}{a_1(x,y)}\right] = \arctan\left(\frac{\sum w_i I_i^*\sin\delta_i}{\sum w_i I_i^*\cos\delta_i}\right) \qquad (3-11)$$

3.2　快速相位提取算法

相移干涉法测量相位的准确性受到诸多误差因素的影响,如移相器的移相误差、探测器的非线性、信号的量化、频率混叠、被测面无规则的反射、参考面平板质量、干涉仪光学系统像差、空气扰动和振动等误差。其中,空气扰动和振动为动态变量,为减小它们的影响,可将干涉测量系统置于隔振台上,并尽量缩短数据采集时间。解决其他各项误差的方法是:采用合理的仪器结构;引入恰当帧数的移相;系统误差储存后相减。然而,上述方法无法消除的误差如移相器的移相误差、探测器的非线性误差将成为相位测量精度的最后制约因素。

针对上述两种主要误差源,本节介绍了传统快速相位提取算法的特点、性能及不足之处,对改进快速相位提取算法进行了分析,并在现有理论的基础上提出了对移相误差及探测器非线性误差不敏感的相位提取算法。

3.2.1　传统快速相位提取算法

在光强方程组中对每帧干涉图的相移值 δ_i 进行巧妙取值,可以简化相位的解算过程。快速相位提取算法的发展就是基于这个思想。它使得相位提取算式有更简单的形式,并使数据计算量尽可能少。

对于第 i 帧干涉图像的光强表达式为

$$I_i(x,y) = I_0(x,y)\{1 + \gamma\cos[\varphi(x,y) + \delta_i]\} \quad (3-12)$$

式中, $I_0(x,y)$ 为干涉仪获得的直流光强, γ 为干涉图对比度, $\varphi(x,y)$ 为被测波面与参考波面间的相位差, δ_i 为测量过程中的相位位移量。

取相位位移量 $\delta_1 = 0, \delta_2 = \pi/2, \delta_3 = \pi, \delta_4 = 3\pi/2$,构成四帧干涉光强方程组

$$\begin{cases} I_1(x,y) = I_0(x,y)\{1 + \gamma\cos[\varphi(x,y)]\} \\ I_2(x,y) = I_0(x,y)\{1 + \gamma\cos[\varphi(x,y) + \pi/2]\} \\ I_3(x,y) = I_0(x,y)\{1 + \gamma\cos[\varphi(x,y) + \pi]\} \\ I_4(x,y) = I_0(x,y)\{1 + \gamma\cos[\varphi(x,y) + 3\pi/2]\} \end{cases} \quad (3-13)$$

取相位位移量,可得到传统的快速提取算法公式。

典型的分步进相移干涉算法有三帧法、四帧法、五帧法、Carre 法和平均

法等。其相位测量过程如下：

经过一次测量得到相位图 $\varphi(x, y)$，这是通过计算强度分布 $I(x, y)$ 得出的。强度分布与相位有如下关系：

$$I(x, y) = I_o(x, y)\{1 + \gamma(x, y)\cos[\Phi(x, y) - \Phi_r]\} \quad (3-14)$$

式中，$I_o(x, y)$ 为平均强度，$\gamma(x, y)$ 为能见度，Φ_r 为参考相位。

在移相过程中，根据参考相位的变化，式（3-14）将给出对应的一组强度值。对于给定的干涉场某点 (x, y) 处，由于式（2-1）中有 3 个未知数，因此最少需要三幅干涉图才能确定相位。分步进相移 $\pi/2$ 时，三帧干涉图相移相位为

$$\tan\varphi = \frac{I_1 - I_3}{2I_2 - I_1 - I_3} \quad (3-15)$$

四帧法是平移参考反射镜，使参考波面的相位在 0～2π 内逐次变化 $\pi/2$，即 Φ_r 分别为 0，$\pi/2$，π，$3\pi/2$，得到一组强度分布 $I_1 \sim I_4$，从而得到相位分布 $\varphi(x, y)$。

$$\Phi = \arctan\left(\frac{I_2 - I_4}{I_1 - I_3}\right) \quad (3-16)$$

五帧法是四帧法的扩展，帧长不变，只在四帧法中增加了一个参考相位 $\Phi_r = 2\pi$，从而得到五组强度分布。同理可得

$$\Phi = \arctan\left[\frac{2(I_2 - I_4)}{I_1 - 2I_3 + I_5}\right] \quad (3-17)$$

五帧法相比四帧法，好处在于不被探测器的二阶（Second Order）非线性的特性干扰。这意味着能给更好地误差补偿。

表 3.1 所示为常用的传统快速相位提取算法公式。

3.2.2 传统快速相位提取算法精度

本节将具体分析几种主要误差源在快速相位提取算法中对相位检测精度的影响，以论证选择相位提取算式可以抑制误差的影响。

一、移相器线性差

如果移相器有一个固定的校准差，则实际相移为

$$\delta^* = \delta + \varepsilon \quad (3-18)$$

式中，δ 为理想相移，ε 为误差因子。

表 3.1 常用的传统快速相位提取算法公式

相位提取算法		相位提取算式	相移值
三帧算式		$\varphi(x,y) = \arctan\left(\dfrac{I_3 - I_2}{I_1 - I_2}\right)$	$\delta_1 = \dfrac{\pi}{4}$，$\delta_2 = \dfrac{3}{4}\pi$，$\delta_3 = \dfrac{5}{4}\pi$
三帧算式		$\varphi(x,y) = \arctan\left[\left(\dfrac{1-\cos\alpha}{\sin\alpha}\right)\dfrac{I_1 - I_3}{2I_2 - I_1 - I_3}\right]$	$\delta_1 = -\alpha$，$\delta_2 = 0$，$\delta_3 = \alpha$
四帧算式	Wyant 算式	$\varphi(x,y) = \arctan\left(\dfrac{I_4 - I_2}{I_1 - I_3}\right)$	$\delta_1 = 0$，$\delta_2 = \dfrac{\pi}{2}$，$\delta_3 = \pi$，$\delta_4 = \dfrac{3}{2}\pi$
四帧算式	Carre 算式	$\varphi(x,y) = \arctan\left\{\tan\left(\dfrac{\alpha}{2}\right)\left[\dfrac{(I_1-I_4)+(I_2-I_3)}{(I_2+I_3)-(I_1+I_4)}\right]\right\}$ $\alpha = 2\arctan\left[\sqrt{\dfrac{3(I_2-I_3)-(I_1-I_4)}{(I_2-I_3)+(I_1-I_4)}}\right]$	$\delta_1 = -\dfrac{3}{2}\alpha$，$\delta_2 = -\dfrac{1}{2}\alpha$，$\delta_3 = \dfrac{1}{2}\alpha$，$\delta_4 = \dfrac{3}{2}\alpha$
五帧算式		$\varphi(x,y) = \arctan\left[\left(\dfrac{1-\cos(2\alpha)}{\sin\alpha}\right)\dfrac{I_2 - I_4}{2I_3 - I_5 - I_1}\right]$	$\delta_1 = -2\alpha$，$\delta_2 = -\alpha$，$\delta_3 = 0$，$\delta_4 = \alpha$，$\delta_5 = 2\alpha$

对三帧算式，设 $\alpha = 90° + \varepsilon$，$\varphi$ 为 $\varepsilon = 0$ 时的理想相位值，φ^* 为测量值，则

$$\tan\varphi = \frac{I_1 - I_3}{2I_2 - I_1 - I_3} \tag{3-19}$$

$$\tan\varphi^* = \frac{1}{\tan\left(45° + \dfrac{\varepsilon}{2}\right)}\left(\frac{I_1 - I_3}{2I_2 - I_1 - I_3}\right) \tag{3-20}$$

由以上两式解得相位测量差为

$$\Delta\varphi = \varphi^* - \varphi \approx \frac{\varepsilon}{4}\sin(2\varphi) \tag{3-21}$$

同样的方法应用于四帧算式，得到与式（3-21）相同的结果。

由式（3-20）、式（3-21）看出，移相器线性差所引起的相位测量误差是一个周期性误差，其空间频率是干涉条纹空间频率的两倍。图 3.1 所示为四种传统快速算法线性相移差与相位误差 $P-V$ 值关系。

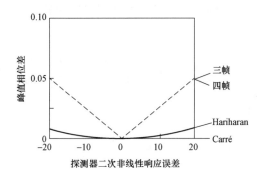

图 3.1　四种传统快速算法线性相移差与相位误差 P–V 值关系

在实际的相移干涉测量中，移相器不可避免地会出现移相误差。针对这个移相测量的主要误差推导出消除线性误差五帧法。

设 ε 为移相器线性误差因子，则有第 i 帧的相位位移量为

$$\delta'_i = i(1+\varepsilon)\frac{\pi}{2} \quad (i = -2, -1, 0, 1, 2) \tag{3-22}$$

利用移相公式：前四帧用四帧法提取相位

$$\tan\varphi'_1 = \frac{I'_4 - I'_2}{I'_1 - I'_3} \tag{3-23}$$

后四帧同样用四帧法提取相位

$$\tan\varphi'_2 = \frac{I'_5 - I'_3}{I'_2 - I'_4} \tag{3-24}$$

将式（3-24）代入式（3-23），同时设 $\varepsilon' = \frac{\pi}{2}\varepsilon$，则有

$$\tan\varphi'_1 = \frac{\sin\left(\varphi + \frac{1}{2}\varepsilon\pi\right) + \sin\left(\varphi - \frac{1}{2}\varepsilon\pi\right)}{\cos\varphi + \cos(\varphi - \varepsilon\pi)}$$

$$= \frac{\sin\varphi}{\cos\varphi\cos\varepsilon' + \sin\varphi\sin\varepsilon'}$$

整理得

$$\cos\varepsilon' + \tan\varphi\sin\varepsilon' = \frac{\tan\varphi}{\tan\varphi'_1} \tag{3-25}$$

同时，将式（3-23）代入式（3-25），设 $\varepsilon' = \frac{\pi}{2}\varepsilon$，则有

$$\cos\varepsilon' - \tan\varphi\sin\varepsilon' = -\tan\varphi\tan\varphi_2' \qquad (3-26)$$

由此得

$$\cos\varepsilon' = \frac{1}{2}\tan\varphi\left(\frac{1}{\tan\varphi_1'} - \tan\varphi_2'\right), \quad \sin\varepsilon' = \frac{1}{2}\left(\frac{1}{\tan\varphi_1'} + \tan\varphi_2'\right)$$

因为 $\cos^2\varepsilon' + \sin^2\varepsilon' = 1$,所以有

$$\frac{1}{4}\tan^2\varphi\left(\frac{1}{\tan\varphi_1'} - \tan\varphi_2'\right)^2 + \frac{1}{4}\left(\frac{1}{\tan\varphi_1'} + \tan\varphi_2'\right)^2 = 1$$

可解出

$$\tan\varphi = \sqrt{\frac{4\tan^2\varphi_1' - (1+\tan\varphi_1'\tan\varphi_2')^2}{(1-\tan\varphi_1'\tan\varphi_2')^2}} \qquad (3-27)$$

可见,式(3-27)中不含线性误差因子,在此种算法中移相过程的线性误差因子不会对结果产生影响,从而达到消除线性移相误差的目的。

二、探测器二次非线性响应

由探测器二次非线性响应引起的探测光强的非正弦性,也是导致相位测量误差的一个主要误差源。此时,测量光强与入射光强间的关系为

$$I^* = I + eI^2 \qquad (3-28)$$

式中,e 为非线性项系数。将式(3-28)代入光强方程,得到

$$I^* = I_0(1+eI_0) + I_0(1+2eI_0)\gamma\cos(\varphi+\delta_i) + \frac{e}{2}(I_0\gamma)^2\{1+\cos[2(\varphi+\delta_i)]\}$$

$$(3-29)$$

将式(3-29)代入 Wyant 四帧算式,由于三角函数的周期性,分子、分母中的 2φ 项将会消失。这意味着光强的平方项对四帧算式没有影响,即探测器二次非线性响应对四帧算式没有影响。对五帧算式也得出了相同的结论。而对三帧算式,探测器二次非线性响应对相位测量差有较大的影响。图 3.2 给出了这个结论。

三、探测器三次非线性响应

对于探测器三次非线性响应

$$I^* = I + eI^3 \qquad (3-30)$$

与上述类似的分析,探测器三次非线性响应对四帧算式和五帧算式的相位测量误差影响较小,对三帧算式和 Carre 算式的影响较大,结论如图 3.3 所示。

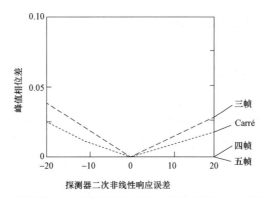

图 3.2　探测器二次非线性响应导致的相位测量 P–V 值误差曲线

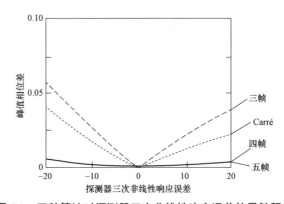

图 3.3　四种算法对探测器三次非线性响应误差的灵敏程度

四、非线性相移差

非线性相移差对相位测量精度的影响比较复杂。它对相位测量精度的影响体现到探测光强的非正弦性现象中，并以谐波的形式存在于光强方程式中。本节应用傅里叶分析法对该项误差的影响予以分析。

将条纹强度展开为傅里叶级数

$$I_n = \sum_{m=-\infty}^{\infty} a_m \cos(\varphi_m + mn\delta) \quad (3-31)$$

式（3-31）表明 m 个谐波，n 帧干涉图。a_m 为第 m 个谐波的傅里叶系数，基波为待测信号，$\varphi_1 = \varphi$ 为待测相位，二次以上谐波为误差信号。取 $\varphi_0 = 0$，为避免推导的烦琐，这里只考虑二次谐波效应，即取 $m = 2$。同时考虑线性相移误差因子 ε 存在的情形。此时有

$$I_n^* = \sum_{m=0}^{2} a_m \cos[\varphi_m + mn(1+\varepsilon)\delta] \quad (3-32)$$

用 Wyant 四帧算式时的相位测量差为

$$
\begin{aligned}
\Delta\varphi &= \varphi - \varphi^* \\
&= \arctan\frac{I_2 - I_4}{I_1 - I_3} - \arctan\frac{I_2^* - I_4^*}{I_1^* - I_3^*} \\
&= \arctan\frac{a_1\cos(2\delta+\varphi) + a_2\cos(4\delta+\varphi_2) - a_1\cos(4\delta+\varphi) - a_2\cos(8\delta+\varphi_2)}{a_1\cos(\delta+\varphi) + a_2\cos(2\delta+\varphi_2) - a_1\cos(3\delta+\varphi) - a_2\cos(6\delta+\varphi_2)} - \\
&\quad \arctan\frac{a_1\cos[2(1+\varepsilon)\delta+\varphi] + a_2\cos[4(1+\varepsilon)\delta+\varphi_2] - a_1\cos[4(1+\varepsilon)\delta+\varphi] - a_2\cos[8(1+\varepsilon)\delta+\varphi_2]}{a_1\cos[(1+\varepsilon)\delta+\varphi] + a_2\cos[2(1+\varepsilon)\delta+\varphi_2] - a_1\cos[3(1+\varepsilon)\delta+\varphi] - a_2\cos[6(1+\varepsilon)\delta+\varphi_2]}
\end{aligned}
$$

$$(3-33)$$

因 ε 为一小量，对三角函数取一阶近似，解得

$$\Delta\varphi \approx \varepsilon\pi\left[\frac{3}{4} + \frac{1}{4}\cos(2\varphi)\right] - \sqrt{2}\varepsilon\pi\frac{a_2}{a_1}\sin\left(\varphi - \frac{\pi}{4}\right)\sin\varphi_2 \quad (3-34)$$

忽略 ε 的二阶小量，Wyant 四帧算式在二次谐波效应影响下的相位测量差为

$$\Delta\varphi \approx \varepsilon\pi\left[\frac{3}{4} + \frac{1}{4}\cos(2\varphi)\right] \quad (3-35)$$

对三帧算式、五帧算式及 Carré 算式作上述类似的推导，结论如图 3.4 所示。由图看出，在二次谐波的效应影响下，四帧算式的相位测量差最大。

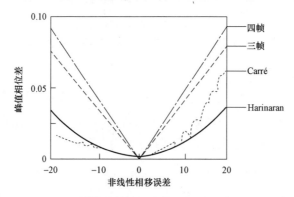

图 3.4　四种快速算法对非线性相移误差的灵敏程度

由于二次谐波导致的相位测量差的周期是 π，在没有线性相移误差存在的情况下（$\varepsilon=0$），相移量为 $\pi/2$ 时的四帧算式、五帧算式均可以抑制二次谐波效应。例如，四帧算式分子项 I_4 与 I_2 间有一相位差 π，分母项 I_1、I_3 间也如此。所以，差（$I_4 - I_2$）和（$I_1 - I_3$）不受二次谐波的影响。五帧算式分子项与分母项也分别消除了二次谐波效应。但是，在有线性相移误差存在的情况下，光强信号二次谐波效应很难消除。

3.2.3 改进快速相位提取算法

从上节的分析中看到,相移误差及探测器非线性响应误差等因素对传统快速相位提取算法相位提取精度的影响还是比较大的,需对其作某种改进以得到更接近真实值的相位。已有许多学者对传统快速相位提取算法作了改进,以补偿误差对相位提取算式的影响。这里介绍两个运用解析误差原理而得到的快速算法。

1. 线性相移误差不敏感四帧算法

对线性相移误差不敏感的四帧算法的推导如下:设有四帧相移量为 $\pi/2$ 的取样干涉图,每帧干涉图间存在线性相移误差 $\varepsilon(i-1)$,其中,$i=0,1,2,3$,ε 为一常量,带有相移差的四帧光强表达式如下:

$$\begin{aligned} I_1 &= I_0 + \gamma\cos(\varphi-\varepsilon) \\ I_2 &= I_0 + \gamma\sin(\varphi-\varepsilon) \\ I_3 &= I_0 - \gamma\cos(\varphi-2\varepsilon) \\ I_4 &= I_0 - \gamma\sin(\varphi-3\varepsilon) \end{aligned} \tag{3-36}$$

将此式看作移相 $\pi/2$ 的两组光强方程式,即 I_1、I_2、I_3 构成一组三帧算式,I_2、I_3、I_4 构成另一组三帧算式。设 Φ^1 和 Φ^2 为构造的两个相位值:

$$\tan\Phi^1 = \frac{2I_2-(I_1+I_3)}{I_1-I_3} = \frac{N_1}{D_1} \tag{3-37}$$

$$\tan\Phi^2 = \frac{I_2-I_4}{I_2+I_4-2I_3} = \frac{N_2}{D_2} \tag{3-38}$$

$\tilde{\Phi}$ 是由式(3-39)所构造的相位值:

$$\tan\tilde{\Phi} = \frac{N_1+N_2}{D_1+D_2} \tag{3-39}$$

将式(3-37)与式(3-38)代入式(3-39),有

$$\tan\tilde{\Phi} = \frac{3I_2-(I_1+I_3+I_4)}{(I_1+I_2+I_4)-3I_3} \tag{3-40}$$

代入式(3-36),有

$$\tan\tilde{\Phi} = \frac{3\sin(\varphi-\varepsilon)-\cos\varphi+\cos(\varphi-2\varepsilon)+\sin(\varphi-3\varepsilon)}{\cos\varphi+\sin(\varphi-\varepsilon)-\sin(\varphi-3\varepsilon)+3\cos(\varphi-2\varepsilon)} \tag{3-41}$$

将三角函数展开并对小量 ε 取一阶近似,得

$$\tan\tilde{\Phi} = \frac{(2+\varepsilon)\sin\varphi - 3\varepsilon\cos\varphi}{(2+\varepsilon)\cos\varphi + 3\varepsilon\sin\varphi} \tag{3-42}$$

式（3-42）可改写成

$$\tan\tilde{\Phi} = \frac{\tan\varphi - \left(\dfrac{3\varepsilon}{2+\varepsilon}\right)}{1 + \tan\varphi\left(\dfrac{3\varepsilon}{2+\varepsilon}\right)} = \tan\left[\varphi - \arctan\left(\frac{3\varepsilon}{2+\varepsilon}\right)\right] \tag{3-43}$$

由此得到

$$\tilde{\Phi} - \varphi = -\arctan\left(\frac{3\varepsilon}{2+\varepsilon}\right) = \text{constant} \tag{3-44}$$

式（3-44）说明所构造的相位值 $\tilde{\Phi}$ 与实际相位值 φ 之间的差值为一与变量无关的固定值，将该固定值作为系统误差消去后，就可得到实际相位值 φ。在测量过程中，相移误差 ε 总是或多或少地存在，因此此算法具有实用意义。

2. 光强信号二次谐波效应不敏感六帧算法

在 3.2.2 节的分析中得出结论，当没有线性相移误差存在（$\varepsilon=0$），相移量为 $\pi/2$ 时的四帧和五帧算式均可以抑制非线性相移差导致的光强信号二次谐波效应。但是一般情况下 $\varepsilon \neq 0$，此时，二次谐波效应很难消除。针对该种情况，给出了一个在线性相移误差存在的情形下，对光强信号二次谐波效应不敏感的六帧算法。

将干涉强度表达为相移误差小量 ε 的二级傅里叶级数形式：

$$I_i^* = \sum_{m=0}^{2} a_m \cos[\varphi_m + mi(1+\varepsilon)\delta] \qquad i = 0, 1, 2, \cdots \tag{3-45}$$

为将相位 φ 从其他的未知数（$a_0, a_1, a_2, \varphi_2, \varepsilon$）中分离出来，至少需要六帧干涉图。在式（3-45）中令 $\delta = \pi/2$，$i = 0, 1, 2, 3, 4, 5$，考虑到两帧间二次谐波相位差的周期约为 π（$\varepsilon \neq 0$），用 $I_i - I_{i-2}$ 可抑制部分二次谐波影响。依据这个原则，构造以下算式：

$$\begin{aligned} X_1 &= (I_0^* + I_1^*) - (I_2^* + I_3^*) \\ &= 4a_1 \cos\left(\varphi + \frac{1+3\varepsilon}{4}\pi\right)\cos\left(\frac{1+\varepsilon}{4}\pi\right) + o(\varepsilon^2) \end{aligned}$$

$$X_2 = (I_4^* + I_5^*) - (I_2^* + I_3^*)$$
$$= 4a_1 \cos\left(\varphi + \frac{1+7\varepsilon}{4}\pi\right)\cos\left(\frac{1+\varepsilon}{4}\pi\right) + o(\varepsilon^2) \quad (3-46)$$

$$Y = (I_3^* + I_4^*) - (I_1^* + I_2^*) = 4a_1 \sin\left(\varphi + \frac{1+5\varepsilon}{4}\pi\right)\cos\left(\frac{1+\varepsilon}{4}\pi\right) + o(\varepsilon^2)$$

$$X = (X_1 + X_2)/2 = 4a_1 \cos\left(\varphi + \frac{1+5\varepsilon}{4}\pi\right)\cos\left(\frac{1+\varepsilon}{4}\pi\right) + o(\varepsilon^2)$$

忽略高阶项，对 ε 取一阶近似，有

$$\frac{Y}{X} \approx \tan\left(\varphi + \frac{\pi}{4} + \frac{5\varepsilon\pi}{4}\right) \quad (3-47)$$

因此，得

$$\varphi = \arctan\left[\frac{2(I_3^* + I_4^* - I_1^* - I_2^*)}{I_0^* + I_1^* + I_4^* + I_5^* - 2(I_2^* + I_3^*)} - \left(\frac{\pi}{4} + \frac{5\varepsilon\pi}{4}\right)\right] \quad (3-48)$$

这一算法的常数项误差 $\frac{5\pi}{4}\varepsilon$ 可作为系统误差消去。

3.2.4 快速相位提取算法及其分析

改进快速相位提取算法的基本出发点均是将移相误差因子 ε 作为常数项误差予以消除。但是，当系统采集多组（每组同样帧数）干涉图作累加平均时，ε 的大小是随机变化的，此时，ε 构成的是变量误差，上述两个算法就不适用了。

针对这种情况，本节构造了新的线性相移误差免疫四帧算法及探测器二次非线性响应误差不敏感六帧算法。

1. 线性相移误差免疫四帧算法

假定移相器线性误差因子为 ε，则第 i 帧相移量为

$$\delta_i^* = (i-1)(1+\varepsilon)\frac{\pi}{2} \quad (3-49)$$

干涉图光强表达式为

$$I_i^* = I_0[1 + \gamma\cos(\varphi + \delta_i^*)] \quad (3-50)$$

在四幅取样干涉图中，$i = 0，1，2，3$，对前三幅干涉图构造相移算式

$$\tan\varphi_1^* = \frac{I_0^* - I_2^*}{2I_1^* - I_0^* - I_2^*} \quad (3-51)$$

对后三幅干涉图有

$$\tan\varphi_2^* = \frac{I_1^* - I_3^*}{2I_2^* - I_1^* - I_3^*} \quad (3-52)$$

将式（3-52）代入式（3-51），并令 $\varepsilon^* = \frac{\pi}{2}\varepsilon$，有

$$\tan\varphi_1^* = \frac{\cos\left(\varphi - \frac{\pi}{2} - \varepsilon^*\right) - \cos\left(\varphi + \frac{\pi}{2} + \varepsilon^*\right)}{2\cos\varphi - \cos\left(\varphi - \frac{\pi}{2} - \varepsilon^*\right) + \cos\left(\varphi + \frac{\pi}{2} + \varepsilon^*\right)}$$

$$= \frac{\sin(\varphi - \varepsilon^*) + \sin(\varphi + \varepsilon^*)}{2\cos\varphi - \sin(\varphi - \varepsilon^*) + \sin(\varphi + \varepsilon^*)} \quad (3-53)$$

$$= \frac{\sin\varphi\cos\varepsilon^*}{\cos\varphi + \cos\varphi\sin\varepsilon^*}$$

整理得

$$\tan\varphi_1^* = \frac{\tan\varphi}{\sec\varepsilon^* + \tan\varepsilon^*} \quad (3-54)$$

$$\tan\varphi_2^* = \frac{\cos\varphi - \cos(\varphi + \pi + 2\varepsilon^*)}{2\cos\left(\varphi + \frac{\pi}{2} + \varepsilon^*\right) - \cos\varphi - \cos(\varphi + \pi + 2\varepsilon^*)}$$

$$= \frac{\cos\varphi + \cos(\varphi + 2\varepsilon^*)}{-2\sin(\varphi + \varepsilon^*) - \cos\varphi + \cos(\varphi + 2\varepsilon^*)}$$

$$= \frac{\cos\varphi + \cos\varphi\cos(2\varepsilon^*) - \sin\varphi\sin(2\varepsilon^*)}{-2\sin\varphi\cos\varepsilon^* - 2\cos\varphi\sin\varepsilon^* - \cos\varphi + \cos\varphi\cos(2\varepsilon^*) - \sin\varphi\sin(2\varepsilon^*)}$$

$$= \frac{\cos\varphi + \cos\varphi(2\cos^2\varepsilon^* - 1) - 2\sin\varphi\sin\varepsilon^*\cos\varepsilon^*}{-2\sin\varphi\cos\varepsilon^* - 2\cos\varphi\sin\varepsilon^* - \cos\varphi + \cos\varphi(1 - 2\sin^2\varepsilon^*) - 2\sin\varphi\sin\varepsilon^*\cos\varepsilon^*}$$

$$= \frac{\cos\varphi\cos^2\varepsilon^* - \sin\varphi\sin\varepsilon^*\cos\varepsilon^*}{-\sin\varphi\cos\varepsilon^* - \cos\varphi\sin\varepsilon^* - \cos\varphi\sin^2\varepsilon^* - \sin\phi\sin\varepsilon^*\cos\varepsilon^*}$$

$$= -\frac{\cos^2\varepsilon^* - \tan\varphi\sin\varepsilon^*\cos\varepsilon^*}{\tan\varphi(\cos\varepsilon^* + \sin\varepsilon^*\cos\varepsilon^*) + \sin\varepsilon^* + \sin^2\varepsilon^*}$$

$$(3-55)$$

上式经整理，可写成

$$\tan\varphi_2^* = \frac{1}{\sec\varepsilon^* + \tan\varepsilon^*}\left(\frac{\tan\varphi\tan\varepsilon^* - 1}{\tan\varphi + \tan\varepsilon^*}\right) \quad (3-56)$$

由式（3-54）得

$$\sec\varepsilon^* + \tan\varepsilon^* = \frac{\tan\varphi}{\tan\varphi_1^*} \qquad (3-57)$$

亦可写成

$$\sqrt{1+\tan^2\varepsilon^*} + \tan\varepsilon^* = \frac{\tan\varphi}{\tan\varphi_1^*} \qquad (3-58)$$

从而

$$\tan\varepsilon^* = \frac{\tan^2\varphi - \tan^2\varphi_1^*}{2\tan\varphi\tan\varphi_1^*} \qquad (3-59)$$

将式（3-54）和式（3-56）代入上式整理，得

$$\tan\varphi = \pm\sqrt{\frac{\tan^2\varphi_1^*\tan\varphi_2^* - \tan^3\varphi_1^* - 2\tan^2\varphi_1^*}{2\tan\varphi_1^*\tan\varphi_2^* + \tan\varphi_2^* - \tan\varphi_1^*}} \qquad (3-60)$$

上述算法是将相移误差因子 ε 解出，不论 ε 的大小随机变化如何，都将其作为一中间值考虑进去，最后的相位计算式与线性相移误差因子无关。因此，该算法对线性相移误差是免疫的。

2. 探测器二次非线性响应误差不敏感六帧算法

本算法利用五帧算式对探测器二次非线性响应的抑制特性，取六帧干涉图，进行前后两组五帧干涉图的套算。

假定移相器线性相移误差因子为 ε，则第 k 帧相移量取为

$$\delta_k^* = (k-2)(1+\varepsilon)\alpha \qquad (3-61)$$

式中，α 为相移量。

干涉图光强表达式为

$$I_{k+1}^* = I_0[1+\gamma\cos(\varphi+\delta_k^*)] \qquad (3-62)$$

取六帧干涉图，$k = 0, 1, 2, 3, 4, 5$，对前五帧干涉图，有

$$\tan\varphi_1^* = \frac{I_2 - I_4}{2I_3 - I_5 - I_1} \qquad (3-63)$$

又

$$\tan\varphi_1^* = \frac{\sin\alpha}{1-\cos(2\alpha)}\tan\varphi \qquad (3-64)$$

对后五幅干涉图，有

$$\tan\varphi_2^* = \frac{I_3 - I_5}{2I_4 - I_6 - I_2} \qquad (3-65)$$

又

$$\tan \varphi_2^* = \frac{\sin \alpha}{1 - \cos(2\alpha)} \tan(\varphi + \alpha) \qquad (3-66)$$

解得

$$\tan \alpha = \frac{\tan \varphi}{\sqrt{4\tan^2 \varphi_2^* - \tan^2 \varphi}} \qquad (3-67)$$

将上述各式整理得

$$\tan^2 \varphi_2^* \tan^4 \varphi + (\tan^2 \varphi_2^* + \tan^2 \varphi_1^*)\tan^2 \varphi + \tan^2 \varphi_1^* - 4\tan^2 \varphi_1^*(\tan \varphi_2^* - \tan \varphi_1^*)^2 = 0 \qquad (3-68)$$

令

$$\begin{aligned} a &= \tan^2 \varphi_2^* \\ b &= \tan^2 \varphi_2^* + \tan^2 \varphi_1^* \\ c &= \tan^2 \varphi_1^* - 4\tan^2 \varphi_1^*(\tan \varphi_2^* - \tan \varphi_1^*) \end{aligned} \qquad (3-69)$$

则有

$$\tan \varphi = \pm \sqrt{\frac{-b + \sqrt{b^2 - 4ac}}{2a}} \qquad (3-70)$$

由上式可见，相位计算式与线性相移误差因子 ε 无关，当 ε 的大小随机变化时，该算法依然适用。

3.3 特征多项式相位提取算法

为获得最佳相位测量，相位提取算式必须满足以下两点：① 对相移量的误校准不敏感；② 对采样波的谐波成分不敏感。在 3.2.2 节中讨论了二次谐波效应，这一节将讨论高次谐波效应，并利用特征多项式构造对高次谐波不敏感的相移算式。

3.3.1 特征多项式

将干涉光强表达式改写为

$$I(\varphi + \delta) = \sum_{m=-\infty}^{\infty} [a_m \exp(\mathrm{i}m\varphi)]\exp(\mathrm{i}m\delta) = \sum_{m=-\infty}^{\infty} \beta_m(\varphi)\exp(\mathrm{i}m\delta) \qquad (3-71)$$

由此可见，任一种相位提取算法实际上都是对 β_1 即条纹强度信号基频的估计。

$\delta = i2\pi/N$ 时（$i = 0, \pm1, \pm2, \cdots, \pm N$）的 N 帧相位提取算法的表达式为

$$\varphi^* = \arctan\left[\frac{\sum_{k=0}^{N-1} b_k I(\varphi+k\delta)}{\sum_{k=0}^{N-1} a_k I(\varphi+k\delta)}\right] \quad (3-72)$$

式中，φ^* 为被测相位，"*"号以示与真实相位 φ 的区别。φ^* 可以看作复线性组合的复角，即

$$\varphi^* = \arctan[S(\varphi)] \quad (3-73)$$

有
$$S(\varphi) = \sum_{k=0}^{N-1} C_k I(\varphi+k\delta) \quad (3-74)$$

式中，$C_k = a_k + \mathrm{i}b_k$。由此得

$$S(\varphi) = \sum_{m=-\infty}^{\infty} a_m \left\{\exp(\mathrm{i}m\varphi)\sum_{k=0}^{N-1} C_k[\exp(\mathrm{i}m\delta)]^k\right\} = \sum_{m=-\infty}^{\infty}\{\exp(\mathrm{i}m\varphi)P[\exp(\mathrm{i}m\delta)]\}$$

$$(3-75)$$

式中，$P(x)$ 是 $N-1$ 次的多项式：

$$P(x) = \sum_{k=0}^{N-1} C_k x^k \quad (3-76)$$

该多项式是以 $1, x, x^2, \cdots, x^k$ 为基函数的线性组合构成的函数，此即相位提取算式的特征多项式，几乎任何给定的相位提取算式对 m 次谐波的不敏感特性皆可由 $P(x)$ 的根推得。

3.3.2 高次谐波不敏感性分析

将式（3-75）重新写为

$$S(\varphi) = \gamma_m \exp(\mathrm{i}m\varphi) \quad (3-77)$$

式中，γ_m 为第 m 次谐波系数。

$$\gamma_m = \alpha_m P[\exp(\mathrm{i}m\delta)] \quad (3-78)$$

从式（3-78）看出，若对 m 次谐波不敏感，应使 $\gamma_m = 0$。由于 α_m 为实数，因此要使该条件成立只能是多项式取零值。

由此得出结论，对 j 次谐波不敏感的充分必要条件是：谐波系数 γ_m 在 $m \neq 1$ 时全为零，即

$$P[\exp(\mathrm{i}m\delta)] = 0 \quad m = -j, -j+1, \cdots, -1, 0, 2, 3, \cdots, j \quad (3-79)$$

也就是说，多项式在幅角 $-j\delta,(-j+1)\delta,\cdots,-\delta,0,2\delta,3\delta,\cdots,j\delta$ 处有根。具体对某次谐波的不敏感性则取决于多项式根的数目和位置。

3.3.3 多项式的离散傅里叶变换

首先求对 j 次谐波不敏感所需要的最小光强数，即最少的干涉图帧数。对式（3-73）所表示的谐波不敏感条件在复平面上作图表示，如图3.5所示。

图3.5 中，圆点为多项式的根，圆点旁边是谐波次数，多项式的根消除了所对应的谐波效应，复平面上的单位圆矢径为1，幅角为相移量 δ，假定 $j=4$，$\delta=20°$。

将多项式 $P(x)$ 表示为该图中圆点所代表的根的情形：

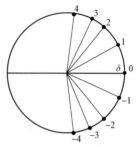

图 3.5 多项式特性图

$$P(x) \propto \prod_{r=-j}^{j}(x-\xi^{r}) \qquad (3-80)$$

式中，$\xi=\exp(\mathrm{i}\delta)$。式（3-80）定义了 $2j$ 级多项式，有 $2j+1$ 个系数，所以相应的算式应包括 $2j+1$ 个光强值。例如，$j=4$ 时，表示的是一个九帧干涉图的过程。

事实上，恰当地选择 δ 可减少帧数。图3.6所示为 $\delta=60°$ 时的情形。图中显示 δ 的取值使九帧干涉图减为六帧，多项式根的数目相应地也从8减少到5，但所消除的谐波次数不变。

上述分析表明，当相移量 δ 精确地等于 $2\pi/N$ 时，至少需要 $N=j+2$ 个光强值以消除 j 次谐波效应，也就是说 N 帧干涉图可以做到对 $j=N-2$ 次谐波不敏感。由此推论，构造对二次谐波不敏感的算式至少需四帧干涉图；对三次谐波不敏感的算式至少需五帧干涉图；对四次谐波不敏感的算式至少需六帧干涉图。

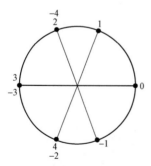

图 3.6 有些根可同时消除两个谐波，从而减少干涉图帧数

图 3.6 将单位圆等分为 $j+2$ 份，此时 $\delta=\dfrac{2\pi}{j+2}=\dfrac{2\pi}{N}$，相应的多项式为

$$P(x)=\prod_{k=-j}^{j}(x-\xi^{k}) \qquad (3-81)$$

式中，$\xi = \exp(i2\pi/N)$。式（3–81）是有 N 个系数的 $N-1$ 次多项式。假定该多项式在单位圆上有 $N-1$ 个根（ξ 除外）以消除 j 次谐波效应，则有

$$\prod_{k=-j}^{j}(x-\xi^k) = \frac{x^N-1}{x-\xi}$$

$$= \xi^{-1}\frac{1-(\xi^{-1}x)^N}{1-\xi^{-1}x} \qquad (3-82)$$

$$= \xi^{-1}[1+\xi^{-1}x+\xi^{-2}x^2+\cdots+\xi^{-(N-1)}x^{(N-1)}]$$

式（3–82）中利用了复变函数中 de Moivre 公式

$$\xi^{-N} = \left(\cos\frac{2\pi}{N}+i\sin\frac{2\pi}{N}\right)^{-N} = \cos(2\pi)-i\sin(2\pi) = 1 \qquad (3-83)$$

我们规定离散傅里叶变换（DFT）多项式为

$$P_N(x) = 1+\xi^{-1}x+\xi^{-2}x^2+\cdots+\xi^{-(N-1)}x^{(N-1)}$$

$$= \xi\frac{x^N-1}{x-\xi} \qquad (3-84)$$

$$= \sum_{k=0}^{N-1}\xi^{-k}x^k$$

此时

$$C_k = \xi^{-k} = \exp\left(\frac{-i2\pi k}{N}\right) \qquad (3-85)$$

故有

$$a_k = \cos\left(\frac{2\pi k}{N}\right)$$
$$b_k = -\sin\left(\frac{2\pi k}{N}\right) \qquad (3-86)$$

这个结果证明了 $P_N(x)$ 是 N 帧算式的特征多项式，由于它与傅里叶变换有着密切的联系，因此被称作离散傅里叶变换（DFT）算式。

由式（3–77），$S(\varphi)$ 的傅里叶基频系数为

$$\gamma_1 = \alpha_1 P_N[\exp(i2\pi/N)] = \alpha_1 P_N(\xi) = N\alpha_1 \qquad (3-87)$$

$S(\varphi)$ 的傅里叶 m 频系数为

$$\gamma_m = \alpha_m P_N[\exp(i2\pi m/N)] = \alpha_m P_N(\xi^m) \qquad (3-88)$$

式（3–88）表示了 N 帧算式与 m 次谐波的关系，或者说，N 帧算式对 m 次谐波敏感的充要条件是

或

$$P_N(\xi^m) \neq 0 \qquad (3-89)$$

$$P_N(\xi^{-m}) \neq 0 \qquad (3-90)$$

上述两式为多值解,在

$$m = N \pm 1 + pN \qquad (3-91)$$

处成立(p 为整数)。例如,五帧算式对 $4+5p$ 和 $6+5p$ 次谐波敏感。

将上述结果总结为表 3.2。

表 3.2 DFT 算式对 m 次谐波的灵敏性(无相移差存在)

干涉图帧数	谐波(m)									
	2	3	4	5	6	7	8	9	10	11
3	s		s^b	s		s^b	s		s^b	s
4		s		s^b		s		s^b		s
5			s		s^b			s		s^b
6				s		s^b				s

s、s^b 表示对该次谐波灵敏,s 对应 $m=N-1+pN$,s^b 对应 $m=N+1+pN$。

3.3.4 利用特征多项式构造算式

首先分析一些常见相位提取算式的特征多项式,其次建立特征多项式与算式间的一一对应关系,并从中判定该算式的特性。

对于表 3.1 的五帧算式,取 $\alpha=\pi/2$,并改写为

$$\varphi = \arctan\frac{2I_1 - 2I_3}{-I_0 + 2I_2 - I_4} \qquad (3-92)$$

由式(3-92)得 $a_0=-1, a_1=0, a_2=2, a_3=0, a_4=-1; b_0=0, b_1=2, b_2=0, b_3=-2, b_4=0$。由式(3-71)、式(3-86)得特征多项式为

$$P(x) = -1 + 2\mathrm{i}x + 2x^2 - 2\mathrm{i}x^3 - x^4 = -(x-1)(x+1)(x+\mathrm{i})^2 \qquad (3-93)$$

该特征多项式有单根 1($m=0$),-1($m=2$),重根 $-\mathrm{i}$($m=-1$)。由此得出结论,当无线性相移误差存在时,该算式对零次、负一次及二次谐波不敏感;当有线性相移误差存在时,算式仅对负一次谐波不敏感。这也证明了 3.2.2 节

的结论：在没有相移误差存在的情况下，相移量为 π/2 时的四帧和五帧算式均可以抑制二次谐波效应。但是，在有相移误差存在的情况下，二次谐波效应很难消除。

从上述的分析中，总结出构造算式的三个前提条件：

（1）对所要求的 j 次谐波不敏感。

（2）对相移误校准不敏感。

（3）使光强帧数为最小。

从前面的讨论可知，对特征多项式的约束条件是：相移量等于 $2\pi/N$，干涉图帧数 $N=j+2$。对线性相移差及 j 次谐波不敏感的条件是：特征多项式有全部重根 $\xi^j (j=-1,\pm 2,\pm 3,\cdots)$，有单根 1。根的数目决定了多项式是 $2N-3$ 次方多项式，有 $2N-2$ 个系数，所以需要 $2N-2=2j+2$ 个光强值。这就是所要求的最小光强数。

按照上述理论，构造下述相位提取算法。

1. 对光强信号二次、三次、四次谐波不敏感算式设计分析

由于对四次谐波不敏感，$j=4$，故需 $N=j+2=6$ 帧干涉图。特征多项式有重根 $\xi^{-1},\xi^2,\xi^{-2},\xi^3$，单根 1。光强数 $2j+2=10$ 个。其特征图如图 3.7 所示。

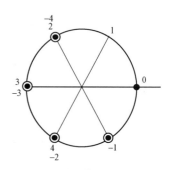

图 3.7 特征多项式特性图
（带圈圆点表示双根，圆点表示单根，数字为谐波数）

建立多项式

$$P(x) = -2\xi(x-\xi^0)(x-\xi^{-1})^2(x-\xi^{-2})^2(x-\xi^2)^2(x-\xi^3)^2 \\ = -2\xi(x-1)(x-\xi^{-1})^2(x-\xi^{-2})^2(x-\xi^2)^2(x+1)^2 \quad (3-94)$$

式中，$\xi = \exp(i\pi/3)$。比例因子 -2ξ 是为了使多项式系数有某种对称性。

将式（3-94）展开为

$$P(x) = 1-\sqrt{3}i-(1+3\sqrt{3}i)x-(7+3\sqrt{3}i)x^2-(11-\sqrt{3}i)x^3-(6-6\sqrt{3}i)x^4 \\ +(6+6\sqrt{3}i)x^5+(11+\sqrt{3}i)x^6+(7-3\sqrt{3}i)x^7+(1-3\sqrt{3}i)x^8-(1+\sqrt{3}i)x^9 \quad (3-95)$$

从而得到相位提取算式为

$$\varphi^* = \arctan\frac{\sqrt{3}(-I_0-3I_1-3I_2+I_3+6I_4+6I_5+I_6-3I_7-3I_8-I_9)}{I_0-I_1-7I_2-11I_3-6I_4+6I_5+11I_6+7I_7+I_8-I_9} \quad (3-96)$$

这是一个对线性相移误差及条纹信号二次、三次、四次谐波不敏感的十帧算式。

2. 背景调制不敏感算法设计分析

在一级近似下，背景调制可以描述为在取样区间内背景光强的线性变化，即包括一个与 $k\delta$ 成比例的项。$m=0$ 时，为 $S(\varphi)$ 的背景光强项，其背景光强的线性变化反映为 $S(\varphi)$ 中多项式的一阶导数的取值，即有

$$\sum_{k=0}^{N-1} kC_k = p'[\exp(\mathrm{i}m\delta)]\big|_{m=0} \qquad (3-97)$$

若 $p'(1)=0$，则在 $S(\varphi)$ 中的背景光强没有线性变化，这意味着 1 必须是特征多项式的双根，此即对背景调制不敏感算法的必要和充分条件。

取 $\delta=\pi/2$ 的六幅干涉图，其特征多项式如下：

$$\begin{aligned}P(x) &= (-1-3\mathrm{i})(x-1)^2(x-\mathrm{i})^2[x+(4+4\mathrm{i})/5]\\ &= -1+3\mathrm{i}+(-3-5\mathrm{i})x+4x^2+4x^3+(-3+5\mathrm{i})x^4+(-1-3\mathrm{i})x^5\end{aligned} \qquad (3-98)$$

有

$$\varphi^* = \arctan\left(\frac{3I_0 - 5I_1 + 5I_4 - 3I_5}{-I_0 - 3I_1 + 4I_2 + 4I_3 - 3I_4 - I_5}\right) \qquad (3-99)$$

显然，该式满足 $p'(1)=0$，从而该算法对背景调制不敏感。

3. 存在线性相移差时高次谐波不敏感算法设计分析

上述的讨论均是在相移量为精确值的情况下进行的。当存在相移量的线性微小误差时，对谐波的不敏感程度依然可用特征多项式的根的特性来分析。

假定实际相移值

$$\delta' = (1+\varepsilon)\delta \qquad (3-100)$$

$S(\varphi)$ 的傅里叶 m 频系数为

$$\gamma_m = \alpha_m p[\exp(\mathrm{i}m\delta')] \qquad (3-101)$$

应用泰勒级数将多项式展开

$$\begin{aligned}p[\exp(\mathrm{i}m\delta')] &= p[\exp(\mathrm{i}m\delta)] + (\delta'-\delta)p'[\exp(\mathrm{i}m\delta)]\mathrm{i}m\exp(\mathrm{i}m\delta) + o(\varepsilon^2)\\ &= p[\exp(\mathrm{i}m\delta)] + \mathrm{i}m\varepsilon\delta\exp(\mathrm{i}m\delta)P'[\exp(\mathrm{i}m\delta)] + o(\varepsilon^2)\\ &= p[\exp(\mathrm{i}m\delta)] + \mathrm{i}m\varepsilon\delta dp[\exp(\mathrm{i}m\delta)] + o(\varepsilon^2)\end{aligned}$$

$$(3-102)$$

式中，D 定义为

$$D = x\frac{\mathrm{d}}{\mathrm{d}x} = xp'(x) \qquad (3-103)$$

因此有

$$\gamma_m = \alpha_m\{p[\exp(im\delta)]\} + im\varepsilon\delta \mathrm{d}p[\exp(im\delta)] + o(\varepsilon^2) \qquad (3-104)$$

由此可得到

$$\mathrm{d}p(x) = \sum_{k=0}^{M-1} kC_k x^k \qquad (3-105)$$

注意到 $\mathrm{d}p(x)$ 与 $p(x)$ 具有相同的级次。这意味着当线性相移差存在时，对 m 次谐波不敏感的条件是：特征多项式及它的一阶导数有根，即

$$\begin{aligned} p[\exp(im\delta)] &= 0 \\ \mathrm{d}p[\exp(im\delta)] &= 0 \end{aligned} \quad m = 0,-1,\pm2,\pm3,\cdots \qquad (3-106)$$

$$\tan\varphi = \sqrt{3}\frac{I_1 + I_2 - I_4 - I_5}{-I_0 - I_1 + I_2 + 2I_3 + I_4 - I_5 - I_6} \qquad (3-107)$$

相应的特征多项式

$$\begin{aligned} p(x) &= -1 + (-1+\mathrm{i}\sqrt{3})x + (1+\mathrm{i}\sqrt{3})x^2 + 2x^3 + (1-\mathrm{i}\sqrt{3})x^4 - (1+\mathrm{i}\sqrt{3})x^5 - x^6 \\ &= -(x-1)(x+1)(x-\xi^{-1})(x-\xi^2)(x-\xi^{-2})^2 \end{aligned}$$

$$(3-108)$$

式中，$\xi = \exp(\mathrm{i}\pi/3)$。多项式有单根 $1(m=0)$，-1，$\xi^{-1}(m=1)$, $\xi^2(m=2)$，重根 $\xi^{-2}(m=-2)$。当无线性相移误差存在时，该算式对零次、负一次及二次谐波不敏感；当有线性相移误差存在时，算式对负二次及四次谐波不敏感。

3.4 非线性相移误差不敏感算法

在前面的干涉图讨论及分析中，关于相移误差的分析主要局限于线性及二次非线性情形，并没有考虑相移误差的随机性。实际上，这个随机性导致相移量并不是规律地递增，而是无规律地上下波动。在这里，作光强的基频近似比较容易，而对相移误差作 n 次多项式近似则是行不通的。因此，不能够以曲线的方式进行逼近。应当注意到这样一个法则，即非线性问题应当运用非线性手段来解决。

基于 Lissajous 图的最小二乘拟合技术尝试着不仅解决非线性相移误差问题，而且考虑光瞳里相移不均匀性的问题。

3.4.1 基于 Lissajous 图的最小二乘拟合算法

1. 互像素算法

干涉图中任一像素点的光强可表达为

$$I(x,y,\delta) = a(x,y) + b(x,y)\sin[\varphi(x,y)+\delta] \quad (3-109)$$

式中，$a(x,y)$ 为该点的背景，$b(x,y)$ 为调制度，$\varphi(x,y)$ 为被测相位，δ 为任意一帧相移值（此处省略下标）。

对于任意两像素点的光强，则写为

$$\begin{aligned} I_\varphi &= a_\varphi + b_\varphi \sin(\varphi+\beta) \\ I_\psi &= a_\psi + b_\psi \sin(\psi+\beta) \end{aligned} \quad (3-110)$$

称 a 和 b 为对应 φ 和 ψ 的量。定义 φ 为被测相位，而 ψ 为参考相位，将参考光强写成

$$I_\psi = a_\psi + b_\psi \sin(\varphi+\Delta+\beta) \quad (3-111)$$

式中，$\Delta = \psi - \varphi$ 为两像素间的相位差。作相对相移 $\alpha = \varphi + \delta$，则有

$$\begin{aligned} I_\varphi &= a_\varphi + b_\varphi \sin\alpha \\ I_\psi &= a_\psi + b_\psi \sin(\alpha+\Delta) \end{aligned} \quad (3-112)$$

对式（3-112）进行变换和整理，即得关于两像素的椭圆方程式

$$\frac{(I_\varphi - a_\varphi)^2}{b_\varphi^2} - \frac{2\cos\Delta(I_\varphi - a_\varphi)(I_\psi - a_\psi)}{b_\varphi b_\psi} + \frac{(I_\psi - a_\psi)^2}{b_\psi^2} = \sin^2\Delta \quad (3-113)$$

由 $I_\varphi \sim I_\psi$ 作图，即可得 Lissajous 图，如图 3.8 所示。

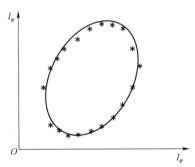

图 3.8 $I_\varphi \sim I_\psi$ 构成的 Lissajous 图

将式（3-113）写成普遍二次型

$$AI_\varphi^2 + BI_\varphi I_\psi + CI_\psi^2 + DI_\varphi + EI_\psi + F = 0 \tag{3-114}$$

其对应的系数分别为

$$\begin{aligned}
kA &= b_\psi^2 \\
kB &= -(2b_\psi b_\varphi \cos\Delta) \\
kC &= b_\varphi^2 \\
kD &= 2(a_\psi b_\varphi b_\psi \cos\Delta - a_\varphi b_\psi^2) \\
kE &= 2(a_\varphi b_\varphi b_\psi \cos\Delta - a_\psi b_\varphi^2) \\
kF &= a_\varphi^2 b_\psi^2 + a_\psi^2 b_\varphi^2 - 2a_\varphi a_\psi b_\varphi b_\psi \cos\Delta - b_\varphi^2 b_\psi^2 \sin^2\Delta
\end{aligned} \tag{3-115}$$

式中，k 为任一常数，例如，取一定的 k 值可使 $F = -1$。

解上式，得

$$\begin{aligned}
\Delta &= \arccos\left(\frac{-B}{\sqrt{4AC}}\right) \\
a_\varphi &= \frac{2CD - BE}{B^2 - 4AC} \\
a_\psi &= \frac{2AE - BD}{B^2 - 4AC} \\
b_\varphi &= \sqrt{\frac{4C}{B^2 - 4AC}\left(F + \frac{CD^2 + AE^2 - BDE}{B^2 - 4AC}\right)} \\
b_\psi &= \sqrt{\frac{4A}{B^2 - 4AC}\left(F + \frac{CD^2 + AE^2 - BDE}{B^2 - 4AC}\right)}
\end{aligned} \tag{3-116}$$

可见，通过式（3-113）的椭圆方程式可求得光强表达式系数值。此外，由椭圆的长短轴方向可知 Δ 的正负。图 3.8 的情形中 Δ 为正值。

通过解下列方程组，便可求得相移值 δ：

$$\begin{aligned}
I'_\varphi &= a_\varphi + b_\varphi \sin\varphi \\
I_\varphi &= a_\varphi + b_\varphi \sin(\varphi + \delta) \\
I'_\psi &= a_\psi + b_\psi \sin\psi \\
I_\psi &= a_\psi + b_\psi \sin(\psi + \delta)
\end{aligned} \tag{3-117}$$

解得

$$\cos\delta = \frac{y_\varphi x_\psi - y_\psi x_\varphi}{y_\varphi x'_\psi - y_\psi x'_\varphi} \qquad (3-118)$$

$$\sin\delta = \frac{x_\psi x'_\varphi - x'_\psi x_\varphi}{x'_\varphi y_\psi - x'_\psi y_\varphi} \qquad (3-119)$$

式中

$$\begin{aligned} y_\psi &= \sqrt{b_\psi^2 - (I'_\psi - a_\psi)^2} \\ y_\varphi &= \sqrt{b_\varphi^2 - (I'_\varphi - a_\varphi)^2} \\ x'_\psi &= I'_\psi - a_\psi \\ x'_\varphi &= I'_\varphi - a_\varphi \\ x_\psi &= I_\psi - a_\psi \\ x_\varphi &= I_\varphi - a_\varphi \end{aligned} \qquad (3-120)$$

对于 N 帧相移干涉图，在由式（3-118）和式（3-119）求得每一帧的相移值 δ_k 后，由式（3-116）求得 a 和 b，再由式（3-112）求得 I_φ 及 I_ψ，从而可计算得到被测相位。

由以上推导可知，相移值是通过椭圆拟合计算而得的，可以是任意值，无须硬件保证每一帧相移值的精确一致性。因此，这一算法对非线性相移误差是不敏感的。

然而，若 $\Delta \to \pm n\pi$，$n = 0, 1, \cdots$，则椭圆变成一条直线，用于椭圆拟合的算法失效。因此，选择 Δ 避免接近 $\pm n\pi$ 成为一个烦琐的问题。这是该算法的最大缺点。

2. 双序列算法

这一算法 Lissajous 图的构造是在同一像素点上的不同时刻进行的，即取时间序列上的系列光强值。相移干涉图分别为两组，表达为

$$I_k^l(x,y) = a(x,y) + b(x,y)\sin[\varphi(x,y) + \delta_k + \gamma_l] \qquad (3-121)$$

式中，a，b，δ 的定义如前所述；γ 为参考相位帧；$k = 0, 1, 2, \cdots$，为 δ 序列的帧数；$l = 0, 1, 2, \cdots$，为 γ 序列的帧数。若 $l \geq 1$，则 $k \geq 4$。

考虑仅有二帧干涉图情形：

$$\begin{aligned} I_0^0 &= a + b\sin(\varphi + \delta_0 + \gamma_0) \\ I_0^1 &= a + b\sin(\varphi + \delta_0 + \gamma_1) \end{aligned} \qquad (3-122)$$

式中，I_0^0 和 I_0^1 构成了椭圆上的一点。其他点则可在相位差为 $\gamma_1 - \gamma_0$ 的情形下，由不同的 δ_k 产生。

令 $\gamma_0 = \delta_0 = 0$，则 $\gamma_1 = \gamma$，对不同的 δ_k 有

$$\begin{aligned} I &= a + b\sin\varphi \\ I_\gamma &= a + b\sin(\varphi + \gamma) \end{aligned} \qquad (3-123)$$

类似地，可得到式（3-123）的椭圆标准方程式：

$$AI^2 + BII_\gamma + CI_\gamma^2 + DI + EI_\gamma + F = 0 \qquad (3-124)$$

作椭圆拟合后可得

$$\begin{aligned} \gamma &= \arccos\left(\frac{-B}{2A}\right) \\ a &= \frac{2AD - BD}{B^2 - 4A^2} \\ b &= \sqrt{\frac{4C}{B^2 - 4A^2}\left(F + \frac{2AD^2 - BD^2}{B^2 - 4A^2}\right)} \end{aligned} \qquad (3-125)$$

在求得光强表达式系数 a、b 和 γ 后，进一步求得相移量 δ_k，再求得被测相位 φ。

这一算法给出了一个重要启示，即它对任一像素点的相移误差不敏感，亦即它可以消除相移的空间不均匀性。但是该算法要求两组相移各自对应的帧距完全一致，这在目前的技术水平上还很难达到。

3.4.2 对基于 Lissajous 图的相位提取算法的改进和发展

注意到在解决非线性相移问题的迭代算法及基于 Lissajous 图的相位提取算法中，都必须首先计算得到相移值 δ_k。提出这样一个思想：能否导出与相移值无关的算法？回答是肯定的。这一算法对相移干涉术而言具有非常重要的意义，它有望较好解决一直困扰人们的非线性相移误差带来的相位测量误差问题。

1. 新互像素相位提取算法

该算法的基本思路是：

让直流光强因子 $\bar{a}_\varphi$ 和 $\bar{a}_\psi$ 含有互像素相位值，经椭圆拟合，求出光强表达式系数 $\bar{a}_\varphi$、$\bar{a}_\psi$、$\bar{b}_\varphi$、$\bar{b}_\psi$ 和 Δ，继而不求相移步长 δ_k，直接求出相位 φ 和 ψ。具体构造如下：

定义光强度差

$$\begin{aligned}\bar{I}_{\varphi k} &= \bar{a}_\varphi + b_\varphi \sin(\varphi + \delta_k) \\ \bar{I}_{\psi k} &= \bar{a}_\psi + b_\psi \sin(\psi + \delta_k)\end{aligned} \quad (3-126)$$

式中

$$\begin{aligned}\bar{a}_\varphi &= -b_\varphi \sin\varphi \\ \bar{I}_{\varphi k} &= I_{\varphi k} - I_{\varphi 1}\end{aligned} \quad (3-127)$$

$$\begin{aligned}\bar{a}_\psi &= -b_\psi \sin\psi \\ \bar{I}_{\psi k} &= I_{\psi k} - I_{\psi 1}\end{aligned} \quad (3-128)$$

这里，取 $\delta_1 = 0$，$\alpha = \varphi + \delta_k$，$\Delta = \psi - \varphi$，式（3-126）可以写成

$$\begin{aligned}\bar{I}_{\varphi k} &= \bar{a}_\varphi + b_\varphi \sin\alpha \\ \bar{I}_{\psi k} &= \bar{a}_\psi + b_\psi \sin(\alpha + \Delta)\end{aligned} \quad (3-129)$$

类似前面的推导，可得

$$\bar{a}_\varphi = \frac{2CD - BE}{B^2 - 4AC} \quad (3-130)$$

$$\bar{a}_\psi = \frac{2AE - BD}{B^2 - 4AC}$$

其他，如 Δ、b_ψ 和 b_φ 分别与式（3-116）相同。

将式（3-127）、式（3-128）分别代入式（3-130）中，得

$$\sin\varphi = \frac{BE - 2CD}{(B^2 - 4AC)b_\varphi} \quad (3-131)$$

$$\sin\psi = \frac{BD - 2AE}{(B^2 - 4AC)b_\psi} \quad (3-132)$$

转换成正切函数形式，得

$$\tan\varphi = \frac{\sin\varphi}{\pm\sqrt{1-\sin^2\varphi}}$$
$$= \frac{BE-2CD}{\pm\sqrt{(B^2-4AC)^2 b_\varphi^2 - (BE-2CD)^2}} \quad (3-133)$$

$$\tan\psi = \frac{\sin\psi}{\pm\sqrt{1-\sin^2\psi}}$$
$$= \frac{BD-2AE}{\pm\sqrt{(B^2-4AC)^2 b_\psi^2 - (BD-2AE)^2}} \quad (3-134)$$

经整理并化简得

$$\tan\varphi = \pm\frac{a_\varphi(\cos^2\Delta - 1)}{\sqrt{b_\varphi^2(\cos^2\Delta-1) - a_\varphi^2(\cos^2\Delta-1)^2}} \quad (3-135)$$

$$\tan\psi = \pm\frac{a_\psi(\cos^2\Delta - 1)}{\sqrt{b_\psi^2(\cos^2\Delta-1) - a_\psi^2(\cos^2\Delta-1)^2}} \quad (3-136)$$

转换成正切函数，有

$$\tan\Delta = \frac{\sin\Delta}{\cos\Delta} = \frac{\pm(1-\cos^2\Delta)}{\cos\Delta} \quad (3-137)$$

由于 Δ 的正负符号可以确定，因此 Δ 的象限可以确定。从而 φ、ψ 的象限位置皆可确定，即可确定两者的正负号。由此可见，本书导出了一个与相移值无关的算法。

2. 新双序列相位提取算法

定义光强度差

$$\bar{I}_{1k}(x,y) = I_k^1(x,y) - I_0^0(x,y) \quad (3-138)$$

令 $\gamma = \beta_0 = 0$，则 $\gamma_1 = \gamma$，式（3-138）重写为

$$\bar{I}_{1k}(x,y) = a + b\sin(\varphi + \delta_k + \gamma_1) \quad (3-139)$$

式中

$$a = -b\sin\varphi \quad (3-140)$$

取 $l=0$，作第一帧相移序列，则

$$\bar{I}_{0k} = a + b\sin\alpha \quad (3-141)$$

取 $l=1$，作第二帧相移序列，则

$$\bar{I}_{1k} = a + b\sin(\alpha + \gamma) \tag{3-142}$$

式中

$$\alpha = \varphi + \delta_k \tag{3-143}$$

类似地，可推得椭圆方程式，从而有

$$a = \frac{2AD - BD}{B^2 - 4A^2}$$

$$b = \sqrt{\frac{4C}{B^2 - 4A^2}\left(F + \frac{2AD^2 - BD^2}{B^2 - 4A^2}\right)} \tag{3-144}$$

$$\gamma = \arccos\left(\frac{-B}{2A}\right)$$

将式（3-144）代入式（3-131），得

$$\sin\varphi = \frac{BD - 2AD}{(B^2 - 4A^2)b} \tag{3-145}$$

转换成正切函数，有

$$\tan\varphi = \frac{\sin\varphi}{\pm\sqrt{1 - \sin^2\varphi}}$$

$$= \pm\frac{(a_\psi b_\varphi \cos\Delta - a_\varphi b_\psi)(b_\varphi \cos\Delta + b_\psi)}{\sqrt{(b_\varphi^2 \cos^2\Delta - 1)^2 b^2 - (a_\psi b_\varphi \cos\Delta - a_\varphi b_\psi)^2 (b_\varphi \cos\Delta + b_\psi)^2}} \tag{3-146}$$

若取 $0 < \gamma < \frac{\pi}{2}$，则 $\sin\gamma > 0$，从而有

$$\bar{I}_{01} = \bar{a} + b\sin(\varphi + \gamma) \tag{3-147}$$

$$b\cos\varphi\sin\gamma = \bar{I}_{01} - \bar{a} - b\sin\varphi\cos\gamma$$
$$= \bar{I}_{01} - \bar{a}(1 + \cos\gamma) \tag{3-148}$$

判别 $\cos\varphi$ 的符号可以确定 φ 的象限，从而可计算得到被测相位。这样就推得了一个与相移值无关的新双序列相位提取算法。

本章对经典相位提取算法、传统快速相位提取算法及两个改进的快速相位提取算法进行了简要分析和数值模拟，指出了它们的不足之处。在现有理论的基础上，针对每组相移时移相误差因子 ε 是变量的情况，设计了新的线性相移

误差免疫四帧算法和对二次非线性响应误差不敏感的六帧算法。应用特征多项式原理构造了对光强信号二次、三次、四次谐波不敏感算法，对背景调制不敏感算法及存在线性相移差时高次谐波不敏感算法。基于 Lissajous 图的新相位提取算法，具有对非线性相移误差不敏感的特点。新双序列算法不仅对相移误差不敏感，而且对空间相移非均匀性不敏感。

第四章
相位解包裹算法

在表面微观形貌检测中，携带被测面形信息的物光与参考光干涉，干涉测量的方法具有很高的测量精度，因而广泛应用。干涉的结果表现为明暗相间的干涉条纹，而与被测面形直接有关的是蕴含于干涉条纹中的两光波的相位差信息。相移干涉术研究如何精确地提取待测物体的相位值，该相位值反映了物体表面形貌的高低变化斜率。

用相位干涉图进行测试分析时，通过各种相位提取算法计算出来的相位值均用反正切函数的形式表示，根据反正切函数的固有性质，相位值仅是被测物理量每一点对应的实际相位在 2π 主值区间内的值，即相位包裹在周期区间 $(-\pi, \pi)$ 内，而并非相位的真实值。所以，得到的相位分布被截断（或者说被包裹（Phase Wrapped））在多个在主值区间内变化的区域中，引入许多人为的跳变点，得到呈阶跃分布的不连续的相位分布图样，因此需要利用包裹相位所在的象限信息将相位变化范围进行扩展。

为去除人为跳变点的干扰，采用数学运算上的修正以得到校正值。即在周期区间 $(-\pi, \pi]$ 范围，通过判断相邻像素点相位值落差是否大于 π 或小于 $-\pi$，并加上适当的 2π 倍数以实现相位解包裹。

在实际测量中，由于物体表面形貌的斜率变化范围有大有小，但通常都远远超出产生一个周期相位变化的范围，为最终得到真实的表面形貌，把不连续的包裹相位值展开重建实际相位值，正确恢复被折叠的 $2n\pi$，即求取每一点所在周期，将多个截断相位的区域拼接展开成连续相位，这个过程称为相位解包裹（Phase Unwrapping）。

在许多应用中，真实相位常常与物理量相联系，如干涉图的表面形貌，磁共振图像中水/脂肪分离问题中的磁场不均匀度等。所测得的非线性相位确实能提供有用的信息。但是所测的相位必须首先解包裹才能进一步使用。相位解包裹的问题就是从测得的包裹相位值中获得真实相位的估计值。所以，必须对包裹相位采用某种方法来得到与感兴趣物理量相关联的真实相位的估计值。

相位解包裹技术最早出现在 20 世纪 60 年代末 70 年代初，当时主要研究的是一维相位解包裹问题。一维相位解包裹一般采用积分法，在相邻点之间进行主值差的积分。而后又发展了自适应积分法，该方法具有获取充分采样的傅里叶变换的性能。该算法由于采样率固定，因而会有相位变化快、采样率低而导致的模糊问题。

二维相位解包裹的研究始于 20 世纪 70 年代末，随着自适应光学和补偿式成像的发展而进行。二维相位解包裹需要兼顾两个方面：一致性和精确性。一致性是指在解包裹后的矩阵中，任意两点之间的相位差是与这两点之间的路径无关的；精确性是指解包裹后的相位能忠实地恢复原始相位函数。

Itoh 在 1982 年首先提出了简单的一维和二维顺序扫描相位解包裹算法，并证明了对包裹相位差求积分或求和可得到解包裹相位。1987 年，Ghiglia 等提出了用元胞自动机方法来解包裹不一致二维相位图。之后，1988 年 Goldstein 等提出了枝切（Branch Cut）法，这种算法通过积分相邻像元上的差分相位进行相位解缠，对数据质量好的局部相位的解包裹精度比较高，解包裹时间比较短，但是当枝切放置错误时，将会导致误差的传递。1989 年，Huntley 发明了一种既具有噪声免疫功能又具有计算效率的算法。1991 年，Bone 首先采用了质量衡量引导解包裹过程，提出了一种基于区域已解包裹相位的二阶差分算法，通过将二阶差分值与某一固定阈值对比来选择存在冲突的相位点。这种算法能发现产生整数倍条纹移动的相位不一致点。1995 年，Quiroga 等改进了 Bone 的算法，以自适应阈值代替了原来的固定阈值，并以理想已解包裹相位的二阶差分值作为下一个待解包裹像素的选择标准。同年，Lim 等将这些算法发展成了真正的质量导引路径相依型算法，该方法允许阈值随着解包裹过程的进行而增加。这就使得高质量的像素点能先解包裹，而较低质量的像素点后解包裹，直至所有像素都已完成解包裹。1996 年 Flynn 给出了详细的算法，称为"Mask-Cut"算法。1997 年 Flynn 等提出了基于最小不连续测度的相位解包裹算法，简称为"Flynn"算法，这种算法利用网络图的算法自动选择合适的积分路径，以使解包裹相位数据中的不连续长度最小。1999 年，Xu Wei 等提出了可利用干涉数据相干系数等辅助信息指导积分路径选择的区域增长算法，并在处理辅助的相位数据时获得成功。另外，Fried 等于 1977 年提出了不加权的最小二乘相位解包裹算法，这种算法的缺点是无权重，因此相位噪声对解包裹结果的影响比较大，后来改进发展了加权最小二乘相位解包裹算法。1998 年，Ghiglia 和 Pritt 对应用到磁共振成像（Magnetic Resonance Imaging，MRI）图像和干涉合成孔径（Interferometric Synthetic Aperture Radar，IFSAR）数据的相位解包裹技术进行了非常好的总结。

针对上述研究，一方面在以上基本算法的基础上进行了改进以适用特定领域的需要，另一方面衍生出了许多新的解包裹算法，如神经网络相位解包裹算法、遗传相位解包裹算法、Regular-Grid 相位解包裹算法和 Double Gradient-echo 相位解包裹算法等。

相位解包裹技术中目前尚无一种通用算法适用于所有情况，因为各种应用系统的自身特点各不相同，所适宜的解包裹算法也各不相同。近年来，广大科学工作者研究了各种适应于各自领域的相位解包裹算法。纵观国内外有关参考文献，目前存在较多的相位解包裹算法可分为两类：一类是利用相邻相位在空间上的相关性进行相位解包裹，主要采用积分的算法，典型算法如枝切算法、质量导引路径相依型算法、掩膜枝切算法和最小不连续法等；另一类是将相位解包裹问题转化为数学上的最小范数问题来进行求解，典型算法如不加权最小二乘算法、加权最小二乘算法和最小 LP 范数算法等。

对于完善的相移干涉图形，当对干涉图的处理满足奈奎斯特采样定理（任意两个相邻采样点之间的非截断相位变化小于$\pm\pi$）的要求时，用原理包裹去除法就可以得到连续分布的二维相位分布函数。但对于十分复杂的相移干涉图形，如图形中存在阴影、断裂、局部区域不满足抽样定理等情形，为得到真实连续的波前相位图，除了需要移去由反三角函数的计算而导致的 2π 相位间断点外，最主要的是要去除由噪声干扰所产生的相位截断。研究去除噪声干扰产生的相位截断的方法称为抗干扰相位解包裹算法。

近年来涌现出了许多相位解包裹算法。这些方法可归结为两大类：一类为基于各种具体问题的特殊算法；一类为基于最小二乘拟合的普遍算法。前者精度较高，且速度快，但所处理的问题局限性强；后者所处理的问题较广，但精度相对较差。相位解包裹算法的发展主要基于四条主线：

（1）运用数学模型法。
（2）应用图像处理法。

（3）套用计算机科学的有关算法。

（4）发展基于干涉图特点的算法。

在对传统算法进行分析的基础上，对相位解包裹的算法进行优化研究，提出或者改进数个相位解包裹算法。

4.1 传统相位解包裹的数学描述

4.1.1 一维数学模型

一维传统相位解包裹算法的数学描述如式（4-1）所示。其原理为将反正切函数的主值看作对真实相位 $\Phi(n)$ 进行包裹运算 W 的结果，数学描述如下：

$$W_1[\Phi(n)] = \Phi_{pv}(n) \quad (n=0,1,2,\cdots,N) \qquad (4-1)$$

式中，$\Phi_{pv}(n)$ 为反正切函数的主值。

等价地，式（4-1）可写成

$$W_1[\Phi(n)] = \Phi(n) + 2\pi k_1(n) \quad (n=0,1,2,\cdots,N) \qquad (4-2)$$

式中，$k_1(n)$ 是一供选择的整数序列，使得

$$-\pi \leqslant W_1[\Phi(n)] \leqslant \pi \qquad (4-3)$$

定义

$$\Delta\Phi(n) = \Phi(n) - \Phi(n-1) \quad (n=1,2,\cdots,N) \qquad (4-4)$$

Δ 为差值运算，则相位主值差

$$\Delta W_1[\Phi(n)] = \Delta\Phi(n) + 2\pi\Delta k_1(n) \qquad (4-5)$$

此结果主值可再次运用包裹运算，得

$$W_2\{\Delta W_1[\Phi(n)]\} = \Delta\Phi(n) + 2\pi[\Delta k_1(n) + k_2(n)] \qquad (4-6)$$

此即包裹相位的包裹差。因为包裹运算 W_2 产生的值在 $[-\pi, \pi]$ 之间，所以若

$$-\pi \leqslant \Delta\Phi(n) \leqslant \pi \qquad (4-7)$$

此时，式（4-6）中的 $2\pi[\Delta k_1(n) + k_2(n)]$ 项必为 0。因此有

$$\Delta\Phi(n) = W_2\{\Delta W_1[\Phi(n)]\} \qquad (4-8)$$

从而

$$\Phi(m) = \Phi(0) + \sum_{n=1}^{m} W_2\{\Delta W_1[\Phi(n)]\} \qquad (4-9)$$

式（4-9）表明，通过对包裹主值差的求和运算可实现相位解包裹。显然，式（4-7）若不满足，用式（4-9）是无法恢复真实相位的。

图 4.1 所示为计算机模拟高斯函数相位包裹图及解包裹图。

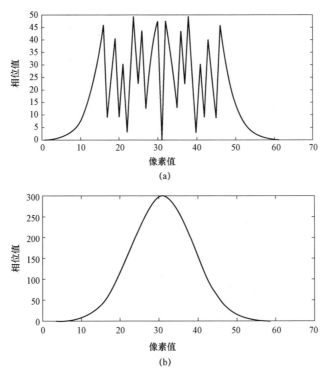

图 4.1　计算机模拟高斯函数相位包裹图及解包裹图
（a）一维相位包裹图；（b）一维相位解包裹图

4.1.2　二维数学模型

对一维模型进行扩展，可得到二维模型。其符号定义如下：W_1 为二维包裹运算符，Δ_m 为第 m 行的相位差值，Δ_n 为第 n 列的相位差值。

数学表达如下：

$$W_1[\Phi(m,n)] = \Phi(m,n) + 2\pi k_1(m,n) \qquad (4-10)$$

$$\Delta_m \Phi(m,n) = \Phi(m,n) - \Phi(m-1,n) \qquad (4-11)$$

$$\Delta \Phi_n(m,n) = \Phi(m,n) - \Phi(m,n-1) \qquad (4-12)$$

与一维情形一样，有

$$W_2\{\Delta_m W_1[\Phi(m,n)]\} = \Delta_m \Phi(m,n) + 2\pi[\Delta_m k_1(m,n) + k_2(m,n)] \qquad (4-13)$$

$$W_3\{\Delta_n W_1[\Phi(m,n)]\} = \Delta_n \Phi(m,n) + 2\pi[\Delta_n k_1(m,n) + k_3(m,n)] \quad (4-14)$$

当下列条件满足时

$$-\pi \leqslant \Delta_m \Phi(m,n) \leqslant \pi \quad (4-15)$$

$$-\pi \leqslant \Delta_n \Phi(m,n) \leqslant \pi \quad (4-16)$$

有

$$\Delta_m \Phi(m,n) = W_2\{\Delta_m W_1[\Phi(m,n)]\} \quad (4-17)$$

$$\Delta_n \Phi(m,n) = W_3\{\Delta_n W_1[\Phi(m,n)]\} \quad (4-18)$$

式（4-17）和式（4-18）指出了几种与路径有关的相位解包裹的途径。例如，对第一列，$n=0$，所有行进行解包裹：

$$\Phi(m,0) = \Phi(0,0) + \sum_{j=1}^{m} W_2\{\Delta_m W_1[\Phi(j,0)]\} \quad (4-19)$$

然后，从这一初始列开始，所有列进行相位解包裹，得

$$\Phi(m,n) = \Phi(m,0) + \sum_{l=1}^{n} W_3\{\Delta_n W_1[\Phi(m,l)]\} \quad (4-20)$$

行与列的运算应是可互换的，即对第一行，$m=0$，逐列解包裹可得

$$\Phi(0,n) = \Phi(0,0) + \sum_{l=1}^{n} W_3\{\Delta_n W_1[\Phi(0,l)]\} \quad (4-21)$$

由此初始开始，对所有行解包裹，有

$$\Phi(m,n) = \Phi(0,n) + \sum_{j=1}^{m} W_2\{\Delta_m W_1[\Phi(j,n)]\} \quad (4-22)$$

图 4.2 所示为运用传统相位解包裹法进行二维相位解包裹的情形。

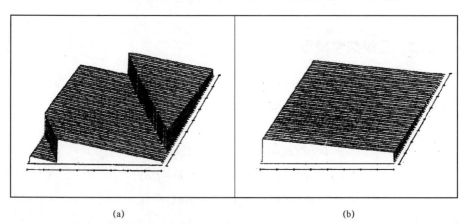

(a) (b)

图 4.2 运用传统相位解包裹法进行二维相位解包裹

(a) 包裹相位图；(b) 解包裹相位图

4.2 顺序扫描解包裹

设 $\varphi(t)$ 为对应于实际轮廓波面的未知实际相位，$\psi(t) = \varphi(t) + 2\pi k(t)$ 为已知包裹相位，其中未知整数函数 $k(t)$ 使得 $-\pi < \psi(t) \leq \pi$。所谓解包裹，即从 $\psi(t)$ 重构 $\varphi(t)$，即使估计值 $\hat{\varphi}(t)$（由相位解包裹算法求得的结果值）能尽可能真实地反映实际相位值 $\varphi(t)$。

该方法基于这样一个假设：若任意两点的真实相位差都小于 π，解包裹相位的结果与真实相位相符合。即 $-\pi < \Delta\{\varphi(n)\} \leq \pi$。换句话说，若真实相位不出现混叠现象，则解包裹正确。

设 W 为包裹算子，它将相位包裹在区间 $(-\pi, \pi]$ 上。因此

$$W\{\varphi(n)\} = \psi(n) = \varphi(n) + 2\pi k(n) \quad n = 0, 1, \cdots, N-1 \quad (4-23)$$

式中，$k(n)$ 是整数阵列，其值使得 $-\pi < \psi(n) \leq \pi$。

差分算子 Δ 定义为

$$\Delta\{\varphi(n)\} = \varphi(n+1) - \varphi(n) \quad (4-24)$$

$$\Delta\{k(n)\} = k(n+1) - k(n) \quad n = 1, 2, \cdots, N-2 \quad (4-25)$$

包裹相位差的计算公式为

$$\Delta\{W\{\varphi(n)\}\} = \Delta\{\psi(n)\} = \Delta\{\varphi(n)\} + 2\pi\Delta\{k_1(n)\} \quad (4-26)$$

再对上式作包裹运算有

$$W\{\Delta\{W\{\varphi(n)\}\}\} = W\{\Delta\{\psi(n)\}\} = \Delta\{\varphi(n)\} + 2\pi[\Delta\{k_1(n)\} + k_2(n)] \quad (4-27)$$

式中，k_1 和 k_2 用来区分两次包裹运算的整数阵列。式（4-27）为包裹相位差的包裹。

因为包裹算子产生的值在 $(-\pi, \pi]$ 上，而根据之前假设 $-\pi < \Delta\{\varphi(n)\} \leq \pi$，故意味着 $2\pi[\Delta\{k_1(n)\} + k_2(n)] = 0$。

因此

$$\Delta\{\varphi(n)\} = W\{\Delta\{W\{\varphi(n)\}\}\} = W\{\Delta\{\psi(n)\}\} \quad (4-28)$$

从而可得到

$$\varphi(m) = \varphi(0) + \sum_{n=0}^{m-1} W\{\Delta\{W\{\varphi(n)\}\}\} \quad (4-29)$$

对包裹相位差的包裹进行积分可解包裹相位。但是，① 若 $-\pi < \Delta\{\varphi(n)\} \leq \pi$ 不

满足，则真实相位不能恢复；② 无论 $-\pi < \Delta\{\varphi(n)\} \leq \pi$ 是不是满足，总是可以通过式（4-29）来求得解包裹结果；③ 若 $-\pi < \Delta\{\varphi(n)\} \leq \pi$ 不满足，而事先不知道此值，盲目应用式（4-29）是得到解包裹的一个估计值 ϕ 而不是真实相位值 φ 的一种方法。

解阵列 $\psi(i)$，$0 \leq i \leq N-1$ 的相位包裹。

步骤：

（1）计算相位差。

$$D(i) = \psi(i+1) - \psi(i) \quad i = 0,1,2,\cdots,N-2$$

（2）计算包裹相位差。

$$\Delta(i) = \arctan\frac{\sin D(i)}{\cos D(i)} \quad i = 0,1,2,\cdots,N-2$$

（3）初始解包裹值赋值 $\phi(0) = \psi(0)$。

（4）对包裹相位差求和得到解包裹。

$$\phi(i) = \phi(i-1) + \Delta(i-1) \quad i = 1,2,\cdots,N-1$$

以一维信号 $s(t) = e^{j5\pi t}$ 为例，相位解包裹即从信号 $s(t)$ 重构连续相位 $\varphi(t) = 5\pi t$。实际系统得到的是 $s(t)$ 的包裹相位：$\psi(t) = \arctan\dfrac{I[s(t)]}{R[s(t)]}$，$-\pi < \psi(t) \leq \pi$。图 4.3 给出了相应的包裹相位和解包裹相位。

从图 4.3 可探测到包裹相位中的 2π 落差，加上适当的 2π 倍数，以确定相位解包裹的正确性。

顺序扫描相位解包裹的方法表明，相位解包裹可通过相位梯度的积分得到。这个概念可推广到 N 维信号。

假设已知相位梯度以及初始点 r_0 相位，在其他点 r 的相位为

$$\varphi(r) = \int_C \nabla\varphi \cdot \mathrm{d}r + \varphi(r_0) \tag{4-30}$$

式中，C 为 N 维空间中连接点 r 和 r_0 的任意路径；$\nabla\varphi$ 为相位梯度。

当在包裹相位 $\psi(t)$ 中存在不连续点，且分辨率不够时，对应的解包裹问题比较困难。相位解包裹存在困难的主要原因是：

（1）计算机对信号进行采样，并转换成数字信号，即需要将连续函数变成样本序列或样本函数。

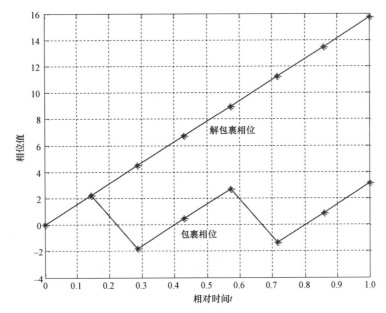

图 4.3 包裹相位和解包裹相位示意图

大多数相位解包裹困难出现在连续转换为离散,当采样不足时会造成相位混叠。在连续域中,若不存在不连续点,则解包裹只有唯一的方法,且解是唯一的。但是在离散域中,必须作某些假设(如假设没有混叠)。相位解包裹在某种意义上等同于从离散包裹相位恢复连续的包裹相位。

(2)需要通过算法或先验条件探测出由系统本身噪声造成的不连续点和由真实相位 $\varphi(t)$ 本身特征造成的不连续点,并区别对待。

以上情况都会对相位解包裹结果造成影响,使得估计值 $\varphi(t)$ 偏离真实相位值 $\varphi(t)$,从而导致解包裹失败。

对于二维以上的高维情况,混叠、不连续或噪声使得相位的计算与积分路径有关。这很大程度上使得相位解包裹算法复杂化。

当路径中的某一点因为噪声等因素的影响导致误差时,这一误差将会从这一点向后面的点进行扩展,使后面的点偏离真实位置,这种现象称为错误扩散现象。为了消除 Itoh 算法中噪声引起的错误扩展,需要寻找一种与路径无关的积分算法。

所有的二维以上的依路径解包裹算法中,积分路径的选择与积分梯度相比,更关心积分路径的选择。

对于连续域理想情况(从纯数学角度来看),二维相位解包裹具体就是计算线积分：

$$I = \int_C F(r)\,\mathrm{d}r \quad (4-31)$$

但实际中处理的是样本数据。在离散域中，在一般情况下或限制条件很少的情况下，二维相位解包裹是不能完成的问题，如受噪声干扰的未知相位函数 φ，包裹区间 $(-\pi, \pi]$，不可能明确地解包裹。因此需要对相位解包裹的过程或性质作某些假定，使得相位解包裹问题可解。事实证明，从非常简单的假设可得到有用的解。常用的假设就是离散假设，即假设完全采样，满足奈奎斯特采样定律，需解包裹的相位的局部微分大小少于 π，也就是说样本信号不存在混叠现象。

4.3 快速离散余弦变换解包裹

当相位图中存在噪声、断点、孔洞及阴影等不理想因素，或相位图中的高频变化未被充分采样时，会使本来的 2π 断层变成连续相位或将连续相位产生假的 2π 跃变，而在相位图中造成一系列坏点及坏区和局部不相容数据（Inconsistent Region）。按传统方法进行相位解包裹会导致失败。

针对这种情形，一种方法是运用快速离散余弦变换的相位解包裹方法，它借助权重矩阵从微分方程中消去"坏"的数据点，进而运用迭代法得到解包裹的相位分布。另一种是基于 Thikonov 正则化理论的与解包裹路径无关的方法，这一方法通过寻找正定二次价格函数的最小值来获得正确的解包裹相位。

快速离散余弦变换解包裹算法有二维非权重及二维权重两种模型，下面分别加以讨论。Thikonov 正则化理论就不详细介绍了。

4.3.1 二维非权重模型

假定 Φ_{ij} 为二维离散点上的去包裹相位，φ_{ij} 为对应的包裹相位，则有

$$\Phi_{ij} = \varphi_{ij} + 2\pi k \quad (k\text{ 为整数}, -\pi \leqslant \varphi_{ij} \leqslant \pi) \quad (4-32)$$

原理如下：寻找已解包裹的相邻像素点间相位差值与该相邻像素点间包裹相位差值之差的最小二乘解，即在理论上解包裹相位差应当等于包裹相位差，而实际由于解包裹的不正确性，两者间有差值存在。

定义包裹算子 W，有

$$W(\Phi_{ij}) = \varphi_{ij} \quad (4-33)$$

定义包裹相位差

$$\Delta_{ij}^x = \varphi_{(i+1)j} - \varphi_{ij} \quad (4-34)$$

$$\Delta_{ij}^y = \varphi_{i(j+1)} - \varphi_{ij} \quad (4-35)$$

式中，上标 x 和 y 分别指行相位差及列相位差。

作最小二乘

$$S = \sum_{i=0}^{M-2}\sum_{j=0}^{N-1}(\Phi_{(i+1)j} - \Phi_{ij} - \Delta_{ij}^x)^2 + \sum_{i=0}^{M-1}\sum_{j=0}^{N-2}(\Phi_{i(j+1)} - \Phi_{ij} - \Delta_{ij}^y)^2 \quad (4-36)$$

求解 S 最小二乘意义下的解 Φ_{ij} 即可获得相位解包裹的解。

Hunt 的矩阵公式给出了上述最小二乘矩阵的法方程，即

$$\Phi_{(i+1)j} + \Phi_{(i-1)j} + \Phi_{i(j+1)} + \Phi_{i(j-1)} - 4\Phi_{ij} = \Delta_{ij}^x - \Delta_{(i-1)j}^x + \Delta_{ij}^y - \Delta_{i(j-1)}^y \quad (4-37)$$

式（4-37）为包裹相位差与去包裹相位差的关系。对其作简单恒等变换，得

$$(\Phi_{(i+1)j} - 2\Phi_{ij} + \Phi_{(i-1)j}) + (\Phi_{i(j+1)} - 2\Phi_{ij} + \Phi_{i(j-1)}) = \rho_{ij} \quad (4-38)$$

式中

$$\rho_{ij} = (\Delta_{ij}^x - \Delta_{(i-1)j}^x) + (\Delta_{ij}^y - \Delta_{i(j-1)}^y) \quad (4-39)$$

实际上，式（4-36）是 $M \times N$ 矩形网格上的离散 Poisson 方程

$$\frac{\Delta^2}{\Delta x^2}\Phi(x,y) + \frac{\Delta^2}{\Delta y^2}\Phi(x,y) = \rho(x,y) \quad (4-40)$$

式（4-40）对所有矩形网格点 $i = 0, 1, 2, \cdots, M-1; j = 0, 1, 2, \cdots, N-1$ 都是有效的，并且被用于计算 ρ_{ij} 的相位差仅在网络区域内是非零的。这个限制源自最小二乘公式，因此可以直接得出离散 Poisson 方程的 Neumann 边界条件。

$$\Delta_{(-1)j}^x = 0$$

$$\Delta_{(M-1)j}^x = 0 \quad j = 0, 1, 2, \cdots, N-1 \quad (4-41)$$

$$\Delta_{0(-1)}^y = 0$$

$$\Delta_{(N-1)i}^y = 0 \quad i = 0, 1, 2, \cdots, M-1 \quad (4-42)$$

由此看出，相位解包裹问题的最小二乘解在数学上等于 $M \times N$ 矩形网格上具有 Neumann 边界条件的离散 Poisson 方程解。下面引入快速离散余弦变换

（DCT）来求解。

二维离散余弦变换对如下：

DCT 正变换：

$$C_{mn} = \begin{cases} \sum_{i=0}^{M-1}\sum_{j=0}^{N-1} 4x_{ij}\cos\left[\dfrac{\pi}{2M}m(2i+1)\right]\cos\left[\dfrac{\pi}{2N}n(2j+1)\right], 0 \leqslant m \leqslant M-1, 0 \leqslant n \leqslant N-1 \\ 0, m \geqslant 0, m \geqslant M-1; n \geqslant 0, n \geqslant N-1 \end{cases}$$

(4-43)

DCT 反变换：

$$\hat{\rho}_{ij} = \begin{cases} \dfrac{1}{MN}\sum_{m=0}^{M-1}\sum_{n=0}^{N-1} W_1(m)W_2(n)C_{mn}\cos\left[\dfrac{\pi}{2M}m(2i+1)\right]\cos\left[\dfrac{\pi}{2N}n(2j+1)\right] \\ 0 \leqslant i \leqslant M-1, 0 \leqslant j \leqslant N-1 \\ 0 \quad \text{其他} \end{cases}$$

(4-44)

$$\begin{aligned} W_1(m) &= \frac{1}{2} & m &= 0 \\ W_1(m) &= 1 & 1 &\leqslant m \leqslant M-1 \\ W_2(n) &= \frac{1}{2} & n &= 0 \\ W_2(n) &= 1 & 1 &\leqslant n \leqslant N-1 \end{aligned}$$

(4-45)

C_{mn} 为 $\hat{\rho}_{ij}$ 的二维 DCT 谱值，即在 DCT 域的精确解。余弦展开自动地加有 Neumann 边界条件，$\nabla \Phi \cdot n = 0$，从而给出了如下所示相位的精确解：

展开 Φ_{ij}，得

$$\Phi_{ij} = \frac{1}{MN}\sum_{m=0}^{M-1}\sum_{n=0}^{N-1} W_1(m)W_2(n)\hat{\Phi}_{mn}\cos\left[\frac{\pi}{2M}m(2i+1)\right]\cos\left[\frac{\pi}{2N}n(2j+1)\right]$$

(4-46)

将式（4-44）代入式（4-46），并在式（4-46）右边作类似的展开，化简整理后，即得 Φ_{ij} 在 DCT 域的精确解：

$$\hat{\Phi}_{ij} = \frac{\hat{\rho}_{ij}}{2\left(\cos\dfrac{\pi i}{M} + \cos\dfrac{\pi j}{N} - 2\right)}$$

(4-47)

对该式进行 DCT 反变换即可得到相位解包裹后的 Φ_{ij}。式（4-38）自动地加有 Neumann 边界条件：

$$\begin{aligned}
&\Phi_{0j} - \Phi_{(-1)j} = 0 \\
&\Phi_{Mj} - \Phi_{(M-1)j} = 0 \qquad j = 0, 1, 2, \cdots, N-1 \\
&\Phi_{i0} - \Phi_{i(-1)} = 0 \\
&\Phi_{iN} - \Phi_{i(N-1)} = 0 \qquad i = 0, 1, 2, \cdots, M-1
\end{aligned} \qquad (4-48)$$

将二维非权重相位解包裹算法归结如下：

（1）对由式（4–38）计算得到的阵列 ρ_{ij} 进行式（4–43）的二维 DCT 正变换，产生二维 DCT 谱值 $\hat{\rho}_{ij}$。

（2）由式（4–47）计算得到 $\hat{\Phi}_{ij}$。

（3）作 $\hat{\Phi}_{ij}$ 的二维 DCT 反变换，得到最小二乘意义下的去包裹相位 Φ_{ij}。

应当注意，在 $i=0$ 和 $j=0$ 处，式（4–47）的分母为零，这意味着 $\hat{\Phi}_{00}$ 是不确定值，因为对常数偏置无法解得 Poisson 方程。在实际计算中，可设 $\hat{\Phi}_{00} = \hat{\rho}_{00}$，以使该偏置保持不变。

4.3.2 二维权重模型

上节实际上给出了在最小二乘意义下运用余弦变换解下列超定线性方程组的方法：

$$AX = B \qquad (4-49)$$

其最小二乘解就是法方程

$$A^{\mathrm{T}} AX = A^{\mathrm{T}} B \qquad (4-50)$$

的解。式中，X 是一个 $M \times N$ 的相位值向量；B 是包含包裹相位差的长度为 $N(M-1) + M(N-1)$ 的向量；T 表示转置。

式（4–50）可重写为

$$P\Phi = \rho \qquad (4-51)$$

式中，$P = A^{\mathrm{T}} A$ 为对向量 Φ 作离散拉普拉斯变换的矩阵，$\rho = A^{\mathrm{T}} B$ 为对包裹相位差作离散拉普拉斯变换的向量。

当干涉图中噪声、阴影及低调制度等区域为已知时，应恰当地对这些区域加权以获得更为可靠的相位解包裹算法。此外，干涉图中一些无相位信息区域或相位跳变区域，可以通过加权预先分离出来，以使得相位解包裹结果更为准确。

因此，相位解包裹问题归结为求解加权的最小二乘意义下的方程组。将式（4–49）加权因子，有

$$WAX = WB \tag{4-52}$$

其法方程为

$$A^TW^TWAX = A^TW^TWB \tag{4-53}$$

式中，W 为权重矩阵。

令 $Q = A^TW^TWA$，$\bar{B} = W^TWB$，代入式（4-53），得

$$QX = A^T\bar{B} \tag{4-54}$$

令

$$C = A^T\bar{B} \tag{4-55}$$

则有

$$Q\Phi = C \tag{4-56}$$

式中，$\bar{B}$ 为包含权重相位差的简单向量；C 为修正的对权重包裹相位差的拉普拉斯算子。式（4-56）完全类似于式（4-51）。因此式（4-56）实为加权的二维最小二乘意义下相位解包裹的矩阵方程。

权重矩阵的参与使得不能像在非权重模型情形下那样直接运用离散余弦变换求解式（4-56）。对于权重模型，可通过下述两种解法方程：一种为 Picard 迭代法，另一种为预条件共轭梯度法。

1. Picard 迭代法

Picard 迭代法是将非权重模型解法组成一简单迭代算式以精确求解权重模型问题。

首先将矩阵 Q 分解为

$$Q = P + D \tag{4-57}$$

将式（4-57）代入式（4-56），有

$$(P+D)\Phi = C \tag{4-58}$$

将式（4-58）变形为

$$P\Phi = C - D\Phi \tag{4-59}$$

将式（4-59）写成迭代方程，有

$$P\Phi_{k+1} = C - D\Phi_k \tag{4-60}$$

式中，k 为迭代次数。

将式（4-57）代入式（4-60），有

$$D\Phi_k = (Q-P)\Phi_k \tag{4-61}$$

式中，$Q = A^TW^TWA$ 为修正的对权重相位差的离散拉普拉斯算子；$P = A^TA$ 为对非权重相位差的离散拉普拉斯算子。因此，$D\Phi_k$ 可看作对 Φ_k 的矩阵差

算子。

式（4-61）是利用二维非权重模型中离散余弦变换方法求解二维权重模型中最小二乘去包裹迭代方法的基础，其相应算法归结如下：

（1）权重矩阵 W 和包裹相位差矩阵 A，计算修正的对权重相位差的离散拉普拉斯算子 Q；计算对非权重相位差的离散拉普拉斯算子 P；进而计算矩阵向量 C，并存储之。

（2）确定最大迭代次数 $k_{\max}$。

（3）设定迭代初值 $k=0$，$\boldsymbol{\Phi}_0=0$（或其他初始猜测值）。

（4）计算向量 $P\boldsymbol{\Phi}_{k+1} = C - D\boldsymbol{\Phi}_k = C - (Q - P)\boldsymbol{\Phi}_k$。

（5）运用算法 1 解式 $P\boldsymbol{\Phi}_{k+1} = \rho_k$，得 $\boldsymbol{\Phi}_{k+1}$。

（6）若 $k < k_{\max}$，转到步骤（4）继续迭代过程，否则停机。

（7）设定最后解为 $\boldsymbol{\Phi}_{k+1}$，更新迭代计数，$k = k+1$。

（8）转到步骤（4）。

在权重最小二乘问题中权重矩阵 W 的确定原则是：矩阵元素 $0 \leqslant w_{ij} \leqslant 1$，并且与原始包裹相位值 φ_{ij} 一一对应。但是，为计算修正的拉普拉斯算子，必须给相位差值以恰当的权重而不是相位值。实际应用中，对于任意相位差，选择对应于两相位的两个权重中的较小值作为附加到相位差上的合适的权重。

例如，式（4-58）中的矩阵向量 C，其矩阵元素可写为

$$c_{ij} = \min(w_{(i+1)j}^2, w_{ij}^2)\Delta_{ij}^x - \min(w_{ij}^2, w_{(i-1)j}^2)\Delta_{(i-1)j}^x + \min(w_{i(j+1)}^2, w_{ij}^2)\Delta_{ij}^y - \min(w_{ij}^2, w_{i(j-1)}^2)\Delta_{i(j-1)}^y \quad (4-62)$$

式（4-51）的右边，其矩阵元素可写为

$$\rho_{ij} = c_{ij} - [(w_{x1}^2 - 1)(\boldsymbol{\Phi}_{(i+1)j} - \boldsymbol{\Phi}_{ij}) - (w_{x2}^2 - 1)(\boldsymbol{\Phi}_{ij} - \boldsymbol{\Phi}_{(i-1)j}) + (w_{y1}^2 - 1)(\boldsymbol{\Phi}_{i(j+1)} - \boldsymbol{\Phi}_{ij}) - (w_{y2}^2 - 1)(\boldsymbol{\Phi}_{ij} - \boldsymbol{\Phi}_{i(j-1)})] \quad (4-63)$$

式中

$$\begin{aligned} w_{x1}^2 &= \min(w_{(i+1)j}^2, w_{ij}^2) \\ w_{x2}^2 &= \min(w_{ij}^2, w_{(i-1)j}^2) \\ w_{y1}^2 &= \min(w_{i(j+1)}^2, w_{ij}^2) \\ w_{y2}^2 &= \min(w_{ij}^2, w_{i(j-1)}^2) \end{aligned} \quad (4-64)$$

式（4-64）中，权重元素均为平方项，这是因为在权重最小二乘公式中 $W^T W$ 算子的缘故。

该算法有以下优点：一是易于实现；二是因为大多数算子已事先计算存储，故只需要较小的迭代空间；三是倘若迭代收敛，则会收敛于正确的权重最小二乘解。在每一帧迭代过程中，计算范数 $\|D\boldsymbol{\Phi}_k\|$ 可检测迭代收敛程度。

该算法的缺点是：有可能不收敛，或者收敛但迭代次数太大。

2. 预条件共轭梯度法

共轭梯度（CG）法是解稀疏线性方程组的有效方法。共轭梯度法将求解线性方程组作为最小化问题，从而得到比下山法等简单最小化方法更为快速收敛的效果。CG 法具有可靠的收敛特性，若无截断误差，将对 $N×N$ 矩阵方程的求解问题经 N 次迭代后收敛。然而，当 N 很大时，迭代次数必然很大，并且由于实际计算过程中截断误差的存在，并不能保证迭代绝对收敛。

预条件共轭梯度法（PCG）是一个改进的快速收敛方法。它允许使用类似权重 DCT 方法的迭代算法，得到快速收敛解。缺点是：因没有预先的计算而需要大的存储空间和耗时巨大。

实际运用 CG 法解矩阵方程时，取远远小于 N 的 k 次迭代解作为近似解。对于大型矩阵方程的求解问题，获得精确解所需的实际迭代数 k 取决于当前矩阵的条件数，如果当前矩阵接近于单位矩阵，即当前矩阵的条件数接近于 1，CG 法会很快收敛。预条件共轭梯度法运用一个预条件步骤，有效地将当前矩阵变换成一个非常接近单位矩阵的矩阵，因此可以实现迭代方程的快速收敛。

通过解一个近似问题（例如，非权重相位解包裹问题）而得到预条件，然后在每一帧迭代过程中适时修正这个解。最后，预条件解被用于获得对精确问题真解的估计。

PCG 法归结如下：

（1）设迭代初值 $k=0, \boldsymbol{\Phi}_0 = \boldsymbol{0}, \boldsymbol{\rho}_0 = \boldsymbol{C}$。

（2）当 $\boldsymbol{\rho}_k \neq \boldsymbol{0}$ 时，由 DCT 二维非权重去包裹算法解 $\boldsymbol{P}\boldsymbol{\Phi}_k = \boldsymbol{\rho}_k$。

（3）更新迭代计数，$k = k+1$。

（4）若 $k=1$，则 $\boldsymbol{P}_1 = \boldsymbol{Z}_0$。

（5）若 $k>1$，则有

$$\beta_k = \boldsymbol{\rho}_{k-1}^{\mathrm{T}} \boldsymbol{Z}_{k-1} / \boldsymbol{\rho}_{k-2}^{\mathrm{T}} \boldsymbol{Z}_{k-2}$$
$$\boldsymbol{P}_k = \boldsymbol{Z}_{k-1} + \beta_k \boldsymbol{P}_{k-1}$$

（6）作一个标量更新及两个向量更新，则有

$$a_k = \rho_{k-1}{}^T Z_{k-1} / P_k{}^T Q P_k$$
$$\Phi_k = \Phi_{k-1} + a_k P_k$$
$$\rho_k = \rho_{k-1} - a_k Q P_k$$

（7）若 $k \geqslant k_{max}$ 或 $\|\rho\sigma_k\| < \varepsilon\|\rho_0\|$，则计算结束；否则转到步骤（2）。

这一算法有效地将 DCT 法运用到可靠的 CG 法中，以解决权重最小二乘相位解包裹问题。

然而，应该注意到，由于以变换方法为基础，因此 DCT 法虽然对噪声进行了有效抑制或者去除了"坏"区域的影响，但同时不可避免地降低了"好"区域的精度，所以对于干涉图较好的情形是不适宜的。该法主要应用于强噪声场合、复杂干涉图和特殊形状孔径等。

4.4 数值模拟相位解包裹算法

相位解包裹算法研究是在计算机数值模拟的基础上进行的，并在实验中得到了验证。主要包括三个算法：① 基于参考相位阈值的相位解包裹算法；② 基于一维 FFT 的相位解包裹算法；③ 运用 Zernike 多项式的相位解包裹算法。这三个算法针对相位图体质量较好，仅有少数误差点（如噪声、低调制度）的情形。

4.4.1 基于参考相位阈值的相位解包裹算法

对相移干涉术而言，若干涉图中存在误差点，则该点相应的相移值 δ' 将偏离标称值 δ。设定一阈值 T，若 $|\delta' - \delta| \leqslant T$，则定义该点为"好点"，否则为"坏点"。

另一个判定误差点的方法是闭合回路法，它是根据任意相邻四个像素点包裹相位之和是否为零来作为判定条件的。

图 4.4 给出了检测上述不一致情形的方法，即对任意相邻的正方形上的包裹相位点，其包裹相位差之和若为零，则表明去包裹与路径无关；否则，将存在不一致，去包裹与路径有关。

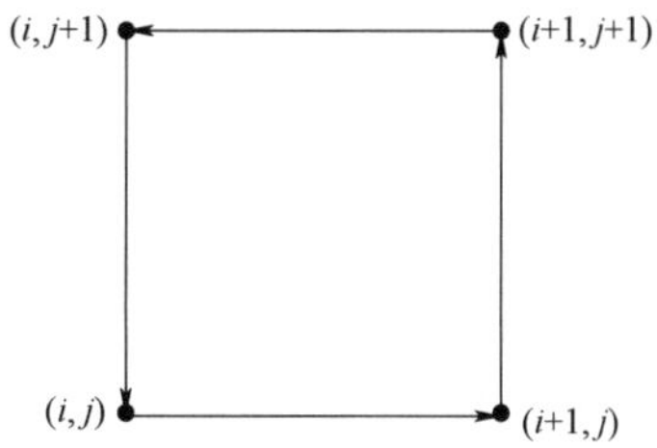

图 4.4 对任意相邻的四个像素点，其包裹相位差之和应为零

在相位场中，令

$$R = \left[(\Phi_{i(j+1)} - \Phi_{ij})/(2\pi)\right] + \left[(\Phi_{(i-1)(j+1)} - \Phi_{(i-1)j})/(2\pi)\right] + \\ \left[(\Phi_{(i-1)j} - \Phi_{(i-1)(j+1)})/(2\pi)\right] + \left[(\Phi_{ij} - \Phi_{(i-1)j})/(2\pi)\right] \quad (4-65)$$

式中，$\varPhi$ 为包裹相位值，[ ] 表示取最靠近的整数值。若 $\Delta\varPhi$ 处于 $[-\pi,\pi]$ 区间内，则 [ ] 取 0 值；若 $\Delta\varPhi$ 在 $[\pi,2\pi]$ 或 $[-2\pi,-\pi]$ 上，[ ] 分别取 1 或 -1 值。

一个正确相位解包裹后的位相场应满足下式：

$$R\begin{cases}=0 & \text{与路径无关}\\ \neq 0 & \text{与路径有关}\end{cases} \quad (4-66)$$

尽管一些"坏点"可能满足式（4-66），但是相位解包裹仍然能够进行，即首先检验式（4-66），然后找寻"好点"。相位解包裹仍然能通过已经去包裹后的好点的平均值填充。

这一算法归结如下：

（1）寻找一条所有像素点皆为"好点"的沿 x 或 y 方向的直线或折线。

（2）对相邻直线上的像素点检验式（4-66）；若 $R=0$，则垂直于步骤（1）中所选直线或折线作相位解包裹；若 $R\neq 0$，则仅作"好点"相位解包裹，"坏点"则由其他三个"好点"的平均值取代。

（3）在下一行重复步骤（2）直至边界。

本算法的特点是简单、有效，其缺点是要求 δ 较为精确且各像素点的相移值 δ' 较为一致。

4.4.2 基于一维 FFT 的相位解包裹算法

从上节的分析可以领略到，正确相位解包裹的关键在于识别和清除那些不满足式（4-66）的误差点，阻止其误差的传播。本算法根据频域滤波的思想，将"坏"的像素点进行一维离散余弦变换，在频域中将高频误差点平滑掉后，精确求得谱值，作离散余弦反变换得到解包裹相位。

首先假定在干涉图中至少存在一条可用传统算法正确去包裹的水平线或垂直线，在该条线上，所有的像素点均为"好点"。以此线为基准，若相邻直线与该基准所构成的任意相邻正方形相位点满足式（4-56）中包裹相位差之和为零的条件，则对等于对该相邻直线上的点作相位解包裹是正确的，并可以以该线为基准线继续下一相邻直线的去包裹。如果基准线与相邻直线构成的任意相邻正方形相位点不满足式（4-66），则认为该像素点连线上存在着误差点，此时，对该像素点连线作一维离散 DCT，得到 DCT 域的精确解，再作反变换即可得到相位解包裹的相位值。

本算法具体步骤归结如下：

(1) 首先寻找到一条经传统算法去包裹后正确的水平线或垂直线作为基准线。

(2) 垂直该基准线作传统算法去包裹得相邻一直线 $\Phi(i), i=1,2,\cdots,N$。

(3) 判断以上两直线的任意相邻四相位点是否满足包裹相位差之和为零 $R=0$；若满足，则继续下一行；否则，作步骤（4）～步骤（5）。

(4) 对该直线作 DCT 正变换，得到 DCT 域的精确解，再作 DCT 反变换，得 $\Phi'(i)$。

(5) 设定一阈值 T，当 $|\Phi(i)-\Phi'(i)|>T$ 时，视为"坏点"，并用 $\Phi'(i)$ 取代 $\Phi(i)$。

(6) 重复步骤（2）～步骤（5）直至边界。

4.4.3 运用 Zernike 多项式的相位解包裹算法

当待测物为复杂物体时，其干涉图在物体的阴影、孔洞区域为不连续点，即物体在该区域没有信息，即相位信息丢失，无法全区域地正确地重构物体表面轮廓。在低调制度点、散斑点、噪声及灰尘点，其干涉图为误信息，必须将这些误差点掩模掉。对于这类无信息区域，处理的方法是以周围离散点的值对这些区域进行波前数据拟合。

进行波前数据拟合的方法很多，最简单的方法是最小二乘法，而比较完善的是 Zernike 多项式拟合法。使用最小二乘法求得的解在数值上是不稳定的，增加采样点可以改善这种情况，但会使计算量增大。Zernike 多项式拟合法比较可靠，与一般多项式加权最小二乘法相比，求解多项式系数更为简单，因为它只需要把协方差矩阵当作解线性方程组的增广矩阵就可求得 Zernike 系数。

Zernike 多项式的特点是在圆域内正交，所以特别适用于光学系统波面的数据拟合。本节将 Zernike 多项式的优良特性进一步应用于无相位信息区域的波前数据拟合中，可有效地将条纹图低调制度点、散斑点、噪声及灰尘点予以滤除，同时拟合之，以消除其对最终测试结果的影响。

1. Zernike 多项式原理

Zernike 多项式的指导思想是将一个任意波面看作由无穷多个基面线性组合而成，若用前 n 项 Zernike 多项式来代表波面，则对于 n 次测量，有

$$W_i = a_0 + a_1 s_{1i} + a_2 s_{2i} + \cdots + a_j s_{ji} + \cdots + a_n s_{ni} \quad (i=1,2,\cdots,N; N>n) \quad (4-67)$$

式中，s_{ji} 表示第 i 个测量点上的值；系数 a_j 为相应的权因子。

假定波面处在某坐标系中，其中 z 为光轴，y–z 平面为子午面，则 s_j 可以表示为波面角坐标与径向坐标的函数：

$$s_j(r,\theta) = R_n^m(r)\mathrm{e}^{im\theta} \tag{4-68}$$

$$\iint_{x^2+y^2\leqslant 1} s_j^* s_j \mathrm{d}x\mathrm{d}y = \frac{\pi}{n+1}\delta_{mm}\delta_{nn} \tag{4-69}$$

式中，r 和 θ 分别为单位圆的半径和与 y 轴的夹角；m 和 n 是整数，n 是多项式的阶数，m 是方向角频率。其满足下列条件：

$$\begin{aligned}&n \geqslant 0\\&-n \leqslant m \leqslant n\\&n-m \text{是整数}\\&j = \frac{n(n+2)-m}{2}+1\end{aligned} \tag{4-70}$$

$$R_n^m(r) = \sum_{s=0}^{\frac{n-m}{2}} (-1)^s \frac{(n-s)!}{s!\left(\frac{n+m}{2}-s\right)!\left(\frac{n-m}{2}-s\right)!} r^{(n-2s)}$$

求 N 次测量的平均值：

$$\begin{aligned}&\overline{W} = a_0 + a_1\overline{s}_1 + a_2\overline{s}_2 + \cdots + a_j\overline{s}_j + \cdots + a_n\overline{s}_n\\&\overline{s}_j = \frac{1}{N}\sum_{i=1}^{N} s_{ji}\end{aligned} \tag{4-71}$$

由式（4-67）减去式（4-71），并令 $u_{li}=w_i-w$ 及 $u_{ji}=s_{ji}-s_j$，则有

$$u_{li} = a_1 u_{1i} + a_2 u_{2i} + \cdots + a_j u_{ji} + \cdots + a_n u_{ni} \quad (l=1,2,\cdots,n) \tag{4-72}$$

2. 离散点上正交多项式的构造

Zernike 多项式仅仅是在连续单位圆上正交，在单位圆内和圆外的离散点上并不是正交的。但在实际的应用过程中，所遇到的多是非单位圆离散点的情形。因此，有必要构造在这些点上的正交多项式。

设 $u_j(\rho,\theta)$ 为 Zernike 多项式，由单位圆上正交的 Zernike 多项式 $u_j(\rho,\theta)$ 构造在离散点上正交的多项式 $p_j(\rho,\theta)$ 的过程，即为以 u_j 的线性组合来重构一个在离散点上正交的多项式 p_j 的过程，具体表达为

$$\boldsymbol{u}_l = c_1\boldsymbol{p}_1 + c_2\boldsymbol{p}_2 + \cdots + c_j\boldsymbol{p}_j + \cdots + c_n\boldsymbol{p}_n \quad (l=1,2,\cdots,n) \tag{4-73}$$

将式（4-73）表示为矩阵形式

$$u_l = \begin{bmatrix} c_1 & c_2 & \cdots & c_n \end{bmatrix} \begin{bmatrix} p_1 \\ p_2 \\ \vdots \\ p_n \end{bmatrix} \quad (4-74)$$

p_k 和 p_j 的正交性可以表示为

$$\sum_{i=1}^{N} p_{ji} p_{ki} = 0 \quad (j \neq k) \quad (4-75)$$

按照 Gram–Schmidt 正交化方法构造 p_j，有

$$\begin{bmatrix} u_1 \\ u_2 \\ \vdots \\ u_n \end{bmatrix} = \begin{bmatrix} 1 & & & 0 \\ \alpha_{21} & 1 & & \\ \vdots & \vdots & \ddots & \\ \alpha_{n1} & \alpha_{n2} & \cdots & 1 \end{bmatrix} \begin{bmatrix} p_1 \\ p_2 \\ \vdots \\ p_n \end{bmatrix} \quad (4-76)$$

因 p_{1i} 及 p_{2i} 为正交，即

$$\sum_{i=1}^{N} p_{2i} p_{1i} = \sum_{i=1}^{N} u_{2i} u_{1i} - \alpha_{21} \sum_{i=1}^{N} p_{1i} p_{1i} = 0$$

所以，有

$$\alpha_{21} = \sum_{i=1}^{N} u_{2i} p_{1i} \bigg/ \sum_{i=1}^{N} p_{1i} p_{1i} \quad (4-77)$$

同样，作

$$\sum_{i=1}^{N} p_{1i} p_{3i} = \sum_{i=1}^{N} u_{3i} p_{1i} - \alpha_{32} \sum_{i=1}^{N} p_{2i} p_{1i} - \alpha_{31} \sum_{i=1}^{N} p_{1i} p_{1i}$$
$$= \sum_{i=1}^{N} u_{3i} p_{1i} - \alpha_{31} \sum_{i=1}^{N} p_{1i} p_{1i} = 0 \quad (4-78)$$

所以，有

$$\alpha_{31} = \sum_{i=1}^{N} u_{3i} p_{1i} \bigg/ \sum_{i=1}^{N} p_{1i} p_{1i} \quad (4-79)$$

以此类推，得

$$\alpha_{jk} = \sum_{i=1}^{N} u_{ji} p_{ki} \bigg/ \sum_{i=1}^{N} p_{ki} p_{ki} \quad (j > k) \quad (4-80)$$

根据前述公式，有

$$\alpha_{jk} = 1 \quad (j = k)$$

$$\alpha_{jk}=0 \quad (j<k) \tag{4-81}$$

根据式（4-77）、式（4-79）及式（4-80），依次求出所有系数 α_{jk}，此时 p_j 即已知。再用最小二乘法求解 c_j，即要求使方差

$$\delta^2 = \frac{1}{N}\sum_{i=1}^{N}\left(u_{li} - \sum c_j p_{ji}\right)^2 \tag{4-82}$$

为最小时系数 c_j 的值。

作最小二乘求导

$$\begin{aligned}\frac{\partial \delta^2}{\partial c_j} &= -\frac{2}{N}\sum_{i=1}^{N}p_{ji}\left(u_{li} - \sum_{i=1}^{N}c_j p_{ji}\right) \\ &= -\frac{2}{N}\sum_{i=1}^{N}(u_{li}p_{ji} - c_j p_{ji}^2) \\ &= 0\end{aligned} \tag{4-83}$$

解得

$$c_j = \sum_{i=1}^{N}u_{li}p_{ji} \bigg/ \sum_{i=1}^{N}p_{ji}p_{ji} \tag{4-84}$$

虽然在离散点上 Zernike 多项式不是正交的，但是波前仍旧可以用 Zernike 多项式表达，即

$$u_l = \sum_{j=1}^{n}a_j u_j(\rho,\theta) \tag{4-85}$$

写成矩阵形式

$$u_l = \begin{bmatrix}a_1 & a_2 & \cdots & a_n\end{bmatrix}\begin{bmatrix}u_1 \\ u_2 \\ \vdots \\ u_n\end{bmatrix} = \begin{bmatrix}a_1 & a_2 & \cdots & a_n\end{bmatrix}\begin{bmatrix}1 & & & 0 \\ \alpha_{21} & 1 & & \\ \vdots & \vdots & \ddots & \\ \alpha_{n1} & \alpha_{n2} & \cdots & 1\end{bmatrix}\begin{bmatrix}p_1 \\ p_2 \\ \vdots \\ p_n\end{bmatrix} \tag{4-86}$$

将式（4-86）与式（4-85）相比，有等式

$$\begin{bmatrix}c_1 & c_2 & \cdots & c_n\end{bmatrix} = \begin{bmatrix}a_1 & a_2 & \cdots & a_n\end{bmatrix}\begin{bmatrix}1 & & & 0 \\ \alpha_{21} & 1 & & \\ \vdots & \vdots & \ddots & \\ \alpha_{n1} & \alpha_{n2} & \cdots & 1\end{bmatrix} \tag{4-87}$$

据此，可以写出 a_j 的代数表达式

$$a_n = c_n$$

$$a_j = c_j - \sum_{n=j+1}^{N} \alpha_{ij} a_j \quad (j=1,2,\cdots,n-1) \qquad (4-88)$$

$$a_0 = \overline{w} - \sum_{j=1}^{N} a_j \overline{s}_j$$

至此，Zernike 表达式系数已完全求得。

3. 计算步骤

离散点上波前数据拟合过程：

（1）计算 $j = \dfrac{n(n+2)-m}{2} + 1$。

（2）在每一个波前测量点 N，计算 Zernike 多项式 u_j。

（3）使 $k=2,3,\cdots,L$，$j=1,2,\cdots,(L-1)$，直到计算出所有系数 α_{jk} 及多项式 p_j。

（4）由波前测量值 u_j，计算所有系数 c_j。

（5）计算出所有 Zernike 多项式系数 a_j。

（6）求出拟合波面。

4. 阈值设定

对带有误差点的轮廓线上所有像素点作 Zernike 多项式拟合，计算求出相应的系数 a_j，设定一阈值 T，判定相位点的阈值条件，若 $\left| \Phi(i) - \sum_{j=1}^{n} a_j(\rho,\theta) \boldsymbol{u}_j(\rho,\theta) \right| > T$，则视为误差点，经掩模处理后，再对该区域进行 Zernike 多项式拟合，以 $\sum_{j=1}^{n} a_j(\rho,\theta) \boldsymbol{u}_j(\rho,\theta)$ 值取代之，重构波面形状。

5. 试验及结论

采用相移干涉术对一物体进行计算机模拟仿真。图 4.5（a）所示为未加掩模处理，带有误差点的物体波面形状。图中突跳区域表示误差点对波面的影响。图 4.5（b）所示为将误差点掩模并在这些点插值后进行 Zernike 多项式拟合的结果。

另有一点需要讨论的是：Zernike 多项式特别适合于圆孔径拟合情形；而对于方孔径而言，由于在离散点上运用 Zernike 多项式构造正交基，因此本算法亦可使用。

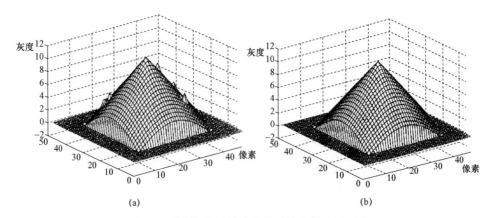

图 4.5 采用相移干涉术进行的计算机模拟测试
（a）未加掩模处理，带有误差点的物体波面形状；
（b）将误差点掩模并在这些点插值后进行 Zernike 多项式拟合的结果

6. 新算法步骤

（1）首先寻找一条经传统算法去包裹后正确的水平线或垂直线作为基准线。

（2）垂直该基准线作传统算法去包裹得相邻一直线 $\Phi(i)$，$i=1,2,\cdots,N$。

（3）判断以上两直线的任意相邻四相位点是否满足 $R=0$，若满足，则如此继续下一行；否则，进行步骤（4）～步骤（5）。

（4）对基准线和该直线上所有点作 Zernike 多项式拟合，得 $\Phi(i)$。

（5）设定一阈值 T，当 $\left|\Phi(i)-\sum_{j=1}^{n}a_j(\rho,\theta)\boldsymbol{u}_j(\rho,\theta)\right|>T$ 时，视为"坏点"，用 $\sum_{j=1}^{n}a_j(\rho,\theta)\boldsymbol{u}_j(\rho,\theta)$ 取代 $\Phi(i)$。

（6）重复步骤（2）～步骤（5）直至边界。

4.4.4 基于相位跳变线估测的相位解包裹算法

对误差点较少的干涉图，其相位跳变点较少。此时，若能估测出跳变点的大致位置并予以去除，则相位解包裹误差就可局限于一个窄的区域内，不致传播，并可在后续的拟合程序中将其平滑掉。

首先，在相位图中判断出跳变线的大致位置。在跳变线区域内，任取一条相位包裹线并对其作 FFT，经频域滤波后作 IFFT。然后，设定一阈值 T，当像素点 (i,j) 处在 $|j-p_1|<T$ 或 $|j-p_2|<T$ 范围内时，以该像素点为始点作相位

解包裹；否则，以 p_1 或 p_2 为始点作相位解包裹。

本算法归结如下：

（1）任取相位包裹一条，作 FFT。

（2）作频域滤波后作 IFFT。

（3）求出跳变线大致位置 p_{ij}。

（4）设定一阈值 T，如 50 个像素，对某一行若 $|j-p_j|<T$，则以 (i,j) 点为始作相位解包裹（如后续点 $+2\pi$ 或 -2π）；否则，以 p_j 为始点作相位解包裹。

本算法的优点是简单、有效；缺点是只适合处理误差点较少的情形，若跳变误差太多，会引起 p_{ij} 位置确定的混乱。

4.4.5 基于理想平面拟合的相位解包裹算法

对于所测物体近乎平面这一特定情形（如光学表面粗糙度的测量），能否在相位解包裹之前获得一最小二乘意义下的理想平面？进而以此平面为基准进行相位解包裹呢？回答是肯定的。

将平面相位场表达成一理想平面，有

$$\Phi(x,y) = \alpha x + \beta y + r \tag{4-89}$$

式中

$$\alpha = \frac{\partial \Phi(x,y)}{\partial x}$$
$$\beta = \frac{\partial \Phi(x,y)}{\partial y} \tag{4-90}$$

对于平面测量而言，包裹相位场的导数正是平面的斜率。对其作最小二乘意义下的拟合，有

$$S_x = (\min) \sum_i^N \left(\frac{\partial \Phi(x,y)}{\partial x} - \alpha \right)^2 \tag{4-91}$$

$$S_y = (\min) \sum_j^M \left(\frac{\partial \Phi(x,y)}{\partial y} - \beta \right)^2 \tag{4-92}$$

解得

$$\alpha = \frac{1}{N} \sum_i^M \frac{\partial \Phi(x,y)}{\partial x} \tag{4-93}$$

$$\beta = \frac{1}{M}\sum_{j}^{N}\frac{\partial \Phi(x,y)}{\partial y} \tag{4-94}$$

由此，即可得到理想平面，$\overline{\Phi}(x,y) = \alpha x + \beta y + r$。由于相位测量是相对的，故 r 可取任意值，此处取 $r=0$。

相位解包裹可表达为

$$\Phi(x,y) = (\min)\{W[\Phi(x,y)] - \overline{\Phi}(x,y) \pm 2n\pi]\} \tag{4-95}$$

由于在相位解包裹的过程中，各像素点间无关，因此误差点仅出现在该点上，避免了误差的传播。实际上，这一算法为一种准并行方法，对于光滑平面的测量非常有效。

4.5 路径相依型相位解包裹算法

对某幅 $M \times N$ 大小的数字包裹相位图，所谓二维相位解包裹问题的离散化处理，是指 $\psi_{ij} = \phi_{ij} + 2\pi k$，$-\pi < \psi_{ij} \leq \pi, i=0,1,2,\cdots,M-1, j=0,1,2,\cdots,N-1$，$k$ 为整数。对于某个位置的包裹相位值 ψ_{ij}，要确定相同格点位置上的相位解包裹值 ϕ_{ij}。假设 ϕ_{ij} 的相位差小于 π，ϕ 包含噪声对未知相位 φ 的影响。

4.5.1 Goldstein 枝切算法

Goldstein 枝切算法由 Goldstein 于 1988 年提出。其基本思想是用枝切连接邻近的极点，使得极点得到平衡。枝切连接极点与图像边缘，极点也可得到平衡，使得枝切总长达到最小。1989 年，Huntley 提出通过简单的最近邻算法连接极性相反的极点对，使得两极枝切的长度和大约达到最小。1995 年，Cusack、Huntley 和 Goldrein 等对最近邻算法进行了改进，并将其与改进前的最近邻算法、稳态婚姻法和模拟退火法进行了对比，指出了改进前的最近邻算法和稳态婚姻法只能使局部的枝切最短，而模拟退火法能总体优化使枝切最短，但费时。并通过实验证明了改进的最近邻算法优化枝切放置最为有效。但是这四种算法都只能得到枝切总长度最小的近似解。随后，同年，Buckland、Huntley 和 Turner 等应用基于图形理论方法找到使得枝切长度和达到最小的枝切结构——最小费用匹配算法。此算法找到的是最小化问题的真解而不是近似解，它能使枝切总长达到真正的最小，其运行时间与极点数的平方成正比。

由于其他枝切算法限于两极切口，Goldstein 枝切算法产生的枝切形式更加普遍，可按团（Clump）而不是按对连接极点，而且算法在枝切放置优化方面非常有效且执行速度很快。

Goldstein 枝切算法由三个帧骤构成：

Step1：极点的识别。

Step2：枝切的产生。

Step3：沿枝切线的路径积分——flood fill。

Step1：极点的识别。

相位解包裹中，相位不连续点是指在包裹相位的整个二维阵列中，每 2×2 个样本作为路径，沿此闭路径计算包裹相位差（梯度）的积分或和时发现了不连续性，即闭积分路径积分值不为零，标记为不连续点，这些不连续点为留数或极点（Residues）。

对包裹相位阵列 $\psi(m,n)$，其 2×2 闭路径中的真实梯度（即相位微分）通过包裹相位差的包裹得到，即

$$\Delta_1 = W\{\psi(m,n+1) - \psi(m,n)\} \tag{4-96}$$

$$\Delta_2 = W\{\psi(m+1,n+1) - \psi(m,n+1)\} \tag{4-97}$$

$$\Delta_3 = W\{\psi(m+1,n) - \psi(m+1,n+1)\} \tag{4-98}$$

$$\Delta_4 = W\{\psi(m,n) - \psi(m+1,n)\} \tag{4-99}$$

式中，W 为包裹算子，它将所有变量的值包裹在 $(-\pi, \pi]$ 上。

$$q = \sum_{i=1}^{4} \Delta_i \tag{4-100}$$

根据 q 值是正的还是负的，称极点是正极点或负极点，若为 0，则为非极点。

对图 4.6 中箭头指示的 2×2 闭路径中的情况，$\Delta_1 = -0.2$，$\Delta_2 = -0.1$，

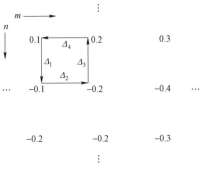

图 4.6　相位图

$\Delta_3 = 0.4$，$\Delta_4 = -0.1$。利用式（4-11）计算留数负荷。此时为零，说明没有不连续点或极点存在。

对于图 4.7 中箭头指示的 2×2 闭路径中的情况，$\Delta_1 = -0.4$，$\Delta_2 = -0.2$，$\Delta_3 = -0.3$，$\Delta_4 = -0.1$。注意此时 $\Delta_3 = W\{0.3 - (-0.4)\} = -0.3$。计算留数负荷 $q = -1.0$。这里留数负荷不为零，把这个留数标为负极点。

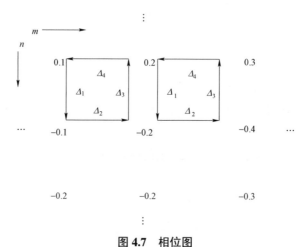

图 4.7　相位图

当存在极点时，从另一个像素开始，计算某一个像素上的解包裹相位，与积分路径有关，沿两条路径从一个像素到另一个像素，得到两个不同的解包裹相值。若不存在极点，相位可沿任意路径解包裹，且结果与路径无关；若存在极点，则极性相反的极点之间必须放置枝切以避免路径相依的结果。

极点是由四个像素定义的，四个像素中的左上边的那个像素记作极点。

图 4.8 所示为极点分布图，其中黑点表示负极点（177），白点表示正极点（50）。即可推断出一幅相位图的正负极点数并不相等。但是 Goldstein 的枝切法思想中达到平衡的连接方式，除了正负极点枝切相连平衡外，还有极点与边界枝切连接平衡。

Step2：枝切的产生。

枝切的作用就是平衡极点，使得任意闭路径所围的区域中包含个数相同的正负极的极点或区域中根本不存在极点。所有的枝切都放置到位，以及所有的极点都已平衡，可

图 4.8　极点分布图

沿不穿过枝切的任意路径对相位进行解包裹。相位解包裹问题就转换成选择好的枝切的问题。

Goldstein 枝切产生流程如图 4.9 所示。

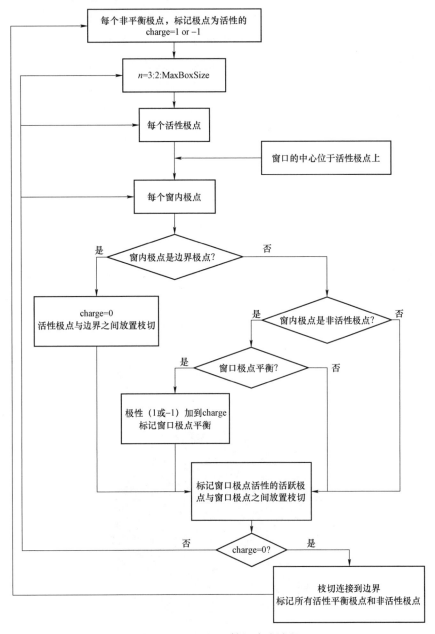

图 4.9　Goldstein 枝切产生流程

一个像素一个像素地扫描相位图，直到找到一个极点为止。然后在这个极点的周围放置一个 3 像素×3 像素的正方形窗口。在窗口内继续搜索另一个极点，若找到，则两个极点之间放置一枝切，无论这两个极点的极性是否相同。若极点的极性相反，则极点由枝切连接后，它们被认为是平衡的；若极点的极性相同，则在此 3 像素×3 像素窗口内继续搜索，每当遇到新的极点，则用枝切将其同窗口中心的极点连接起来，即使此极点已经同其他极点连接，此连接仍然进行。若此极点还没有同其他极点连接，则其极性（+1 或 –1）加到其他极点的极性之和上；若此极点已经同其他极点连接，则其极性不再加上，因为其极性已经考虑在内了。当累积负荷达到零时，这些极点就认为达到平衡。留数定理确保了这些平衡后的极点使得相位解包裹与积分路径无关。若 3×3 窗口的搜索结束，累积负荷不等于零，则将盒子的中心轮流放置在窗内其他的每个极点上，继续搜索。若累积负荷还是不等于零，则将此窗口扩大到 5 像素×5 像素，轮流将其中心位于每个极点上。窗口的扩大和存放直到累积负荷为零或窗口达到图像的边缘或窗口大小达到限定要求为止。当窗口达到图像的边缘时，图像边缘上放置一枝切，极点被认为是平衡的，因为枝切阻止路径积分围绕这些极点。

Step3：沿枝切线的路径积分——flood fill。

Goldstein 枝切算法的路径积分，应用 flood fill 算法，如图 4.10 所示。此算法保存像素坐标的列表，以记住哪些像素毗连解包裹像素。此列表称作毗连列表。算法存储解包裹值在一个阵列中，此阵列称作解阵列。

图 4.10 枝切图

图 4.11 所示为算法的基本过程：选择一个初始像素，此像素的相位存储为解包裹值，存储在解阵列中。然后此像素的四个相邻像素解包裹，解包裹的值存储在解阵列中，这些像素插入毗连列表中。从列表中选择（或移走）一个像素，解包裹，四个相邻像素插入列表中，注意避免枝切像素以及已经解包裹的像素。最后毗连列表变空了，意味着要么所有的像素都已经解包裹，要么图像

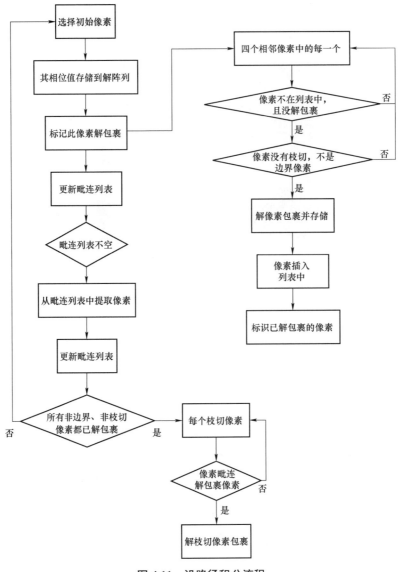

图 4.11 沿路径积分流程

中存在一个区域，被枝切分隔开来。在孤立区域内选择一个初始像素，重复上述步骤，对孤立区域进行解包裹。所有非枝切像素都已经解包裹后，毗连解包裹像素的枝切像素解包裹。此步骤一定要完成。因为，严格来讲，枝切位于像素之间，而不是在它们的上面。只解毗连解包裹像素的枝切像素，主要是避免解包裹穿过枝切这个问题。

图 4.12 所示为枝切法解包裹相位图。

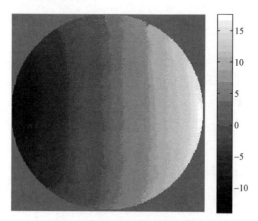

图 4.12　枝切法解包裹相位图

Goldstein 枝切算法是经典的路径相依型算法。运算速度快，一般情况下，结果令人满意。但是在高噪声环境下，由于大量极点的存在，枝切往往变得过于复杂，且有时会形成某些孤立区域，造成这些区域的不可解。

4.5.2　质量导引路径相依型算法

质量导引路径相依型算法从完全不同的角度解决相位解包裹问题。使用了相位数据中除极点之外的其他信息用于积分路径的选择。质量图与相位极点数据进行比较表明：污染的相位（极点）有低质量的倾向。这给出了相位解包裹的思路，积分路径沿着高质量的像素，而避开低质量的像素。此方法不能识别极点，也不能产生枝切。它主要基于一个假设——一个质量好的相位图，可以导引积分路径，而不围绕任何非平衡极点。这个假设有一定风险，但在实际应用中，令人惊奇的是，此方法非常可靠。

质量导引路径相依型相位解包裹算法：近几年，有几个统计量用来衡量像素相位值的可靠性。应用这些统计量测量整个待解包裹区域就产生了质量图。质量图由一个阵列组成,阵列中的值决定了每个相位值的质量或可靠性。利用质量图衡量可靠性的解包裹算法称为质量导引路径相依型算法。常用的主要有 4 种质量图:相关图、伪相关图、相位微分变化图(相位变异量图)和最大相位梯度图。

(1) 相关图:在处理干涉测量合成孔径雷达(IFSAR)数据时,常用到的是相关图。特定的相关系数直接从 IFSAR 数据中得到。

(2) 伪相关图:它评估相位值之间的相关系数,定义为

$$|z_{mn}| = \frac{\sqrt{\left(\sum \cos \psi_{ij}\right)^2 + \left(\sum \sin \psi_{ij}\right)^2}}{k^2} \quad (4-101)$$

式中,求和是在每个中心像素 (m, n) 的 $k \times k$ 邻域中进行的 $\sum_{i=m-k/2}^{m+k/2} \sum_{j=n-k/2}^{n+k/2}$;$\psi_{ij}$ 是包裹相位值,一般取 $k=3$。

(3) 相位微分变化图:它是相位微分变化的一个统计衡量。既然它包含了微分,那么这种质量图更适合于有陡峭梯度变化的相位数据处理。它定义为

$$\Delta_{ij}^x = W\{\psi_{(i+1),j} - \psi_{ij}\} \quad i=0,1,2,\cdots,M-2, j=0,1,2,\cdots,N-1 \quad (4-102)$$

$$\Delta_{ij}^x = 0 \quad \text{其他} \quad (4-103)$$

$$\Delta_{ij}^y = W\{\psi_{i(j+1)} - \psi_{ij}\} \quad i=0,1,2,\cdots,M-1, j=0,1,2,\cdots,N-2 \quad (4-104)$$

$$\Delta_{ij}^y = 0 \quad \text{其他} \quad (4-105)$$

$$z_{mn} = \frac{\sqrt{\left(\sum \Delta_{ij}^x - \overline{\Delta}_{mn}^x\right)^2} + \sqrt{\left(\sum \Delta_{ij}^y - \overline{\Delta}_{mn}^y\right)^2}}{k^2} \quad (4-106)$$

式中,(i, j) 在每个中心像素 (m, n) 的 $k \times k$ 邻域中变化;Δ_{ij}^x 和 Δ_{ij}^y 是包裹相位的偏微分;$\overline{\Delta}_{mn}^x$ 和 $\overline{\Delta}_{mn}^y$ 是 $k \times k$ 窗口内的相位偏微分平均值。式(4-106)得到的是 x 和 y 方向的偏微分变化的均方根值。这种相位微分变化图与之前的相关图和伪相关图不同,它指出的是相位数据不好的程度,而不是好的程度。将质量值取反即可代表好的程度。

(4) 最大相位梯度图:测量的是 $k \times k$ 邻域中每个像素的最大相位梯度(如包裹相位差的偏导数)。定义为 $\max\{|\Delta_{ij}^x|\}$ 与 $\max\{|\Delta_{ij}^y|\}$ 中的最大值。其中 Δ_{ij}^x 和 Δ_{ij}^y 是包裹相位的偏微分,最大值是在中心像素 (m, n) 的 $k \times k$ 邻域中比较的。

与相位微分变化图一样,反映的是相位数据不好的程度,需要取反来代表好的程度。

采用相位微分变化图作为质量图。如图 4.13 所示,其中黑色表示高质量像素点,白色表示低质量像素点,即质量值越小说明质量越好。

图 4.14 所示为质量图导引解包裹相位图。质量导引路径相依型算法的步骤:选择高质量初始像素以及其四个邻近像素;这些邻近像素解包裹,并存放在毗邻列表。算法按迭代帧骤进行。列表中具有最高质量的像素从列表中移走。此像素的四个邻近像素解包裹,并放在列表中,像素按质量级数顺序存储。若邻近像素已经解包裹,则此像素不再放入列表中。迭代的过程将最高质量的像素从列表中移走,解四个邻近像素的包裹,然后插入列表,直到所有的像素都解包裹完毕。262×262 区域,共用时 580.221 785 s。

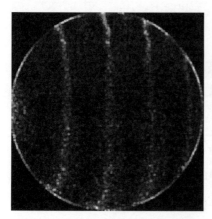

图 4.13 相位微分变化图作为质量图

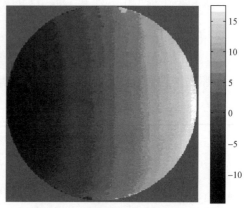

图 4.14 质量图导引解包裹相位图

质量导引路径相依型算法的关键是要有一个好的质量图。若存在一个质量好而且可靠的质量图,则此算法比 Goldstein 算法的效果要好。因为此算法根本不能识别极点,所以不能保证此算法没有围绕一个非平衡的极点而引进错误的 2π 的倍数的误差。

4.6 最小范数二维相位解包裹算法

当包裹相位图 ψ 中在很多位置存在大量极点时,需要放置大量枝切。这就会给依路径解包裹带来困难,使解包裹不能进行或完全失败。

最小范数二维相位解包裹算法可以识别极点，而不用放置枝切。

$$J = |\varepsilon|^p = \sum_{i=0}^{M-2}\sum_{j=0}^{N-1}\left|\phi_{(i+1)j} - \phi_{ij} - \Delta_{ij}^x\right|^p + \sum_{i=0}^{M-1}\sum_{j=0}^{N-2}\left|\phi_{i(j+1)} - \phi_{ij} - \Delta_{ij}^y\right|^p \quad (4-107)$$

$$\Delta_{ij}^x = \begin{cases} W\{\psi_{(i+1)j} - \psi_{ij}\} & i=0,1,2,\cdots,M-2; j=0,1,2,\cdots,N-1 \\ 0 & 其他 \end{cases} \quad (4-108)$$

$$\Delta_{ij}^y = \begin{cases} W\{\psi_{i(j+1)} - \psi_{ij}\} & i=0,1,2,\cdots,M-1; j=0,1,2,\cdots,N-2 \\ 0 & 其他 \end{cases} \quad (4-109)$$

式中，上标 x 和 y 指的是 i 方向和 j 方向的相位差；W 是包裹算子。

满足使 J 值最小的解包裹值 ϕ_{ij} 称为最小 L^p 范数解。

要使 J 值最小，即转化为求 ϕ_{ij} 使式（4-98）最小的问题。可对式（4-98）求全微分并令其为零，此时对应的 ϕ_{ij} 即为最小范数解。经过各种数学变换，最小范数解 ϕ_{ij} 满足以下方程：

$$\begin{aligned}&(\phi_{(i+1)j} - \phi_{ij} - \Delta_{ij}^x)U(i,j) + (\phi_{i(j+1)} - \phi_{ij} - \Delta_{ij}^y)V(i,j) - \\ &(\phi_{ij} - \phi_{(i-1)j} - \Delta_{(i-1)j}^x)U(i-1,j) - (\phi_{ij} - \phi_{i(j-1)} - \Delta_{ij}^y)V(i,j-1) = 0\end{aligned} \quad (4-110)$$

式中

$$U(i,j) = \begin{cases} \left|\phi_{(i+1)j} - \phi_{(ij)} - \Delta_{ij}^x\right|^{p-2} & i=0,1,2,\cdots,M-2; j=0,1,2,\cdots,N-1 \\ 0 & 其他 \end{cases}$$

$$V(i,j) = \begin{cases} \left|\phi_{i(j+1)} - \phi_{ij} - \Delta_{ij}^y\right|^{p-2} & i=0,1,2,\cdots,M-1; j=0,1,2,\cdots,N-2 \\ 0 & 其他 \end{cases}$$

乍看之下要解方程（4-110）非常困难，但实际解算过程比较简单。最小 L^p 范数的计算方法可以利用已发展较成熟的加权最小二乘思想。与加权最小二乘法不同的是，当 $p \neq 2$ 时，L^p 范数算法能通过输入数据产生自己的梯度权值，而不需要另外提供。

对求解加权最小二乘解常用的方法有 Picard 迭代法和 PCG（Precontinoned Conjugate Gradient）法等。而这些方法中都是通过对不加权最小二乘解进行迭代来求解的。接下来将介绍四种不加权最小二乘求解方法。

1. 直接根据最小二乘法的定义求解

对于 20×20 区域解包裹，用时高达 678.6 s。

2. 采用离散余弦变换（Discrete Cosine Transform，DCT）法求解

对 262×262 区域解包裹（见图 4.15、图 4.16），用时 6.297 000 s。

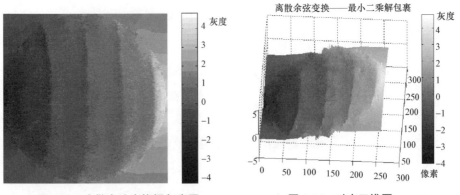

图 4.15　离散余弦变换解包裹图　　　　图 4.16　对应三维图

3. 采用快速傅里叶变换（Fast Fourier Transform，FFT）法求解

对 262×262 区域解包裹（见图 4.17、图 4.18），用时 4.125 000 s。

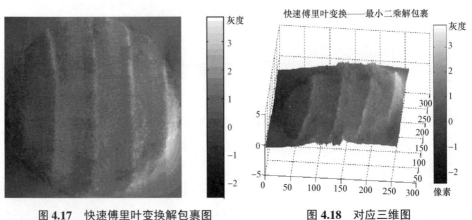

图 4.17　快速傅里叶变换解包裹图　　　　图 4.18　对应三维图

4. 通过直接求 Poisson 方程来求解

对于 262×262 区域解包裹（见图 4.19、图 4.20），所用时间为 103.360 000 s。

图 4.19　直接求解 Poisson 方程解包裹图

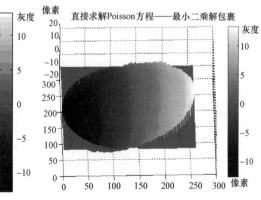
图 4.20　对应三维图

4.7　解包裹相位图平滑处理

无论是通过路径相依型或者最小范数法还是基于全局函数的解包裹算法得到的解包裹相位图都存在大量的小毛刺，而不是连续光滑的平面。这种现象的产生可以归咎于噪声、CCD 像元响应具有差异性以及相位解包裹算法本身，因为以上相位解包裹算法解包裹过程中只是加减了 2π 的整数倍，虽能解算出包裹，但并不能消除小毛刺。因此，为了消除小毛刺，可以采用平滑滤波方法，以得到光滑连续的解包裹相位图。

有两种实现方法：一种是直接对解包裹结果进行平滑滤波；另一种是采用平滑迭代解包裹算法。

平滑迭代解包裹算法能得到较平滑的解包裹相位图，但是比较费时。

对 161×161 区域进行平滑迭代解包裹（见图 4.21），用时为 52.688 s。相对于不进行平滑处理来说，其所得解包裹相位图较平滑。

直接对解包裹结果进行平滑滤波得到光滑连续的解包裹相位图，对比如图 4.22、图 4.23 所示。

本章论述了传统相位解包裹的数学模型，重点研究了实际干涉图中存在噪声、误差等因素时，导致相位突跳（或称位相截断）情形时的相位解包裹算法；深入分析了最近发展的较为实用的两个重要算法：基于 DCT 的非权重和权重的相位解包裹算法。Picard 迭代法是将非权重模型解法组成一简单迭代算式以精确求解权重模型问题；预条件共轭梯度法（PCG）是一个改进的快速收敛方法。应用这两个方法对权重的相位解包裹算法进行了迭代求解。

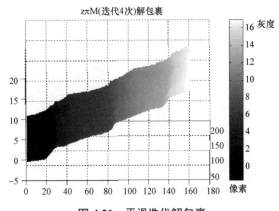

图 4.21 平滑迭代解包裹

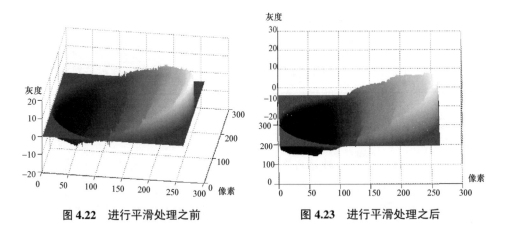

图 4.22 进行平滑处理之前　　　　图 4.23 进行平滑处理之后

分析了现有相位解包裹算法对问题的处理能力，为解决现有算法的烦琐性，提高实用性，发展了6个相位解包裹算法：

（1）基于参考相位阈值的相位解包裹算法。

（2）基于一维离散余弦变换的相位解包裹算法。

（3）运用Zernike多项式的相位解包裹算法。

（4）基于相位跳变线估测的相位解包裹算法。

（5）基于理想平面拟合的相位解包裹算法。

（6）无相位解包裹问题的相移干涉术算法。

由前述讨论，可以得出这样一个结论：相位提取算法构造与分析的焦点是被测相位的精度问题，即针对各种误差源，由算式所计算出的相位与真实相位间的误差应尽可能小；而相位解包裹算法所关注的是如何准确地判断出相位跃变的存在并去除这个跃变，以得到连续相位，即相位的可靠性问题。

第五章
干涉显微测量

干涉显微测量方法利用光波干涉原理测量表面轮廓,是光学干涉法与显微系统相结合的产物,通过在干涉仪上增加显微放大视觉系统,提高干涉图的横向分辨率,使之能够完成微纳结构的三维表面形貌测量。光学干涉显微法是一种十分重要的微纳结构表面形貌测量方法,与其他表面形貌测量方法相比,干涉显微法具有快速、非接触的优点,而且可以与环境加载系统配合完成真空、压力、加热环境下的结构表面形貌测量,因而在微电子、微机电系统及微光机电系统的结构表面形貌测量上得到广泛应用。

目前,世界上主要的光学仪器厂商都已经推出基于光学干涉显微原理的表面轮廓仪,例如 ZYGO 公司的 NewView 6000、Veeco 公司的 WYKONT 1100 等。国内对干涉显微法的研究也比较多,但集中在测量算法等软件方面的研究,系统硬件主要是通过直接购买干涉显微镜头或者干涉显微镜搭建的测量平台。

5.1 干涉显微镜

干涉显微镜是显微镜与干涉原理相结合的产物,是利用光波的干涉原理精确测量试样表面高度微小差别的计量仪器。它是利用相位干涉法来测量表面形貌的。通过判读一幅受物体表面形状调制的干涉图来提取相位信息,由相位与待测物纵向深度间的转换关系式计算得到物体微观表面形貌。

干涉显微镜具有表面信息直观和测量精度高等优点。利用光波干涉原理将被测表面的形状误差以干涉条纹图形显示出来,并利用高放大倍数(可达 500 倍)的显微镜将这些干涉条纹的微观部分放大后进行测量,以得出被测表面粗糙度。应用此法的表面轮廓的测量工具称为干涉显微镜。

采用通过样品内和样品外的相干光束产生干涉的方法，把相位差（或光程差）转换为振幅（光强度）变化的显微镜，根据干涉图形可分辨出样品中的结构，并可测定样品中一定区域内的相位差或光程差。干涉显微镜主要用于观察未经染色的标本和活细胞，测定细胞或组织的厚度及折射率，或进行试样表面粗糙度的测定。

与探针式测量方法不同的是：干涉显微测量方法不是单个聚焦光斑式的扫描测量，而是多采样点同时测量，可同时得到一个微小表面的微观形貌特征。

有不同类型的干涉显微镜，以及用于测定非均匀样品的积分显微镜干涉仪。根据分开光束的方法不同，干涉光路的结构可分为双光路和共光路两种类型。根据测量光路与参考光路是否共路，干涉显微镜可分为分光路与共光路两种类型。下面介绍常用的 Linnik、Michelson 和 Mirau 型干涉显微镜。

图 5.1（a）所示为 Linnik 型干涉显微镜。来自观测方向的光束经分束镜后分成两路，一路经显微物镜聚集在参考面上并被反射回显微物镜还原成平行光，另一路经过另一个显微物镜聚集在被测表面上，反射后经显微物镜还原成平行光，两束光经过分束棱镜重新会合后发生干涉。

在 Linnik 型干涉显微镜中，测量光路与参考光路分成两路。两光路采用完全相同的显微物镜。由于在物镜与被测面之间没有其他光学元件，因而 Linnik 型干涉显微镜可使用工作距离较短的物镜，其数值孔径可高达 0.95。物镜的放大率一般高达 100×，甚至达到 200×。

图 5.1（b）所示为 Michelson 型干涉显微镜光路示意图。来自观测方向的光束经显微物镜后被分束器分为两束，一束被参考面反射；另一束由被测面反射，两束光再次经过分束镜后汇合并发生干涉。从干涉分光方式和光路结构看，Michelson 型干涉显微镜类似于传统的 Michelson 干涉仪。所不同的是，Michelson 干涉仪（包括 Fizeau、Twyman–Green 及 Mach–Zehnder 干涉仪）是一种宏观测量，它们测量的是表面形状或表面形状误差，而 Michelson 型干涉显微镜是一种显微放大测量，测量的是物体表面的微观形貌。

Michelson 型干涉显微镜的特点是测量光路与参考光路共同使用一个显微物镜，因而在测量时两束干涉光不会因物镜的不同而引入附加的光程差。此外，由于测量光路与参考光路近似共路，因此抗干扰能力强。但由于在物镜和被测表面之间需放置分光板，因此只能使用工作距离较长的显微物镜，致使显微物镜的数值孔径受到限制，横向测量分辨率较低。Michelson 型干涉显微物镜的放大率一般只有 1.5×、2.5× 和 5×。

图 5.1（c）所示为 Mirau 型干涉显微镜。来自光学系统成像光路的光束经显微物镜后透过参考板，由分光板上的半反半透膜分成两束，一束透过分光板投射到被测面上，反射后经分光板和参考板回到显微物镜；另一束被分光板反射到参考板下表面，反射后回到分光板并再次被反射，透过参考板回到显微物镜。两束光在显微物镜视场中会合并发生干涉。

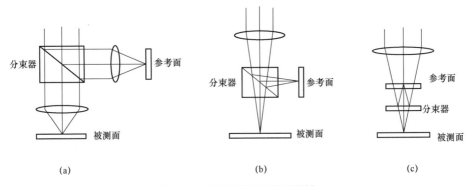

图 5.1 三种类型的干涉显微镜
（a）Linnik 型；（b）Michelson 型；（c）Mirau 型

与 Michelson 型干涉显微镜相比，Mirau 型干涉显微镜也只使用了一个显微物镜，在物镜和被测表面之间也放置了分光器件，不同的是 Mirau 型干涉显微镜的测量光与参考光共用一个光路，而不是测量光与参考光分为两路。因而 Mirau 型干涉显微镜的抗干扰能力、横向测量分辨率都要强于 Michelson 型干涉显微镜。显微物镜的放大率为 10×、20× 和 40×。

Linnik 与 Michelson 型干涉显微镜为分光路干涉显微镜，Mirau 型干涉显微镜为共光路干涉显微镜。在 1.2.3 节提到的微分干涉光学探针也是一种共光路干涉显微镜。

无论是分光路还是共光路，都是干涉术与显微术相结合的产物，干涉图作为信息载体。对于这种干涉图的处理方法有很多，从精度上考虑以利用相移技术较佳，即将相位测量法中的相移干涉术与干涉显微术相结合进行相位提取和恢复。

分光路和共光路两种类型的干涉显微镜都能够用于显微形貌测量中。对于分光路干涉显微镜，由于参考光束与测量光束沿着分开的路径行进，因此机械振动、大气扰动、温度变化等外界干扰对两束相干光的影响不同，从而使干涉图像对外界干扰十分敏感。如果不严格限定测量条件（隔振、恒温及封闭良好的环境），要进行精密测量是不可能的。解决干涉显微镜测量精度与抗干扰能力之间矛盾的最有效方法是采用共光路干涉体系。

目前，用于表面微观形貌测量的光学干涉显微镜基本都是双光路干涉显微结构，在物镜和被测面之间没有任何光学元件，可以根据不同的应用要求使用不同倍率、不同工作距离的物镜，因此在温度、压力等特殊环境下的结构表面形貌测量中得到了应用。

图 5.2 所示为基于干涉显微原理的表面微观形貌测量系统组成示意图，其核心是一个光学干涉显微测量系统，包括干涉显微镜以及作为扫描器（VSI 模式）与移相器（PSI 模式）的 PZT 平台及其控制器。干涉显微测量系统根据测量模式要求采集被测表面干涉图以后，就可以应用相应算法对干涉图进行处理，提取出被测面的表面形貌。

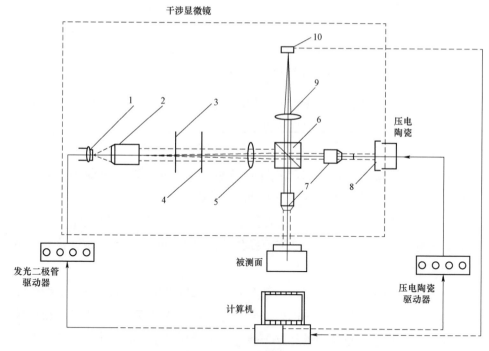

图 5.2 基于干涉显微原理的表面微观形貌测量系统组成示意图
1—发光二极管；2—准直物镜；3—光圈；4—滤光片；5—聚焦透镜；6—分束器；
7—显微物镜；8—参考平面镜；9—成像透镜；10—CCD 摄像机

图 5.2 中的干涉显微镜主要包括：发光二极管（LED）、滤光片、分束器、显微物镜、参考平面镜、成像透镜和 CCD 摄像机。系统采用日本东芝公司的

TLSH180P 型 LED 作为 VSI 模式光源，通过安装中央波长为 632 nm 的窄带滤波片实现 PSI 模式单色光源的切换。平面参考镜安装在 PZT 平台上，可以根据测量样品表面的反射率进行选择更换，以求达到良好的干涉条纹对比度。对硅基微纳结构的表面，应选用反射率为 30%的参考平面镜。根据林尼克结构的特点，系统采用移动参考平面镜的方法实现了 VSI 扫描和 PSI 相移，通过驱动平面参考镜沿光轴方向运动来移动测量平面。这种方法将扫描器和移相器合为一体，简化了系统结构，降低了系统成本。但是，对于 VSI 模式的测量，移动参考镜的方法要求样品台阶高度必须在物镜的焦深范围内，测量范围受限于物镜的数值孔径。由于 PSI 模式的相移和 VSI 模式的扫描对测量平面的移动精度要求很高，在纳米量级甚至更高，因此系统采用德国 PI 公司 P753.1CD 型 PZT 纳米定位台作为系统 VSI 模式的扫描器和 PSI 模式的移相器，其定位精度为 1 nm，行程为 12 μm。

将偏振技术与干涉相位测量技术结合起来可有效地解决衍射光学元件表面形貌测量的难题。其测量系统如图 5.3 所示。

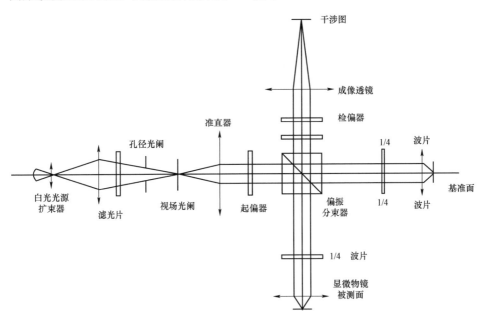

图 5.3 偏振相移干涉显微测量系统

偏振相移干涉显微测量系统的原理是：测量光路中来自白光光源的光束经过照明系统并被滤光后均匀照明视场光阑再经过准直器形成平行光，平行光通过起偏器后变成线偏振光,线偏振光经过偏振分束器 PBS 后分成两束,一束是 P 光,经过 1/4 波片后被显微物镜聚焦在参考面上,反射后返回波片并被转换成 S 光,被反射一束是 S 光,经过另一套 1/4 波片后被显微物镜聚焦在被测面上,反射后返回波片并被转换成 P 光透过。两束光经过 PBS 后会合在一起,然后通过 1/4 波片和检偏器发生干涉,测量时从 PBS 到参考面的光程与从 PBS 到被测面中一假想基准面的光程调节到等光程。此时如果被测面上某一测量点偏离基准面,则在两束干涉光中引入了相位差,干涉光强受到相位及被测表面形貌的调制。将检偏器旋转一定的角度以改变两束干涉光的相位差,使干涉图像发生变化,再重新对干涉图像进行采样。如此依次进行,直到完成要求数量的干涉图像采样后,计算机对采集的数据进行一系列的计算和处理,最后将被测面的三维表面形貌显示在计算机屏幕上。

从结构上看,测量系统主要由照明系统干涉显微系统摄像头、采集卡以及微型计算机系统等部分组成。干涉显微系统形成的干涉图像由摄像头接收,采集卡将接收到的图像数字化后存入计算机,这样就完成了一幅干涉图像的采样。

5.2 微分相衬干涉显微测量系统

在采用微分相衬干涉显微镜作为主体的显微测量系统中,加入步进电动机驱动相移器件、CCD 摄像机、图像采集电路、微型计算机等部分,共同组成相移干涉表面微观形貌测量系统。测量系统结构框图如图 5.4 所示。系统由干涉显微镜、相移器件、CCD 摄像机、图像采集电路、微型计算机、帧进电动机及驱动电路等部分组成。

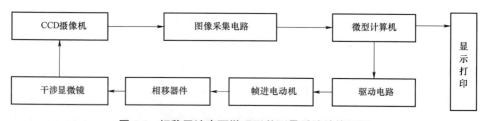

图 5.4 相移干涉表面微观形貌测量系统结构框图

测量系统的工作原理为:微分相衬干涉显微镜形成的干涉图像被成像在

CCD 靶面上。图像采集电路将 CCD 摄像机接收到的图像数字化后送入计算机，并完成一幅干涉图像的采样。计算机控制帧进电动机驱动检偏器旋转一定的角度，以实现对干涉图像的移相，然后图像采集电路再完成一幅图像采样。如此依次进行，直到完成所需要的多幅干涉图像的采样。

5.2.1 微分相衬干涉显微镜

微分相衬干涉显微镜属于双光束偏振干涉技术，与普通干涉显微测量、相衬显微测量相比，干涉图像边缘清晰，且边缘部分引起的光程差以光强度差的形式表现出来，使图像形成特有的浮雕性。它属于偏振光双光束共光路干涉显微镜，采用这种光路的干涉显微镜，为实验工作中的相移干涉显微测量系统的高抗干扰能力奠定了基础。在本章中，对于微分相衬干涉显微测量系统的硬件系统和测量数据处理算法及软件，做一个详细介绍。

图 5.5 所示为 XJC-1 型微分相衬干涉显微镜外形，也称波面剪切干涉显微镜。

图 5.5 XJC-1 型微分相衬干涉显微镜外形

干涉显微镜配备有 4×、10×、25×、40× 和 63× 的显微物镜。每种倍率的物镜分别配置有各自的 Nomarski 棱镜。

微分相衬干涉显微物镜的有关性能参数如表 5.1 所示。

表 5.1 微分相衬干涉显微物镜的有关性能参数

物镜	数值孔径 NA	Wollaston 棱镜分束角	剪切量 ΔX
PC4×	0.10	20″	2.71 μm
PC10×	0.25	15″	1.09 μm
C25×	0.40	20″	0.68 μm
40×	0.65	20″	0.39 μm
PC63×	0.85	20″	0.29 μm

显微镜中的干涉图像既可通过目镜直接观察，也可由电视监视器进行实时显示，或由打印机按照 256 灰度级的图像打印输出。

由于干涉图像具有较强的立体感，因此可与测得的表面三维形貌图进行直接比较，以便定性判断测量结果的正确性。而表面三维形貌的实际测量精度，则由测量结果数据与标准形貌数据（对于有标准数据的试件而言）的偏差进行计算。

5.2.2 图像采集电路

图像采集电路原理框图如图 5.6 所示。

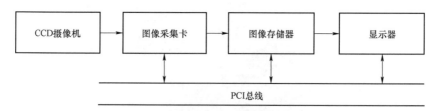

图 5.6 图像采集电路原理框图

本测量系统采用中国科学院自动化研究所研制的 CA－MPE－1000 黑白图像采集卡及 MINTRON MTV－1881EX 型（物镜 $f'=16$ mm，$F=1.8$）CCD 摄像机，像敏区域为 7.95 mm×6.45 mm，分辨率为 795 像素×596 像素。CCD 的视频模拟信号作为采集卡输入，经滤波、A/D 转换成 8 b 数字视频信号后，通过 PCI 总线传送到计算机内存。采集卡的图像分辨率为 768 像素×576 像素，灰度为 256 级。

图像采集电路的主要技术指标如下：

A/D 采样频率：　　　　　　9～15 MHz

图像采集速度：　　　　　　1～30 帧/s

存储容量：　　　　　　　　512×800×8 b 图像 1 幅
图像采集分辨率：　　　　　768 像素×576 像素
灰度精度：　　　　　　　　±1/256
点阵扰动：　　　　　　　　不大于 3 ns
扫描制式：　　　　　　　　625 行/50 Hz

5.2.3　相移驱动系统

相移干涉显微测量系统，是在微分相衬干涉显微镜的基础上，加入波片相移装置及图像采集处理系统形成的。利用波片相移装置的干涉相位差与检偏器方位角的线性关系产生等间距满周期的相移，应用相移干涉技术实现对被测物体表面微观形貌的高精度测量。

在微分相衬干涉显微镜的相干复合光路中加入 1/4 波片及检偏器作为相移器件。旋转检偏器，两相干光束的光程差随之变化，从而改变了干涉相位，达到了相移的目的。检偏器采用了插入式的机械结构设计，并带有格值刻度为 3°的旋转手轮，以实现对检偏器的人工操作。检偏器与旋转手轮间由两组齿轮实现传动。

为了使测量过程全部自动化，并且达到更精确的移相精度，采用 36BF-02B 型帧进电动机带动检偏器旋转。帧进电动机由计算机直接进行驱动。图 5.7 所示为检偏器驱动系统原理框图。

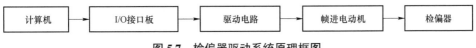

图 5.7　检偏器驱动系统原理框图

5.3　微分相衬干涉显微成像光路

微分相衬干涉显微术是偏振光干涉显微术，干涉的两束光是由对入射线偏振光进行微分剪切而造成的。

5.3.1　光路结构

微分相衬干涉显微光路结构原理如图 5.8 所示。光源发出的白光经起偏器后变为线偏振光，经光路转折后进入由两个光轴互相垂直的双折射直角棱镜黏

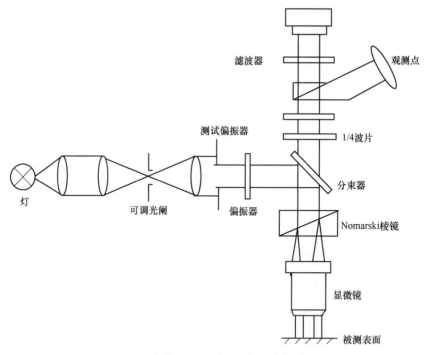

图 5.8 微分相衬干涉显微光路结构原理

合而成的 Nomarski 棱镜。当来自起偏器的线偏振光第一次通过 Nomarski 棱镜时，在棱镜胶合面上被剪切成振动方向互相垂直的两束分离的线偏振光，当这两束线偏振光由被测物反射并按原路穿过 Nomarski 棱镜时，则被复合。复合光穿过 1/4 波片后，在两束光之间产生了恒定的相位差，再穿过检偏器后两束光振动方向相同，满足干涉条件，因此发生干涉。

与其他各种类型的干涉显微镜相比，微分相衬干涉显微镜的关键之处是在光路中加入了 Nomarski 偏振分光棱镜，以实现对光束的微分剪切及复合偏振的作用。棱镜的双折射使两束光沿垂直于光轴方向产生一个横向位移ΔX，同时棱镜所引入的光程差使两波前又产生一个沿轴向的纵向位移ΔY。

5.3.2 数学模型

图 5.9 给出了光路中 1/4 波片和检偏器相对于 Nomarski 棱镜的位置关系，α 为 1/4 波片的快轴与 X 轴的夹角，θ 为检偏器透光轴与 X 轴的夹角。设 Nomarski 棱镜的剪切方向为 X 方向，它将入射线偏振光分解为振动方向互相垂直的两个分量 E_x 和 E_y，其经被测表面反射并由棱镜复合共线后，产生了相位差 $\varphi(x,y)$。

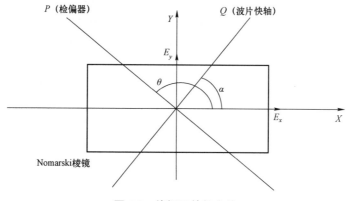

图5.9 偏振元件的方位

采用斯托克斯（Stokes）矢量和密勒（Mueller）矩阵对成像光路进行数学描述，这样较用琼斯（Jones）矢量和琼斯矩阵简单明了。斯托克斯矢量用下面的分量表示偏振态：

$$S = \begin{bmatrix} S_1 \\ S_2 \\ S_3 \\ S_4 \end{bmatrix} = \begin{bmatrix} E_x^2 + E_y^2 \\ E_x^2 - E_y^2 \\ 2E_x E_y \cos\varphi \\ 2E_x E_y \sin\varphi \end{bmatrix} \quad (5-1)$$

式中，E_x 和 E_y 分别为偏振光在 X、Y 方向的电矢量的振幅大小；φ 为两个振动方向间的相位差。就物理意义而言，分量 S 代表了偏振光的光强。式（5-1）恰好描述了从 Nomarski 棱镜出射后的光的偏振态。

偏振光通过各种偏振元件后，其出射光的偏振态会发生变化。偏振元件对偏振光的作用在数学上可以抽象为一个矩阵对一个矢量的作用，这个矩阵就是密勒矩阵，它是一个 4×4 的方阵。

为获得一般性的结论，我们设波片的相位延迟为 δ，则波片的密勒矩阵为

$$M(\alpha,\delta) = \begin{bmatrix} 1 & 0 & 0 & 0 \\ 0 & \cos^2(2\alpha) + \sin^2(2\alpha)\cos\delta & \sin(2\alpha)\cos(2\alpha)(1-\cos\delta) & -\sin(2\alpha)\sin\delta \\ 0 & \sin(2\alpha)\cos(2\alpha)(1-\cos\delta) & \sin^2(2\alpha) + \cos^2(2\alpha)\cos\delta & \cos(2\alpha)\sin\delta \\ 0 & \sin(2\alpha)\sin\delta & -\cos(2\alpha)\sin\delta & \cos\delta \end{bmatrix}$$

$$(5-2)$$

检偏器的密勒矩阵为

$$M(\theta) = \frac{1}{2}\begin{bmatrix} 1 & \cos(2\theta) & \sin(2\theta) & 0 \\ \cos(2\theta) & \cos^2(2\theta) & \sin(2\theta)\cos(2\theta) & 0 \\ \sin(2\theta) & \cos(2\theta)\sin(2\theta) & \sin^2(2\theta) & 0 \\ 0 & 0 & 0 & 0 \end{bmatrix} \quad (5-3)$$

设式（5-1）描述的偏振矢量（S_1　S_2　S_3　S_4）经波片 $M(\alpha,\delta)$ 和检偏器 $M(\theta)$ 的作用后，变为 $(S'_1\ S'_2\ S'_3\ S'_4)$，则有

$$\begin{bmatrix} S'_1 \\ S'_2 \\ S'_3 \\ S'_4 \end{bmatrix} = M(\theta)M(\alpha,\delta)\begin{bmatrix} S_1 \\ S_2 \\ S_3 \\ S_4 \end{bmatrix} \quad (5-4)$$

我们感兴趣的是从检偏器透出的光强 S'_1，将式（5-2）和式（5-3）代入式（5-4），经运算可得

$$S'_1 = \frac{1}{2}\left\{S_1 + \left[\frac{S_2}{2}\cos(2\theta) + \frac{S_3}{2}\sin(2\theta)\right](1+\cos\delta)\right\} + \frac{1}{2}S_4 \sin\delta \sin(2\theta - 2\alpha) + $$
$$\frac{1}{4}\{[S_2\cos(2\theta) - S_3\sin(2\theta)]\cos(4\alpha) + [S_2\sin(2\theta) + S_3\cos(2\theta)]\sin(4\alpha)\}(1-\cos\delta)$$

$$(5-5)$$

该式即微分相衬干涉显微成像的数学模型。

取其简单而特殊的情形，即当波片为 1/4 波片 $\left(\delta = \dfrac{\pi}{2}\right)$，其快轴与 X 轴的夹角 $\alpha = 45°$ 时，式（5-5）可简化为

$$S'_1 = I' + I''\sin[2\theta + \varphi(x,y)] \quad (5-6)$$

式中，$I' = \dfrac{1}{2}(E_x^2 + E_y^2)$，$I'' = E_x E_y$。可以看出，干涉光强不仅与表面形貌相位值 $\varphi(x,y)$ 有关，而且和检偏器透光轴与剪切方向的夹角 θ 有关。当检偏器以恒速旋转时，干涉相位差随之作线性变化，使得干涉场上各点的干涉光强在亮与暗之间作正弦变化，从而实现了对干涉场的相位调制。

图 5.10 所示为微分干涉相衬显微测量系统中任一像素点的光强与检偏器方位角 θ 的实测离散数值以及拟合所得到的曲线。从图中可以看出，干涉光强是检偏器方位角 θ 的正弦曲线，当 θ 从 0°变到 360°时，光强变化两个周期，这与式（5-6）的描述完全相同。从图中看出，当 θ 等于零时，光强并不在中值，这是由于式（5-6）中 $\varphi(x,y)$ 不为零。

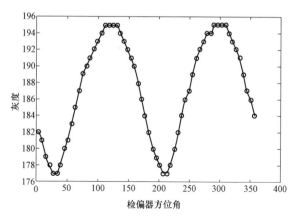

图 5.10 微分干涉相衬显微测量系统中任一像素点的光强与检偏器方位角 θ 的实测曲线

5.3.3 被测相位

在微分干涉相衬显微测量系统中，被测相位 $\varphi(x,y)$ 不仅与被测表面形貌有关，而且与 Nomarski 棱镜在光路中的位置有关，下面分别对它们进行讨论。

1. 被测表面形貌引起的相位差

设被测表面形貌为 $H(x,y)$，Nomarski 棱镜的剪切量为 ΔX，则表面形貌 $H(x,y)$ 在 $(x,x+\Delta X)$ 微区内的高度变化 $\Delta H_x(x,y)$ 引起的相位差为

$$\Phi(x,y) = \frac{4\pi}{\lambda}\Delta H_x(x,y) \tag{5-7}$$

式中，λ 为光波波长；$\Delta H_x(x,y) = H(x+\Delta X,y) - H(x,y)$，即表面形貌的差分。

2. Nomarski 棱镜引起的相位差

Nomarski 棱镜由两块双折射直角棱镜胶合而成，胶合后的分光棱镜为一平行平板。两直角棱镜的光轴都平行于棱镜表面且相互正交（见图 5.11）。当光线垂直入射到棱镜上表面时，被第一直角棱镜分裂成传播速度及振动方向不同而光线方向一致的两束线偏振光：一束是振动方向垂直于光轴、折射率为 n_o 的寻常光 o；另一束是振动方向平行于光轴、折射率为 n_e 的非常光 e。这两个光波因相速度不同，故随着在晶体中行进距离的增加，它们之间的相位差也就增大了。

当 o 光与 e 光行进到棱镜胶合面上时，由于下块棱镜主截面的主轴与上半块棱镜主截面的主轴垂直，因此折射时，o 光变成了非常光 oe，e 光变成了寻常光 eo。至此，发生了 o 光和 e 光的转换。转换后的两束光自下块棱镜出射时

在界面上又折射一次，成为发散光射向显微物镜。oe 光与 eo 光间的微小夹角就是剪切角，一般小于 30″，以确保射向物体时两个偏振光的分离量略小于显微镜的分辨率。

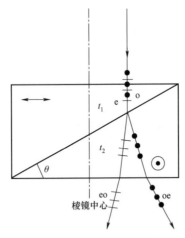

图 5.11　Nomarski 棱镜光路

投向被测表面的光线经反射后，返回棱镜，并再次发生 o 光和 e 光的转换。若以上、下两直角棱镜厚度相等处作为 Nomarski 棱镜中心，并设显微镜光轴偏离棱镜中心的距离为 a，光线在第一直角棱镜中行进的距离为 t_1，在第二直角棱镜中行进的距离为 t_2，则两束正交偏振光在 Nomarski 棱镜中的光程差为

$$\Delta = 2(n_o - n_e)(t_1 - t_2) = 4(n_o - n_e)a\tan\theta_w \quad (5-8)$$

因此，由 Nomarski 棱镜引起的相位差为

$$\beta = \frac{8\pi}{\lambda}(n_o - n_e)a\tan\theta_w \quad (5-9)$$

式中，λ 为光波波长；θ_w 为棱镜楔角。

由式（5-9）可以看出，相位差 β 是 Nomarski 棱镜位置 a 的线性函数，β 不仅与棱镜材料和棱镜形状有关，而且与照明波长有关。

从以上分析可知，被测相位分布 $\varphi(x,y)$ 由两部分组成，即

$$\varphi(x,y) = \Phi(x,y) + \beta \quad (5-10)$$

式中，$\Phi(x,y)$ 为被测表面形貌引起的相位分布；β 为 Nomarski 棱镜沿剪切方向的位置引起的相位差。

5.3.4 干涉图像

将式（5-7）和式（5-10）代入式（5-6），可以得到微分干涉相衬显微镜中干涉图像的光强分布为

$$I(x,y) = I' + I'' \sin\left[2\theta + \frac{4\pi}{\lambda}\Delta H_x(x,y) + \beta\right] \quad (5-11)$$

由于剪切量 ΔX 较小，因此可用一阶微分代替差分

$$I(x,y) = I' + I'' \sin\left[2\theta + \frac{4\pi}{\lambda}\frac{\partial H(x,y)}{\partial x}\Delta X + \beta\right] \quad (5-12)$$

从式（5-12）可以看出，当被测表面形貌在 ΔX 微区内的高度梯度不为零时，致使两相干光束产生一定的光程差，在视场中表现为强烈的光强变化，表面形貌高度梯度大的地方其光强的变化也较强烈，这使得人们通过图像可以直观地观察到表面形貌的微观细节变化。转动检偏器，相干光束的相位差随之变化，可以使被测面上的正斜率部分以暗区出现，负斜率部分以亮区出现，零斜率部分以中等灰出现，从而产生阴影效果增强相衬，形成微分干涉相衬像所特有的浮雕性。

图 5.12 所示为氯化钠晶体干涉图像（显微物镜放大倍率为 10×）。

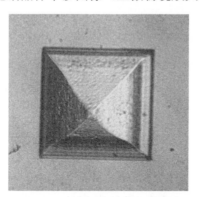

图 5.12 氯化钠晶体干涉图像

5.4 测量数据处理

测量系统的数据分析及处理包括以下几个方面：① 根据采集到的每一帧图像的灰度值信息，用相位提取算法进行相位提取计算；② 由相位与差分的关系式计算各像素点的差分值；③ 将形貌测量数据经复化梯形积分后得到表

面高度分布，并以差分的积分图（三维立体形貌图）的形式表示出来；④ 计算各个评定表面质量粗糙度的参数以对待测面进行定量分析。

5.4.1 形貌计算

由式（5-7），得到表面形貌沿 x 方向的差分为

$$\Phi(\Delta H_x(x,y)) = \frac{\lambda}{4\pi}\Phi(x,y) \qquad (5-13)$$

式中，$\Delta H_x(x,y) = H(x+\Delta X,y) - H(x,y)$ 为表面形貌的差分；λ 为光波波长。

表面形貌的差分可用泰勒（Taylor）级数表示为

$$\Delta H_x(x,y) = \frac{\partial H(x,y)}{\partial x}\Delta X + \frac{1}{2}\frac{\partial^2 H(x,y)}{\partial x^2}\Delta X^2 + \cdots \qquad (5-14)$$

略去 ΔX 的高阶小量，可以得到表面形貌的差商：

$$\frac{\Delta H_x(x,y)}{\Delta X} = \frac{\partial H(x,y)}{\partial x} + \frac{1}{2}\frac{\partial^2 H(x,y)}{\partial x^2}\Delta X \qquad (5-15)$$

对于精密表面，由于 $\partial H(x,y)/\partial x$ 很小，因此 $\partial^2 H(x,y)/\partial x^2$ 就表示了表面的曲率。设被测表面的曲率半径为 $R(x,y)$，则有

$$\frac{\Delta H_x(x,y)}{\Delta X} = \frac{\partial H(x,y)}{\partial x} + \frac{1}{2}\frac{\Delta X}{R(x,y)} \qquad (5-16)$$

由于剪切量 $\Delta X = 1.09\ \mu m$（10×物镜），且对于一般机械加工表面，比较普遍的情况是斜率为 1°和曲率半径大于 1 mm 的情况，而对超精加工表面，曲率半径接近于无穷大，因此有

$$\frac{\partial H(x,y)}{\partial x} \gg \frac{1}{2}\frac{\Delta X}{R(x,y)} \qquad (5-17)$$

此时，可用一阶差商来近似微分，即

$$\frac{\partial H(x,y)}{\partial x} = \frac{\Delta H_x(x,y)}{\Delta X} = \frac{\lambda}{4\pi}\frac{\varphi(x,y)}{\Delta X} \qquad (5-18)$$

得

$$\Delta H_x(x,y) = \frac{\partial H(x,y)}{\partial x} \cdot \Delta X \qquad (5-19)$$

因此，表面形貌沿 X 方向的斜率 $S_x(x,y)$ 可写为

$$S_x(x,y) = \frac{\partial H(x,y)}{\partial x} = \frac{\lambda}{4\pi}\frac{\varphi(x,y)}{\Delta X} \qquad (5-20)$$

由于测量系统使用的是数字图像采集系统,因此表面斜率的坐标变量被离散化了。设测量系统沿 X 方向的采样点数为 n,则斜率 $S_x(x,y)$ 在 X 方向被离散化为 $S_x(x_i,y)$,$i=0,1,2,\cdots,n$。要从表面斜率的离散数据中求出其形貌值,必须借助于数值积分方法。

将积分区间(即采样长度 l)划分为 n 等份,则积分帧长(采样间隔)$\Delta l = \dfrac{l}{n}$,分点为 $x_i = i\Delta l$,$i=0,1,2,\cdots,n$。积分帧长 Δl 与 $\Delta H_x(x,y)$ 及剪切量 ΔX 的关系如图 5.13 所示。利用复化梯形求积方法计算表面形貌,即

$$H(x_i,y) = \sum_{k=1}^{n} \frac{\Delta l}{2}[S_x(x_{k-1},y) + S_x(x_k,y)] \quad i=1,2,\cdots,n \quad (5-21)$$

由于复化梯形求积法具有二阶收敛性,而且由于积分帧长(采样间隔)足够小,因此对于较光滑表面它就具有足够的求积精度。

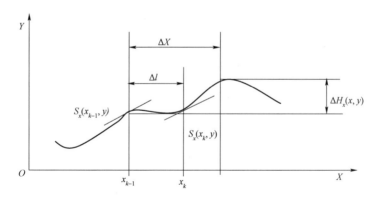

图 5.13 积分帧长 Δl 与 $\Delta H_x(x,y)$ 及剪切量 ΔX 的关系

计算机采用的实际算法如下:

$$\begin{cases} H(x_i,y) = H(x_{i=1},y) + \dfrac{\Delta l}{2}[S_x(x_{i=1},y) + S_x(x_i,y)] \\ H(x_0,y) = 0 \quad i=1,2,\cdots,n \end{cases} \quad (5-22)$$

5.4.2 粗糙度参数的定义及计算

粗糙度标准以及工业领域中使用的测量和评定方法,都是基于物体截面轮廓的二维评定,因此,在微分干涉表面形貌测量系统中,主要计算二维表面轮廓特征参数。要得到三维表面轮廓特征参数,根据所求出的被测面上所有二维

表面轮廓特征参数的数值，求平均后即可。

1. 最小二乘中线

最小二乘中线的定义如下：在取样长度内，轮廓曲线上各点的轮廓偏距（在测量方向上轮廓曲线上的各点至基准线的距离）的平方和为最小。它是具有几何轮廓形状并划分轮廓的基准线，如图5.14所示。

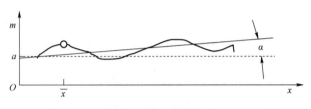

图 5.14　最小二乘中线

设中线方程为

$$m = a + \tan\alpha(x - \bar{x}) \quad （5-23）$$

式中，$\bar{x}$ 为取样长度中点的横坐标。

轮廓测量值 H_i 与中线的轮廓偏距为

$$Z_i = (H_i - m)\cos\alpha \quad （5-24）$$

由最小二乘中线的定义，有

$$\sum_{i=1}^{N}[(H_i - m)\cos\alpha]^2 = \min \quad （5-25）$$

上式的解为

$$\begin{cases} \tan(2\alpha) = \dfrac{2\Delta l\left[\sum\limits_{i=1}^{N} iH_i - a\dfrac{N(N+1)}{2}\right]}{(\Delta l)^2 \dfrac{N(N^2-1)}{12} - \sum\limits_{i=1}^{N} H_i^2 + a^2 N} \\ a = \dfrac{1}{N}\sum\limits_{i=1}^{N} H_i \end{cases} \quad （5-26）$$

式中，Δl 为采样间隔；H_i 是与 $i\Delta l$ 相对应的轮廓测量值；N 为采样点数。

2. 轮廓算术平均偏差 Ra

轮廓算术平均偏差 Ra 定义为：在取样长度内，轮廓偏距 $y(x)$ 绝对值的算术平均值，即

$$Ra = \frac{\sum_{i=1}^{N}|y_i|}{N} \qquad (5-27)$$

式中，y_i 为第 i 点的轮廓偏距。测量表面粗糙度时，不应包括气孔、砂眼、擦伤和划痕等表面缺陷。也就是说，测量时应去除表面粗大误差。如果不同部位的表面粗糙度数值很分散，则可以取它们的平均值作为该表面的粗糙度数值。也可以分别将各部位的测量结果标出，让用户自己去决定应如何给出评定结果。

实际计算时，编制了 leastsquare1 及 leastsquare2 软件。前一软件的运算过程是：用最小二乘法对轮廓曲线上各点的高度离散值作一次多项式拟合，求出该一次多项式的斜率和截距，从而构成直线方程，该方程即轮廓曲线的最小二乘中线。对轮廓曲线上每一点的高度离散值到该直线的距离的绝对值求和并取平均，即可得每一轮廓线的 Ra 值。在程序运行时输入 y 坐标值，可分别计算得到被测曲面上特定的二维轮廓曲线，以及它的最小二乘中线及 Ra 值输出。后一软件的运算过程是：将被测面上每一条轮廓曲线的 Ra 值求和并取平均，计算出曲面的轮廓算术平均偏差并输出。

图 5.15 所示为▽12.5（轮廓算术平均偏差 $Ra>0.02\sim0.04~\mu m$）粗糙度样块相移干涉图。四帧干涉图的相移量分别为 0、$\pi/2$、π 和 $3\pi/2$，由传统快速四帧算式提取各像素点相位，并由式（5-22）计算得到表面形貌。

图 5.16 所示为▽12.5 粗糙度样块的形貌图，图 5.17 所示为图 5.16 在 $y=200$ 处的轮廓算术平均偏差 Ra。从图 5.17 中看出，测量出来的该二维轮廓 Ra 值等于 $0.104\,02~\mu m$，整个曲面上 Ra 平均值为 $0.136\,37~\mu m$，而所测样品的实际 Ra 值在 $0.02\sim0.04~\mu m$。出现数值上差异的原因是：由于 Nomarski 棱镜的剪切量 ΔX 小于显微镜分辨率极限，因此无法直接获得它的实际测量值，在进行表面形貌计算时只能代入 ΔX 的设计值，这必然会给最后的计算结果带来较大的误差；另外，Nomarski 棱镜所引入的相位差 β 要精确地调整到零是非常困难的。由于上述两项均是由光学系统结构决定的固定常数，因此可以用标准样块来定标，并在今后的测量中乘以该定标系数。上述 Ra 比值并不能说明是系统的定标系数，因为最重要的一点是棱镜的剪切方向只得到了粗调，尚需一帧精调才能确定被测量的精确值。

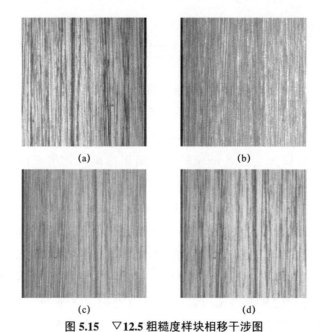

图 5.15 ▽12.5 粗糙度样块相移干涉图

（a）相移量为 0；（b）相移量为 π/2；（c）相移量为 π；（d）相移量为 3π/2

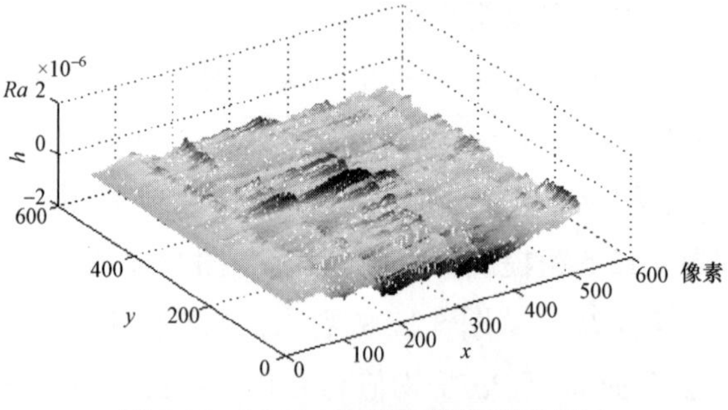

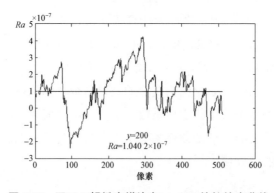

图 5.16 ▽12.5 粗糙度样块的形貌图

图 5.17 ▽12.5 粗糙度样块在 $y=200$ 处的轮廓曲线

5.5 测量流程及软件框图

帧进电动机驱动检偏器到位后，根据电视监视器显示的干涉图像进行调焦。移动样品台选择测量区域，测量系统自动完成移相、采样及相位和形貌的计算，并显示出三维形貌图和粗糙度参数 Ra。对所采集到的每一帧图像可运行窗口设置程序 getsmall，其用以在计算机屏幕所显示的图像上选择 N 像素×N 像素运算区域，从而进行针对性的计算，减少运算量。整个测量工作流程如图 5.18 所示。图 5.19 所示为测量系统主程序框图，图 5.20 所示为测量系统数据处理

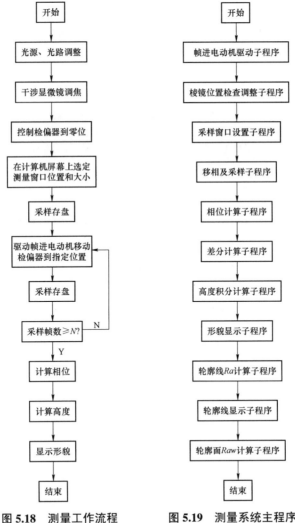

图 5.18　测量工作流程　　图 5.19　测量系统主程序框图

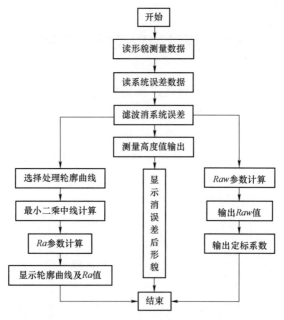

图 5.20 测量系统数据处理程序框图

程序框图。测量系统使用计算机进行采样控制和数据处理,帧进电动机的控制程序采用汇编语言,数据采集软件在 VC++语言环境里编制,数据处理软件在 MATLAB 环境下工作。

本章的主要内容是:用矩阵分析法建立了测量系统的数学模型;找出了光强与检偏器方位角、检偏器与干涉相位差间的关系式;根据该关系式及光路结构,在相移干涉相衬显微镜中加入偏振相移装置,实现了对干涉光强的调制,达到了相移的目的。将相移干涉相衬显微测量系统的各组成部分用计算机软件进行了连接;编制了一套测试软件及多组数据处理软件。

第六章
微分相衬干涉显微测量

1952 年，Nomarski 在相差显微镜原理的基础上发明了微分干涉差显微镜（Differential Interference Contrast microscope，DIC 显微镜）。DIC 显微镜又称 Nomarski 相差显微镜（Nomarski Contrast Microscope），其优点是能显示结构的三维立体投影影像。与相差显微镜相比，其标本可略厚一点，折射率差别更大，故影像的立体感更强。它不仅能观察无色透明的物体，而且图像呈现出浮雕状的立体感，并具有相衬镜检术所不能达到的某些优点，观察效果更为逼真。

图 6.1 所示为微分相衬干涉显微镜的反射式及透射式光路示意图。微分相衬干涉显微镜的物理原理完全不同于相差显微镜，技术设计要复杂得多。微分相衬干涉利用的是偏振光，有四个特殊的光学组件：偏振器（Polarizer）、微分相衬干涉棱镜、微分相衬干涉起偏器和检偏器（Analyzer）。起偏器直接安装在聚光系统的前面，使光线发生线性偏振。在聚光器中安装了石英 Wollaston 棱镜，即微分相衬干涉棱镜，此棱镜可将一束光分解成偏振方向不同的两束光（x 和 y），二者成一小夹角。聚光器将两束光调整成与显微镜光轴平行的方向。最初两束光相位一致，在穿过标本相邻的区域后，由于标本的厚度和折射率不同，引起两束光发生了光程差。在物镜的后焦面处安装了第二个 Wollaston 棱镜，即微分相衬干涉滑行器，它把两束光波合并成一束。这时两束光的偏振面（x 和 y）仍然存在。最后光束穿过第二个偏振装置，即检偏器。

在光束形成目镜微分相衬干涉影像之前，检偏器与偏光器的方向成直角。检偏器将两束垂直的光波组合成具有相同偏振面的两束光，从而使二者发生干涉。x 和 y 波的光程差决定着透光的多少。光程差值为 0 时，没有光穿过检偏器；光程差值等于波长一半时，穿过的光达到最大值。于是在灰色的背景上，标本结构呈现出亮暗差。为了使影像的反差达到最佳状态，可通过调节微分相衬干涉滑行器的纵行微调来改变光程差，光程差可改变影像的亮度。调节微分相衬干涉滑行器可使标本的细微结构呈现出正或负的投影形象，通常是一侧亮，而另一侧暗，这便造成了标本的人为三维立体感，类似大理石上的浮雕。

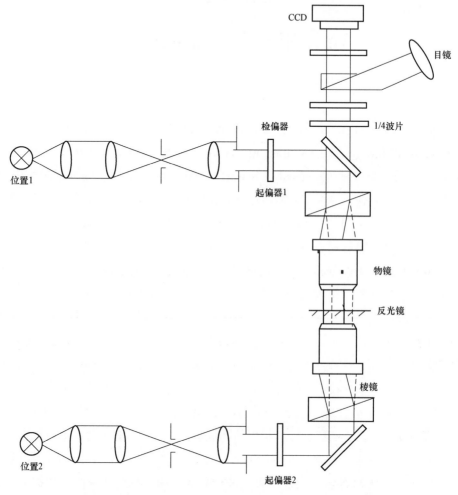

图 6.1　微分相衬干涉显微镜的反射式及透射式光路示意图

由光源发出的光波经起偏器后经半透半反镜入射至 Nomarski 偏振棱镜，棱镜将其分成两束具有微小夹角、振动方向相互垂直且振幅相等的线偏振光，通过筒长无限显微物镜后，产生剪切量为 Δx（略小于显微镜分辨率）的平行光入射到放置在载物台上的被测表面，从被测表面反射的两束正交偏振光各自经原路返回，由棱镜重新复合共线，经检偏器后成像在像面上。由于被剪切的光束产生的分离量略小于显微镜的分辨极限,因此在视场中看不到干涉条纹,通过将被测样品的相位变化转化为光强的变化,可看到具有立体感的浮雕成像。

6.1 测量系统光路的调整

测量系统要求起偏器透光轴方向、检偏器透光轴方向、1/4 波片快轴方向及 Nomarski 棱镜的剪切方向之间具有确定的位置关系,测量原理中的计算公式都是在此位置关系的基础上推导出来的。因此,在进行测量前,要对干涉显微镜光路进行调整,使其中的各光学元件的相对关系处在正确的位置上,即光学系统各元件必须精确到位,才能保证测量结果的正确可靠。

6.1.1 检偏器零位的调整

图 6.1 中,为了对检偏器零位和 1/4 波片快轴方向分别进行调整,照明系统有反射光路(光源放在位置 1 处)和透射光路(光源放在位置 2 处)两路。调整检偏器零位时,用照明系统的反射光路。具体操作如下:

首先,将一块反光镜放入物面位置,取下 1/4 波片,并将带有 Nomarski 棱镜的物镜移开。然后,松开检偏器刻度盘上的锁紧螺钉,旋转检偏器以改变系统光强输出并观察消光位置。这里,消光位置(对准精度)判断的准确性直接影响到测量精度。一般而言,消光位置的判断误差是比较大的。为了提高对准精度,可采用专门设计的半荫检偏器,或者是利用电光调制器对光束进行交流调制,以便精确寻求消光点。

上述方法尚不能定量地判断消光时的光强输出。为了进一步提高光学元件相互位置对准的准确性,用 VC++语言编制系统实时光强值显示及输出程序。观察计算机屏幕上的光强实时输出值,该输出值最小时即消光位置。此时,将检偏器的刻度盘调至零位,并锁紧。至此,检偏器的零位就调整好了。

6.1.2 1/4 波片快轴方向的调整

图 6.1 中,用照明系统的透射光路,即将光源放在位置 2 处。检偏器旋转到零位,并取下反光镜。旋转起偏器 2,使之与检偏器消光。取下 CCD 摄像机、干涉滤光片及目镜,拨动 1/4 波片的外槽,使波片旋转。通过检偏器直接用眼观察,直到视场最暗。然后,放入 CCD 摄像机、干涉滤光片及目镜,观察计

算机屏幕上的光强实时输出值,记录后重复上述调整过程,直到光强输出值最小,此时波片的快轴方向已与检偏器透光轴方向垂直。

6.1.3　Nomarski 棱镜剪切方向的调整

图 6.1 中,将光源放在位置 2 处,取下反光镜,检偏器旋转到 45°。转动起偏器 2,使光强输出值最小。将带有 Nomarski 棱镜的物镜移入光路,松开调节螺钉,旋转物镜,直到观察到最小的光强输出值。然后用螺钉锁紧物镜。此时,Nomarski 棱镜的剪切方向就调整好了。

对不同放大倍率的物镜,其 Nomarski 棱镜的剪切方向要分别加以调整。

6.1.4　Nomarski 棱镜零位的调整

棱镜零位是指棱镜对称轴与成像光轴重合的位置。此时,棱镜带入的附加相位 $\beta = 0$。为得到正确的测量结果,在正式测量前,应运行棱镜调整程序,使各像素点的 β 值调整到接近于零。其调整程序框图如图 6.2 所示。

棱镜零位调整过程如下:光源放在工作位置处,置入反光镜。首先将检偏器置于零位且和起偏器处于消光的位置,然后轻旋棱镜上的位移大螺钉,移动 Nomarski 棱镜的位置,在全程范围内找出干涉场中光强的最大值和最小值,计算出中值。固定检偏器不动,再次移动 Nomarski 棱镜,反复微移棱镜,找回光强中值位置,此位置即 Nomarski 棱镜上下两个棱镜厚度相等处,即棱镜所引起的相位差 β 近似为零的位置。此时,Nomarski 棱镜的零位就调整好了。

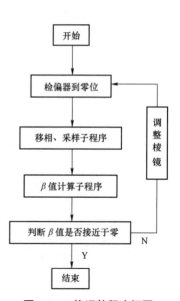

图 6.2　β 值调整程序框图

为验证这种 β 调零的方法,选用非常光滑的二级平晶作为待测件($\varphi(x,y) = \frac{4\pi}{\lambda} \frac{\partial H}{\partial x} \cdot \Delta X \approx 0$,相位中只有 β 项),当移相、采样时,所提取的相位值即 β 值。观察系统相位输出值。理论上视场中各点的 φ 值均应为零。实际 φ 值如表 6.1 所示。

表 6.1　β 输出值（X 向的像素点 1～10，Y 向的像素点 329～351）

	1	2	3	4	5	6	7	8	9	10
329	0	0.152 6	0.197 4	0.055 5	0.071 3	0.083 1	0.226 8	0.185 3	0.076 8	0.156 6
330	0	0.141 9	0.062 4	0.226 8	0	−0.062 4	0.132 6	0.211 1	0.066 6	0.148 9
331	0	0.071 3	0.245 0	0.141 9	0.197 4	0.245 0	0.124 4	0.197 4	−0.117 1	0.045 4
332	0	0	0	0.066 6	0.211 1	0.260 6	0.076 8	0	0.132 6	0.124 4
333	0.083 1	0.066 6	0.226 8	0.394 8	0.185 3	0.211 1	−0.066 6	0.117 1	0.218 7	0.270 9
334	−0.062 4	0.132 6	0.152 6	−0.066 6	0.071 3	0.226 8	0.179 9	0.278 3	0.165 1	0.233 7
335	0.197 4	0.226 8	0	0.141 9	0.211 1	0.076 8	0.211 1	0.226 8	−0.066 6	0
336	0.185 3	0.066 6	0.152 6	0.076 8	0.291 5	0.226 8	0.066 6	0	0.058 8	0.135 5
337	0.090 7	0	0.076 8	0.152 6	0.076 8	0.071 3	0.062 4	0.058 8	0	0.058 8
338	0.124 4	0	0	0	0.066 6	0	0.226 8	0.394 8	0.141 9	0
339	0	0.071 3	0.141 9	0.076 8	0.066 6	0.071 3	0.066 6	0.132 6	0.286 1	0.055 5
340	0.165 1	0.076 8	0	0	0	0.076 8	0.076 8	0	0	0.052 6
341	0.132 6	0.152 6	0.211 1	−0.066 6	0.185 3	0.124 4	0	0.174 7	0.055 5	0
342	0.278 3	0.076 8	0.179 9	0.124 4	0.110 7	0	0.062 4	−0.076 8	0	0.055 5
343	0.302 9	0.071 3	0.124 4	0.185 3	0.071 3	0	0.062 4	0	0	0.095 0
344	0.076 8	0	0	0	0	0.185 3	0	0.132 6	0.555 5	0.050 0
345	0.141 9	0.062 4	0	0	0	0.260 6	0.124 4	0.226 8	0.302 9	0.223 5
346	−0.141 9	0.666 0	0.152 6	0	0	0.185 3	0.245 0	0.348 8	0.343 0	0.110 7
347	0	0.141 9	0.165 1	−0.411 9	0.071 3	0.298 5	0.141 9	0.071 3	0.076 8	0.124 4
348	0.152 6	0.124 4	−0.066 6	0	0.226 8	0.062 4	0.165 1	0.076 8	0.185 3	0.141 9
349	0.197 4	0.179 9	0.132 6	0	0	0	0.066 6	0.066 6	0	0.104 9
350	0.066 6		−0.071 3	0.062 4	0.141 9	0	0	0.165 1	0.226 8	0
351	0.218 7	0.152 6	−0.124 4	−0.058 8	0.117 1	0.132 6	0.124 4	0.185 3	0	0.148 9

从以上数据可以看出，φ 值和理论值相差很小，而且无论棱镜向哪个方向偏离此位置，计算出的 φ 值都比上面的测量值大。所以，证明提出的 β 调零方法是正确可行的。

6.2　工作台倾斜的软件调平

在进行了前述的光路调整后，对待测物表面进行三维形貌重构，此时发现物体沿 x 轴及 y 轴方向均有明显整体逐帧抬升的趋势，且各种物体的抬升趋势保持一致。由此判定是工作台自身的倾斜导致。图 6.3 所示为倾斜校正前的平晶三维图。从图中看出，最大倾斜量为 3.3 mm。

利用"软件调平"功能调平工作台的倾斜。在 x 轴方向，以每一条轮廓线的最小二乘中线斜率为该轮廓平均斜率，以该平均斜率为新的坐标轴；y 轴方向也进行相同的过程，编制软件进行处理，即可得到倾斜校正后的平晶三维图，如图 6.4 所示。图中 $h_{\max} = 1.08$ μm。

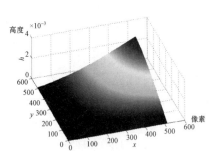

图 6.3 倾斜校正前的平晶三维图

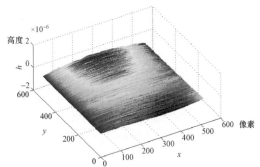

图 6.4 倾斜校正后的平晶三维图

6.3 图像滤波与平滑

从图 6.4 看出，倾斜校正后，图形中心部位仍然还有凸状起伏，即有一低频波纹度存在。经分析，该波纹度是个带有高频噪声的低频系统误差。图 6.5 是图 6.4 平晶三维图在 $y=300$ 及 $x=300$ 处的二维轮廓线，平晶的最大高度起伏为 0.8 μm，计算得到的表面粗糙度（平均值）为 0.068 μm。

采用数字信号滤波技术消除系统误差引起的波纹度。利用软件滤波器，其优点是系统函数具有可变性，仅依赖于算法结构，并且易于获得较理想的滤波性能。通过对采样数据信号进行数学运算处理来达到频域滤波的目的。利用 FFT 快速算法对输入信号进行离散傅里叶变换，得到其频谱图，根据所希望的频率特性进行滤波，再利用 IFFT 快速算法恢复出时域信号。

整个过程的关键在于 IIR 数字滤波器的设计和实现以及谱分析。图 6.6 为图 6.5（a）的频谱图，即信号频谱。从图中得到波纹度的频率为 2。运用截止频率大于 2 的高通（HP）滤波器进行频域滤波，再利用 IFFT 快速算法恢复出时域信号。针对 $y=1$ 到 $y=512$ 间的每一条轮廓线，均进行这个过程，最后得到平面滤波后的时域信号。

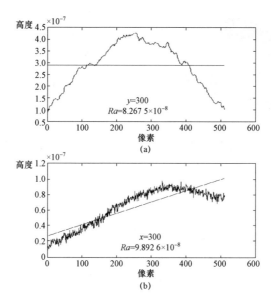

图 6.5　平晶三维图在 $y=300$ 及 $x=300$ 处的二维轮廓曲线
（a）$y=300$；（b）$x=300$

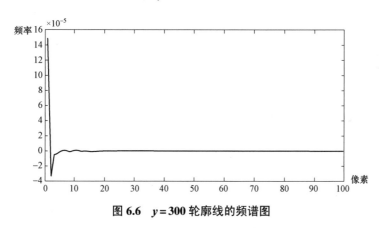

图 6.6　$y=300$ 轮廓线的频谱图

图 6.7 所示为滤波后用 IFFT 恢复出的平晶三维形貌，可以看出，此时，低频波纹度已被滤掉，但平面沿 y 向还有一个抬升。为消除这一抬升，编制 y 向校平程序。首先，对 y 向每一条轮廓线求其最小二乘中线，再以所有最小二乘中线的平均斜率为新的坐标轴，并进行坐标轴旋转。图 6.8 所示为 y 向校平后的三维图。

在完成一系列软件处理后，采用 10×10 十字形窗口进行二维中值滤波以去除在图像的数字化和传输过程中产生的高频噪声和假轮廓（见图 6.9、图 6.10）。

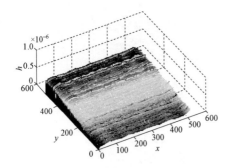

图 6.7 高通滤波后平晶三维形貌

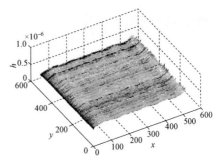

图 6.8 高通滤波后平晶三维的 y 向校平

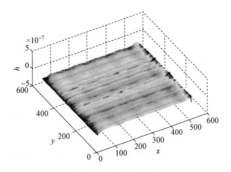

图 6.9 中值滤波去噪后的平晶三维形貌

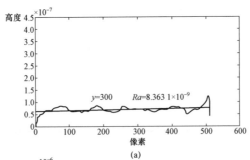

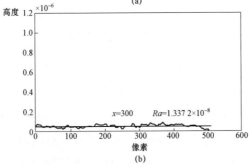

图 6.10 中值滤波去噪后的平晶二维轮廓

（a）$y=300$；（b）$x=300$

经数字图像处理后，消除了系统波纹度对 Ra 的影响，计算出的平晶表面粗糙度的平均值为 0.009 μm，比初始值减小了一个数量级，使其更接近于实际值。

在过去的测量中发现，对表面起伏峰值小于 0.15 μm 的物体，系统波纹度对测量结果的影响较大，实际上此时物体的起伏已被淹没在系统的波纹度中。在该系统误差没有消除以前，这个范围内所有物体的测量是无法进行的。对大起伏物体（峰值大于 0.30 μm），可以不进行上述滤波处理。

图 6.11 所示为 Ra 0.09 μm 粗糙度样板的三维形貌及二维轮廓。从图中看出，系统波纹度的影响还是较大的。从图 6.12 的频谱中看出，物体有两个频率，其中低频为系统波纹度，需要滤除；较高频的为物体自身起伏，需要保留。图 6.13 所示为滤波与平滑后的三维形貌及二维轮廓。

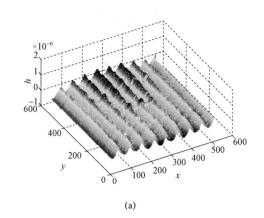

(a)

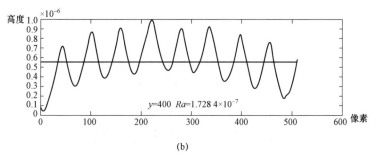

(b)

图 6.11　滤波与平滑前的粗糙度样板
（a）三维形貌；（b）二维轮廓

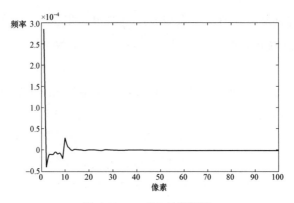

图 6.12　$y=400$ 处的频谱

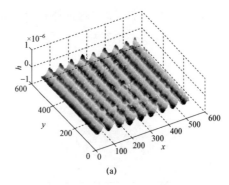

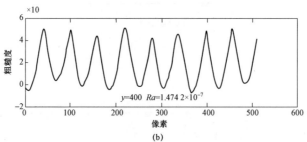

图 6.13　滤波与平滑后的粗糙度样板
（a）三维形貌；（b）二维轮廓

6.4　典型试件测量实例

6.4.1　台阶高度测量

图 6.14 给出了台阶三维形貌及二维轮廓，测得的台阶高度为 32.6 nm。经实验

测试,台阶样品底部和顶部的轮廓算术平均偏差 Ra 分别为 0.006 9 μm 和 0.005 6 μm。这些数值均是定标过的,系统进一帧的精确定标见第七章。

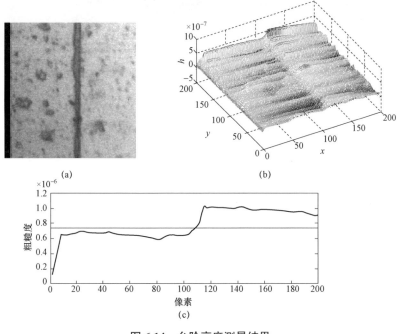

图 6.14 台阶高度测量结果
（a）干涉图像；（b）三维形貌；（c）二维轮廓

6.4.2 光盘盘片表面凹坑

光盘盘片表面凹坑（人工制作）的测量结果如图 6.15 所示。图 6.15（a）为盘片表面的干涉图像；图 6.15（b）为凹坑的三维形貌；图 6.15（c）为凹坑最深处的截面轮廓曲线,从图中可以看出,凹坑的直径约为 227 μm,深度为 447.3 nm。

6.4.3 硅片表面划痕

硅片表面划痕的测量结果如图 6.16 所示。图 6.16（a）为划痕的干涉图像；图 6.16（b）为三维形貌；图 6.16（c）为划痕最深处的截面轮廓。经测量,划痕宽度约为 50 μm,平均深度为 97.3 nm。

从上述测量实例可以直观地看出,干涉图像呈现出的表面几何状况与测量系统的三维形貌测量结果完全相同。

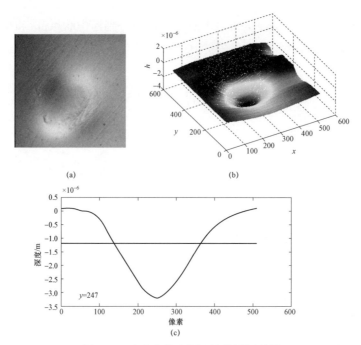

图 6.15　光盘盘片表面凹坑的测量结果
（a）盘片表面的干涉图像；（b）凹坑的三维形貌；（c）凹坑最深处的截面轮廓曲线

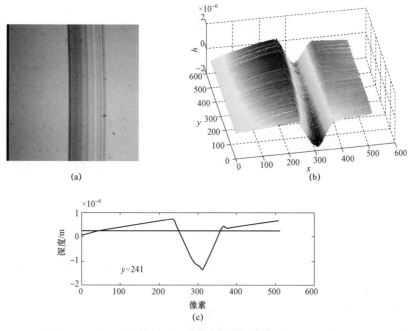

图 6.16　硅片表面划痕测量结果
（a）划痕的干涉图像；（b）划痕三维形貌；（c）划痕最深处的截面轮廓

6.5 相位解包裹实验

6.5.1 原理包裹的去除

在前面的章节中提到,由于被测相位是通过反正切函数计算的,因此相位分布只能给出反三角函数的主值区间$(-\pi,\pi)$的值,即相位值超过2π时将产生相位跳变,使相位分布成为不连续的形式。

测量系统的相位测量范围决定着系统的差分及斜率测量范围,当物体斜率变化过于陡峭时,就会超出斜率测量范围,使被测物斜率被截断在区间$\left(-\dfrac{\lambda}{4\Delta X},\dfrac{\lambda}{4\Delta X}\right)$,形成包裹高度图。

对于无噪声及误差点的干涉图,基于 4.1.2 节中的二维数学模型编制相位解包裹程序,将相位图展开。具体做法是:在二维相位矩阵中逐行扫描,对相邻像素点求其相位变化率$\Delta\varphi$,看相位函数中相邻两点的$\Delta\varphi$是否超过所设定的阈值,超过阈值即表示存在2π不定性,应去除。通过对包裹主值差的求和运算可实现相位解包裹,从而得到连续的相位分布。

图 6.17 所示为一锯齿波形样板的三维形貌重构及二维轮廓图。从图中看出,相位主值的截断使得形貌的重构图形严重失真。图 6.18 所示为相位解包裹后锯齿波形样板的三维形貌及二维轮廓图。

6.5.2 噪声包裹的去除

实际测量过程中,系统噪声、图像中的阴影、低调制度点等将导致相位的突跳,这一类情形被称作相位的噪声包裹。噪声包裹的随机性与不可测性会使相位失去原有的连续性及规律性,此时传统相位解包裹法已不适用。

去除噪声包裹的过程极为复杂,不同的相位展开路径可能得到不同的结果。当展开路径先经过出现相位解包裹错误的区域后,就会将误差传播,导致后面所有的相位展开工作都出现错误。只能视具体情形选用第四章中的各种相位解包裹算法。此时相位解包裹的过程分以下四步:判断噪声点的特性;选择相应的解包裹方法;选择好的展开路径;消除噪声点所导致的相位失真。

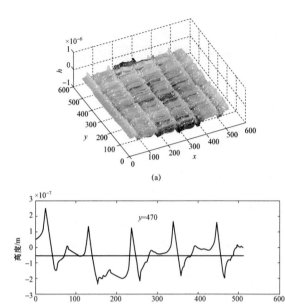

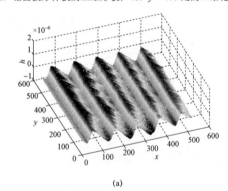

图 6.17 相位解包裹前
(a) 锯齿波形样板的三维形貌；(b) $y=470$ 处的二维轮廓

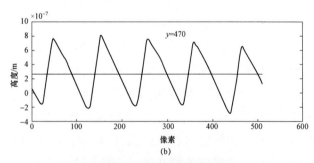

图 6.18 相位解包裹后
(a) 锯齿波形样板的三维形貌；(b) $y=470$ 处的二维轮廓

第六章 微分相衬干涉显微测量

图 6.19（a）所示为表面粗糙度样板干涉图像，注意在图像的下方有一黑点，即噪声点；图 6.19（b）为该样板三维形貌，从形貌图中可以看出噪声点导致的轮廓跳变；图 6.19（c）为相位跳变处的二维轮廓。相位跳变区域高度值如表 6.2 所示。

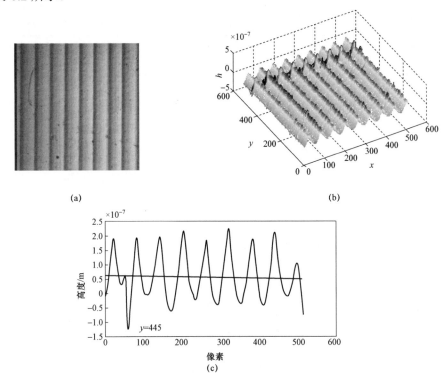

图 6.19 表面粗糙度样板的干涉图像、三维形貌重构及二维轮廓图
（a）干涉图像；（b）噪声包裹三维形貌；（c）$y = 445$ 处的二维轮廓

表 6.2 相位跳变区域高度值

	53	54	55	56	57	58	59	60	61	62	63	64
438	0.045 0	0.048 4	0.052 7	0.057 8	0.063 6	0.070 3	0.077 8	0.085 4	0.093 6	0.102 0	0.110 5	0.120 0
439	0.040 2	0.043 1	0.046 7	0.051 7	0.056 9	0.062 3	0.068 6	0.076 0	0.083 6	0.091 5	0.100 8	0.110 5
440	0.047 0	0.050 4	0.054 6	0.059 2	0.064 6	0.070 6	0.077 4	0.084 9	0.092 5	0.101 0	0.110 2	0.119 1
441	0.032 5	0.035 8	0.040 9	0.047 1	0.053 2	0.059 3	0.066 2	0.073 9	0.082 3	0.091 0	0.100 0	0.109 4
442	0.051 6	0.054 9	0.059 1	0.064 0	0.069 4	0.075 5	0.082 5	0.090 6	0.099 0	0.107 8	0.116 8	0.126 2
443	0.044 2	0.044 8	0.047 3	0.050 8	0.054 2	0.058 8	0.064 7	0.072 5	0.081 5	0.090 7	0.100 0	0.110 0
444	0.030 3	0.024 6	0.014 9	0.003 9	−0.002 5	−0.002 9	0.001 8	0.009 4	0.018 5	0.028 0	0.037 5	0.047 7
445	0.039 1	0.025 2	0.002 9	−0.038 9	−0.093 1	−0.138 2	−0.174 6	−0.204 3	−0.230 2	−0.237 5	−0.227 4	−0.217 1
446	0.045 7	0.025 9	−0.000 9	−0.044 1	−0.097 2	−0.139 6	−0.173 3	−0.201 4	−0.226 7	−0.233 9	−0.223 9	−0.213 5

续表

	53	54	55	56	57	58	59	60	61	62	63	64
447	0.056 1	0.073 7	0.100 2	0.141 7	0.190 8	0.234 0	0.275 1	0.300 0	0.308 8	0.311 7	0.326 6	0.336 1
448	0.087 7	0.100 5	0.123 5	0.146 5	0.159 7	0.170 9	0.180 7	0.190 0	0.199 5	0.209 2	0.218 8	0.228 6
449	0.107 7	0.117 7	0.128 0	0.138 8	0.149 4	0.159 4	0.169 1	0.178 6	0.188 1	0.197 7	0.207 5	0.217 9
450	0.115 4	0.123 4	0.132 5	0.142 1	0.152 0	0.161 8	0.171 8	0.181 7	0.191 8	0.201 8	0.211 7	0.222 0
451	0.140 0	0.147 6	0.156 2	0.164 9	0.173 8	0.183 2	0.192 8	0.202 3	0.212 0	0.221 4	0.231 1	0.211 3
452	0.127 0	0.133 0	0.140 0	0.147 5	0.155 7	0.164 2	0.173 3	0.183 1	0.192 8	0.202 4	0.212 3	0.222 5

从表 6.2 中看出,从第（444,56）、（445,55）及（446,55）三个像素开始,误差突跳点的存在导致三个像素行的高度值有明显跳变,从而造成了噪声相位包裹,并且误差由"好点"向"坏点"传播。

运用 4.4.4 节的"基于相位跳变线估测的相位解包裹算法",取 $p_{j_1} = 444$,$p_{j_2} = 447$,阈值 T 设定为 50。编程计算后,得到相位解包裹后的三维形貌、跳变线处的二维轮廓和高度值（见图 6.20（a）、图 6.20（b）及表 6.3）。实验结果论证了该相位解包裹算法的有效性。

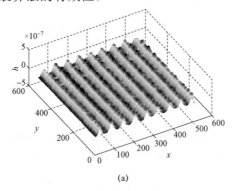

(a)

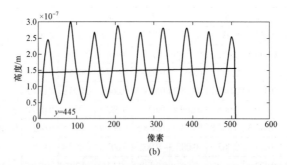

(b)

图 6.20 相位解包裹后的三维形貌及跳变线处的二维轮廓和高度值
（a）噪声包裹去除后的三维形貌；（b）包裹去除后的 $y = 445$ 处的二维轮廓

表 6.3 相位跳变区域相位包裹去除后的高度值

	53	54	55	56	57	58	59	60	61	62	63	64
438	0.264 1	0.252 2	0.239 9	0.227 6	0.215 2	0.202 7	0.190 3	0.178 2	0.166 5	0.155 1	0.144 2	0.133 8
439	0.246 0	0.234 6	0.222 5	0.210 2	0.197 9	0.185 7	0.173 7	0.162 3	0.151 3	0.140 2	0.128 9	0.118 1
440	0.225 4	0.213 7	0.201 4	0.188 9	0.176 7	0.164 5	0.152 1	0.140 3	0.128 8	0.117 3	0.106 3	0.096 2
441	0.240 2	0.228 3	0.216 0	0.203 3	0.190 7	0.178 2	0.165 5	0.153 3	0.142 0	0.131 0	0.119 9	0.109 1
442	0.251 8	0.240 2	0.227 7	0.215 1	0.202 5	0.190 3	0.178 4	0.166 6	0.154 9	0.143 4	0.132 7	0.122 7
443	0.248 7	0.237 1	0.224 5	0.211 6	0.198 8	0.186 5	0.174 2	0.161 7	0.149 9	0.138 7	0.128 0	0.118 0
444	0.255 1	0.243 8	0.231 3	0.218 2	0.205 2	0.192 8	0.180 4	0.168 0	0.155 9	0.144 1	0.133 3	0.123 3
445	0.235 2	0.223 5	0.211 2	0.198 6	0.185 5	0.172 7	0.160 0	0.147 3	0.135 6	0.124 2	0.113 3	0.103 1
446	0.220 4	0.209 3	0.197 4	0.185 0	0.172 3	0.159 6	0.147 0	0.134 4	0.121 9	0.109 6	0.098 0	0.087 3
447	0.221 4	0.211 0	0.199 8	0.187 6	0.175 1	0.162 8	0.150 5	0.138 5	0.126 6	0.114 5	0.102 4	0.091 5
448	0.215 3	0.204 5	0.192 7	0.180 4	0.168 1	0.155 8	0.143 6	0.131 4	0.119 2	0.107 0	0.094 9	0.083 5
449	0.202 8	0.192 4	0.181 3	0.169 7	0.157 9	0.145 6	0.133 3	0.121 6	0.109 6	0.097 2	0.085 1	0.074 0
450	0.189 0	0.178 1	0.166 4	0.154 1	0.141 7	0.129 4	0.117 0	0.104 4	0.091 7	0.078 9	0.066 4	0.054 8
451	0.190 4	0.179 5	0.167 6	0.155 0	0.142 5	0.130 2	0.118 4	0.106 4	0.093 8	0.081 0	0.068 1	0.056 1
452	0.127 0	0.133 0	0.140 0	0.147 5	0.155 7	0.164 2	0.173 3	0.183 1	0.192 8	0.202 4	0.212 3	0.222 5

上述算法的局限性在于不能处理误差太多的干涉图。对这类情形下相位的恢复可以运用 4.4.2 节中"基于一维离散余弦变换的相位解包裹算法"。下面就对该算法作实验验证。

图 6.21（a）所示为粗糙度样板干涉图像，在图像中间有一较大的会引起相位跳变的黑点，图像其余部分也有噪声点；图 6.21（b）为样板三维形貌，从形貌图中可以看出黑点导致的大的轮廓跳变；图 6.21（c）为跳变处的二维轮廓。

取 $y=300$ 轮廓线，在该条线上，所有的像素点均为"好点"，以此线为基准，向 $y=1$ 轮廓线方向进行 2×2 区域路径检查。对所有检查出的"坏"轮廓线作一维离散余弦变换并进行低通滤波，将误差点滤除，再进行相位解包裹。具体操作时，由于系统波纹度具有更低的频率，因此实际上需要作带通滤波。

图 6.22 所示为一条"坏"轮廓线（$y=265$ 处）的频谱图。图 6.23（a）所示为对所有"坏"轮廓线作带通滤波并进行相位解包裹后的三维形貌。图 6.23（b）所示为相位解包裹后"坏"的轮廓线（$y=265$ 处）的二维轮廓，此时，已变为"好"轮廓线。

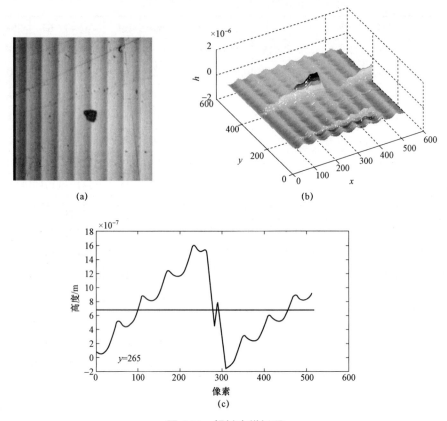

图 6.21 粗糙度样板图

（a）干涉图像；（b）噪声包裹三维形貌；（c）轮廓跳变处的二维轮廓

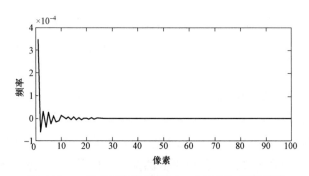

图 6.22 一条"坏"轮廓线（$y=265$ 处）的频谱图

图 6.24（a）所示为用传统相位解包裹法重构的样块三维形貌，从形貌图中可以看出黑点导致的大的轮廓跳变并没有消除，只是改变了轮廓跳变形状；图 6.24（b）所示为跳变处的二维轮廓。

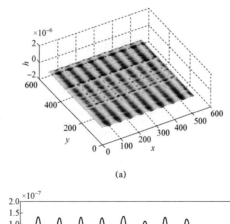

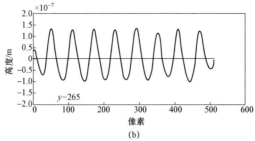

图 6.23　带通滤波解包裹的三维形貌及二维轮廓

（a）对所有"坏"轮廓线作带通滤波并进行相位解包裹后的三维形貌；（b）相位解包裹后 $y=265$ 处的二维轮廓

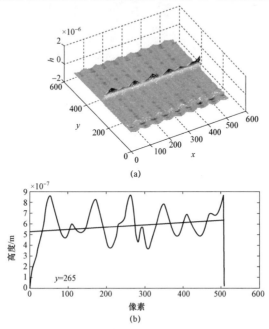

图 6.24　传统相位解包裹的三维形貌及二维轮廓

（a）用传统相位解包裹法重构的样块三维形貌；（b）跳变处的二维轮廓

6.6 Ra 测量对比实验

为了进一步考核本系统可能达到的测量精度,将测试结果与英国 Talysurf-5p 触针式轮廓仪的测量结果相比较。测量系统经光路调整后,对 $Ra=0.35~\mu m$ 的粗糙度样块进行了测量。图 6.25 所示为本系统的测量结果;图 6.26 所示为 Talysurf-5 的测量结果。测量系统使用 10× 物镜,Talysurf-5p 的触针半径为 1 μm。

图 6.25 与图 6.26 的对比结果显示:测量系统获得的轮廓曲线与 Talysurf-5p 触针式轮廓仪获得的轮廓曲线之间的几何特征完全一致。Ra 对比实验测量结果数据汇总在表 6.4 中。

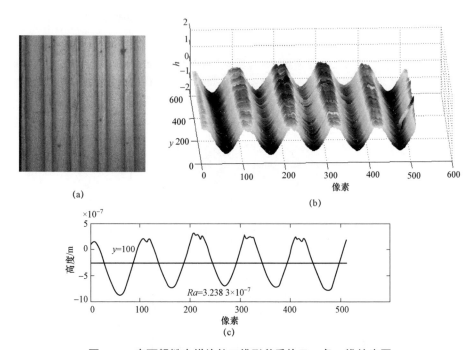

图 6.25 表面粗糙度样块的三维形貌重构及一条二维轮廓图
（a） $Ra=0.35~\mu m$ 的粗糙度样块干涉图像；（b）三维形貌；
（c） $y=100$ 处的轮廓算术平均偏差 Ra 值
注：图中直线为该轮廓的最小二乘中线。x 轴为像素数。

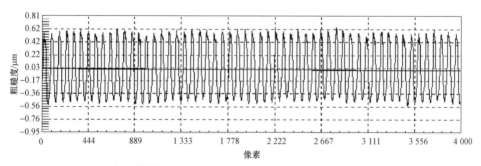

表面形貌参数：Ra=0.370 9，Rq=0.404 8，RP=0.673 6，Rv=0.549 1，Rt=1.271 6
(a)

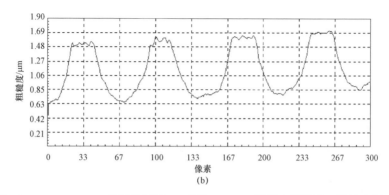

(b)

图 6.26　Talysurf–5p 触针仪测量 Ra 值为 0.35 μm 粗糙度样块的二维轮廓图

（a）测量范围 4 mm；（b）测量范围 0.3 mm

表 6.4　Ra 对比实验结果

粗糙度	本测量系统	Talysurf–5p
Ra/μm	0.323 8	0.370 9

从表 6.4 中可以看出，相移干涉显微测量系统测得的 Ra 值与 Talysurf–5p 测得的结果接近，从而证明了该测量方法的有效性和实验装置的测量可信度。因此有理由认为，测量系统测得的表面三维形貌图是正确可靠的。这样的测量精度，在实际中已经具有现实的使用价值。而实验装置在原理上是非接触测量的，其造价也远比花费数万美元进口的 Talysurf–5p 触针式表面粗糙度测量仪低。所以，相移干涉显微测量仪及其所采用的一系列数学处理方法和技术原理，是正确有效、具有实际使用价值的。这些测量结果的精度，也比国内其他研究单位所报道的测量精度高出许多。

6.7　系统的分辨率

6.7.1　水平分辨率

测量系统的水平分辨率由显微物镜的分辨率所决定。根据衍射理论,在倾斜照明条件下,显微镜对不发光物体的分辨率由下式计算:

$$e = \frac{0.5\lambda}{NA} \quad (6-1)$$

式中,λ为光波波长。

测量系统采用了中心波长为 633 nm 的窄带干涉滤光片,此时,测量系统的水平分辨率由所用显微镜的最大数值孔径所决定。

对于 63×物镜,其数值孔径 $NA=0.85$,水平分辨率为 0.4 μm。

对于 10×物镜,其数值孔径 $NA=0.25$,水平分辨率为 1.26 μm。

在实际显微镜系统中,水平分辨率的真实值比上述理论值略低。

6.7.2　垂直分辨率

测量系统垂直分辨率是指系统能测出的最小高度变化,即系统所能测出的最小差分。

干涉光强的大小与被测物相位值密切相关,令相位 φ 改变 $\Delta\varphi$,则干涉光强的变化量为

$$dI = I''\cos(2\theta + \varphi)\Delta\varphi \quad (6-2)$$

在整个$[-\pi, \pi]$的相位范围内,令在任一相位处相位都变化 $\Delta\varphi$,则光强的总变化量为

$$\Delta I = \frac{1}{2\pi}\int_0^{2\pi} |I''\cos(2\theta + \varphi)|\Delta\varphi d\varphi = \frac{2I''}{\pi}\Delta\varphi \quad (6-3)$$

在$[-\pi, \pi]$的相位范围内,干涉光强的最大值为 $I' + I''$。设 CCD 图像采集系统是 N 位采集,其光强测量分辨率为

$$\delta I = \frac{I' + I''}{2^N} \quad (6-4)$$

如果相位变化量 $\Delta\varphi$ 引起的光强变化量 ΔI 大于或等于 δI,则 CCD 测量系统刚好能够分辨 ΔI。由此可知,测量系统测量相位的分辨率为

$$\Delta\varphi \geqslant \frac{\pi}{2^N}\frac{I'+I''}{2I''} = \frac{\pi}{2^N} \qquad (E_x = E_y) \qquad (6-5)$$

相应地，表面形貌的深度分辨率为

$$\Delta h \geqslant \frac{\lambda}{4 \cdot 2^N} \qquad (6-6)$$

将实验中所用数据 $\lambda = 0.63~\mu m$，$N = 8$ 代入式（6-6），得到测量系统垂直分辨率为 0.5 nm。

在图 6.25 所示的表面轮廓曲面上，谷底处的表面差分最小，谷底两边的差分符号相反，其绝对值随着远离谷底而逐渐变大。

表 6.5 所示为谷底附近的差分测量结果，表中的第（4，234）个像素点靠近谷底，其差分测量值 dH 最小，为 4.6 nm，这说明测量系统可以分辨出 4.6 nm 的高度变化。因此，我们认为测量系统的最小分辨率已达到 4.6 nm。至于为什么没有观察到 0.5 nm 的数值，一是由于误差的存在，实际值与理论值有出入；二是没有找到相位如此缓变的物体。

表 6.5 谷底附近的差分测量结果

	230	231	232	233	234	235	236	237
2	-0.052 5	-0.053 6	-0.066 8	-0.066 8	0.237 3	0.106 3	0.107 6	0.131 3
3	-0.045 8	-0.030 8	-0.050 6	-0.048 3	-0.008 3	0.071 4	0.079 1	0.111 1
4	-0.034 0	-0.028 8	-0.031 9	-0.039 5	-0.005 6	0.053 6	0.064 4	0.088 7
5	-0.044 1	-0.027 8	-0.027 2	-0.033 5	-0.004 6	0.047 1	0.059 3	0.089 0
6	-0.024 7	-0.033 5	-0.031 0	-0.033 5	-0.027 2	0.048 1	0.067 1	0.096 7
7	-0.017 3	-0.023 3	-0.024 7	-0.035 0	-0.021 5	0.043 7	0.066 8	0.098 3
8	-0.023 3	-0.033 5	-0.033 5	-0.035 4	-0.037 2	0.034 0	0.064 8	0.102 4
9	-0.029 0	-0.026 9	-0.030 3	-0.037 4	-0.029 6	0.025 1	0.072 2	0.106 3
10	-0.024 2	-0.026 1	-0.027 6	-0.030 3	-0.024 7	0.029 6	0.073 7	0.092 7
11	-0.025 3	-0.019 7	-0.024 3	-0.029 1	-0.018 7	0.035 4	0.062 4	0.091 0
12	-0.023 3	-0.026 8	-0.022 5	-0.012 8	0.022 3	0.049 5	0.054 6	0.075 6
13	-0.023 3	-0.028 9	-0.009 99	0.009 99	0.038 3	0.049 9	0.057 5	0.075 5
14	0.022 0	0.009 1	0.016 2	0.032 4	0.043 7	0.050 2	0.057 5	0.072 8
15	0.024 7	0.017 6	0.028 5	0.040 7	0.053 7	0.066 4	0.069 2	0.084 1
16	0.055 8	0.030 2	0.045 4	0.057 3	0.067 7	0.079 1	0.092 0	0.127 9

6.8 系统的测量范围

测量系统的测量范围是指表面差分测量范围（表面斜率测量范围）、表面高度测量范围以及粗糙度测量范围。

6.8.1 表面差分测量范围

测量系统的差分及斜率测量范围均由系统的相位测量范围所决定，由于被测相位是通过反正切函数计算的，而反三角函数的主值范围为

$$-\frac{\pi}{2} \leqslant \varphi(x,y) \leqslant \frac{\pi}{2} \qquad (6-7)$$

式中

$$\varphi(x,y) = \frac{4\pi}{\lambda}\Delta H_x(x,y) \qquad (6-8)$$

由式（6-7）、式（6-8）可得

$$-\frac{\lambda}{8} \leqslant \Delta H_x(x,y) \leqslant \frac{\lambda}{8} \qquad (6-9)$$

将 $\lambda = 633$ nm 代入，得到测量系统的差分范围为 ± 79 nm。

对式（6-9）除以剪切量 ΔX，并取反正切，有

$$-\arctan\frac{\lambda}{8\Delta X} \leqslant \arctan\frac{\Delta H_x(x,y)}{\Delta X} \leqslant \arctan\frac{\lambda}{8\Delta X} \qquad (6-10)$$

式（6-10）即测量系统的斜率测量范围。对于 10×物镜，其斜率测量范围为 $\pm 4.5°$。

为了扩展测量范围，对相位提取算式加入判据如下：

$$\begin{cases} I_2 - I_4 > 0 \begin{cases} I_1 - I_3 > 0 & \arctan\varphi \\ I_1 - I_3 < 0 & \arctan(\varphi + 2\pi) \end{cases} \\ I_2 - I_4 < 0 & \arctan(\varphi + \pi) \end{cases} \qquad (6-11)$$

扩展后的相位测量范围为

$$0 \leqslant \varphi(x,y) \leqslant 2\pi \qquad (6-12)$$

$$0 \leqslant \Delta H_x(x,y) \leqslant \frac{\lambda}{2} \qquad (6-13)$$

此时，测量系统的差分范围扩展到 316.5 nm。对于 10×物镜，其斜率测量范围

扩展到 18°。

对四帧相位提取算式也可加入下列判据：

$$\begin{cases} I_2 - I_4 > 0 & \arctan\varphi \\ I_2 - I_4 < 0 \begin{cases} I_1 - I_3 < 0 & \arctan(\varphi + \pi) \\ I_1 - I_3 > 0 & \arctan(\varphi - \pi) \end{cases} \end{cases} \quad (6-14)$$

扩展后的相位测量范围为

$$-\pi \leqslant \varphi(x,y) \leqslant \pi \quad (6-15)$$

$$-\frac{\lambda}{4} \leqslant \Delta H_x(x,y) \leqslant \frac{\lambda}{4} \quad (6-16)$$

此时，测量系统的差分范围扩展到±168 nm。对于 10×物镜，其斜率测量范围扩展到±9°。对相位提取算法判据的加入参照式（6-14）视具体算式而定。

6.8.2　表面高度测量范围

由于表面形貌是通过对差分（或斜率）的测量数据进行积分后获得的，因此只要被测表面的微观斜率小于±9°，测量系统的高度测量范围从理论上可以达到显微物镜的景深范围，没有普通双光束干涉显微镜测量范围小于半个光波波长的限制。

测量中所使用的 10×物镜的景深范围是 4.4 μm，此即被测物的表面高度测量范围。图 6.27 所示为 Ra = 2.1 μm 粗糙度样块原图。图 6.28 所示为其测量结果，可以看出峰谷间的深度已超过 1 μm。

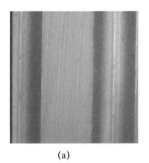

(a)　　　　　　　　　　　　(b)

图 6.27　Ra = 2.1 μm 粗糙度样块原图
（a）相位值 0；（b）相位值 π/2

(c)   (d)

图 6.27 $Ra = 2.1\ \mu m$ 粗糙度样块原图（续）

(c) 相位值 π；(d) 相位值 $3\pi/2$

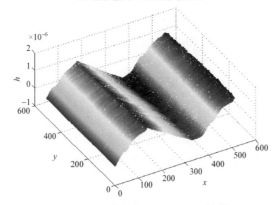

图 6.28 $Ra = 2.1\ \mu m$ 粗糙度样块测量结果

6.8.3 表面粗糙度测量范围

对表面质量进行评定时，选择不同的取样长度会得到不同的粗糙度高度参数。为了得到稳定可靠的评定参数，GB 1031—1983 给出了标准取样长度系列值，取样长度内若包含五个以上的粗糙度间距，则所求粗糙度数值将稳定在±2%以内。受显微物镜景深及成像视场范围的影响，通常测量系统的取样范围只能在 $0.67 \times 512 = 0.324$（mm）以内，且只适合测量 $Ra \leqslant 2.5\ \mu m$ 的表面粗糙度。

6.9 重复测量精度

6.9.1 表面形貌高度的重复测量精度

被测样品选用 $Ra = 0.35\ \mu m$ 的粗糙度样块，在同一样品位置，沿 Nomarski

棱镜剪切方向选取 10 个连续分布的采样点，垂直于 Nomarski 棱镜剪切方向选取 34 个连续分布的点，共 10×34 个采样点，各点的间隔为 0.67 μm，每一采样点处两束正交偏振光的剪切量为 1.09 μm（采用 10×物镜）。测量各采样点处被测表面轮廓的高度，连续测量 7 次，测量数据如表 6.6～表 6.12 所示，其数据处理结果如表 6.13 和表 6.14 所示。

从表 6.6～表 6.13 可以看出，由于被测物件不是刚性连接在工作台上的，因此在七次测量过程中，物件的微量移动使得每一次测量的像素点不完全一致，最终导致了高度值的差异。

假定物件是刚性体，每次测量时，10 个采样点沿列方向有相同的平移量，对七次测量数据，后六次与第一次测量数据点点相减，即减去了物件沿列方向的微量移动，此时，六组 10 个采样点的数据即测量误差波动，对其作标准偏差，分别为 0.61 nm、2.14 nm、2.14 nm、2.51 nm、3.4 nm 和 1.07 nm。因此，表面形貌高度的重复测量精度为 3.4 nm。

表 6.6 高度重复测量精度实验数据 1

	200	201	202	203	204	205	206	207	208	209
256	0.061 0	0.060 3	0.061 3	0.064 3	0.068 7	0.071 7	0.072 5	0.071 4	0.068 8	0.063 4
257	0.136 9	0.136 8	0.138 8	0.142 5	0.147 2	0.150 5	0.151 4	0.150 2	0.147 2	0.142 7
258	0.148 7	0.148 5	0.150 0	0.153 1	0.157 0	0.159 6	0.159 9	0.158 2	0.154 8	0.150 0
259	0.126 0	0.125 3	0.127 1	0.130 7	0.134 6	0.137 2	0.137 9	0.136 2	0.132 8	0.128 4
260	0.111 1	0.110 7	0.111 8	0.115 1	0.119 4	0.121 7	0.121 8	0.120 4	0.116 8	0.111 9
261	0.092 3	0.091 0	0.091 7	0.094 7	0.098 5	0.100 7	0.101 3	0.099 4	0.095 2	0.090 3
262	0.116 8	0.114 8	0.115 3	0.118 1	0.121 9	0.124 0	0.123 7	0.121 4	0.117 3	0.112 9
263	0.080 2	0.079 9	0.081 0	0.083 9	0.087 7	0.090 4	0.091 1	0.090 2	0.087 8	0.084 3
264	0.071 6	0.070 5	0.071 5	0.074 4	0.078 5	0.081 6	0.082 2	0.080 8	0.078 8	0.075 2
265	0.097 0	0.095 4	0.096 0	0.098 3	0.102 2	0.105 5	0.106 0	0.104 6	0.102 3	0.098 5
266	0.095 1	0.093 6	0.093 5	0.096 1	0.100 1	0.103 2	0.103 6	0.102 4	0.100 4	0.097 5
267	0.076 5	0.075 5	0.076 2	0.078 8	0.082 9	0.085 9	0.086 8	0.085 9	0.083 8	0.080 3
268	0.121 8	0.120 9	0.121 4	0.123 7	0.127 1	0.129 3	0.129 5	0.128 2	0.126 0	0.122 5
269	0.007 6	0.006 7	0.007 4	0.009 5	0.012 1	0.013 9	0.013 9	0.012 1	0.009 3	0.005 9
270	0.039 7	0.038 1	0.038 5	0.041 0	0.044 3	0.046 5	0.047 2	0.045 5	0.042 1	0.038 0
271	−0.058 2	−0.059 2	−0.058 2	−0.055 6	−0.052 2	−0.049 7	−0.048 7	−0.049 2	−0.051 3	−0.054 6

续表

	200	201	202	203	204	205	206	207	208	209
272	0.042 3	0.040 9	0.041 4	0.043 9	0.046 8	0.048 2	0.047 5	0.045 1	0.041 4	0.036 7
273	0.022 0	0.019 9	0.020 5	0.022 8	0.025 5	0.027 2	0.027 5	0.026 6	0.023 5	0.018 5
274	0.093 1	0.091 8	0.092 5	0.094 9	0.097 7	0.099 1	0.099 1	0.097 1	0.092 8	0.087 7
275	0.032 1	0.031 2	0.032 2	0.034 9	0.037 9	0.040 1	0.040 5	0.038 7	0.035 3	0.030 7
276	−0.007 9	−0.008 0	−0.006 4	−0.003 3	−0.000 1	0.001 8	0.002 2	0.000 7	−0.002 7	−0.007 3
277	−0.109 2	−0.109 7	−0.108 1	−0.105 2	−0.101 9	−0.099 4	−0.098 4	−0.100 0	−0.103	−0.108 3
278	−0.081 6	−0.082 1	−0.080 9	−0.078 5	−0.076 0	−0.074 2	−0.074 0	−0.063	−0.080 3	−0.855 1
279	−0.149 5	−0.149 9	−0.148 6	−0.145 7	−0.142 3	−0.139 9	−0.139 5	−0.141 3	0.144 6	−0.149 0
280	−0.176 5	−0.176 8	−0.175 8	−0.173 3	−0.169 8	−0.166 8	−0.165 5	−0.166 1	−0.168 7	−0.172 8
281	−0.113 4	−0.113 6	−0.112 3	−0.109 4	−0.105 9	−0.103 2	−0.102 4	−0.103 4	−0.106	−0.111 7
282	−0.093 5	−0.093 8	−0.092 7	−0.090 2	−0.087 2	−0.085 0	−0.084 2	−0.085 0	−0.087 4	−0.091 6
283	−0.010 3	−0.011 1	−0.010 1	−0.007 4	−0.004 1	−0.001 1	0.000 5	−0.000 1	−0.002 9	−0.007 1
284	0.002 18	0.208 0	0.021 7	0.024 4	0.027 8	0.029 9	0.030 1	0.028 6	0.025 0	0.019 5
285	0.181 7	0.180 0	0.180 2	0.181 7	0.184 0	0.186 2	0.186 2	0.184 0	0.180 2	0.174 3
286	0.111 4	0.110 2	0.110 2	0.111 8	0.113 8	0.115 2	0.114 8	0.112 2	0.107 4	0.100 5
287	0.224 5	0.223 8	0.224 6	0.227 0	0.229 7	0.232 1	0.232 6	0.230 7	0.226 5	0.220 1
288	0.227 1	0.226 4	0.227 1	0.229 1	0.231 7	0.233 6	0.233 2	0.230 4	0.225 6	0.218 7
289	0.156 8	0.155 8	0.155 9	0.157 7	0.160 2	0.162 5	0.162 5	0.159 3	0.154 3	0.148 1

表 6.7 高度重复测量精度实验数据 2

	200	201	202	203	204	205	206	207	208	209
256	0.045 0	0.044 9	0.046 5	0.050 4	0.055 1	0.058 3	0.058 6	0.056 5	0.053 3	0.049 0
257	0.056 1	0.056 0	0.057 8	0.061 2	0.065 3	0.068 1	0.068 7	0.067 0	0.062 9	0.057 5
258	0.140 9	0.140 4	0.142 5	0.146 9	0.151 4	0.154 5	0.155 1	0.153 5	0.150 0	0.145 1
259	0.125 4	0.125 1	0.126 9	0.130 3	0.134 3	0.136 7	0.137 2	0.135 9	0.132 3	0.127 3
260	0.114 9	0.113 7	0.114 7	0.118 1	0.121 9	0.124 0	0.124 2	0.122 1	0.117 9	0.112 7
261	0.119 2	0.118 1	0.119 1	0.122 6	0.126 1	0.127 5	0.127 2	0.124 9	0.120 7	0.115 8
262	0.028 5	0.027 4	0.028 4	0.031 5	0.035 2	0.037 2	0.037 1	0.035 7	0.032 4	0.028 0

续表

	200	201	202	203	204	205	206	207	208	209
263	0.065 2	0.063 8	0.064 6	0.067 7	0.071 8	0.074 3	0.074 1	0.072 3	0.069 0	0.064 8
264	0.103 3	0.102 0	0.102 1	0.105 0	0.108 9	0.111 2	0.011 8	0..110 7	0.107 4	0.102 5
265	0.104 2	0.103 3	0.103 9	0.106 3	0.110 0	0.112 6	0.113 2	0.112 3	0.110 3	0.107 2
266	0.155 0	0.153 3	0.153 1	0.155 1	0.158 7	0.161 2	0.161 5	0.160 2	0.157 6	0.153 7
267	0.117 2	0.116 8	0.117 7	0.120 4	0.124 4	0.127 4	0.128 3	0.127 3	0.125 1	0.122 2
268	0.091 6	0.091 2	0.091 7	0.093 8	0.096 9	0.099 4	0.100 0	0.098 5	0.096 3	0.093 2
269	0.028 6	0.027 9	0.028 1	0.030 1	0.033 2	0.035 4	0.035 9	0.034 5	0.032 1	0.029 0
270	0.034 5	0.034 6	0.036 2	0.039 2	0.042 8	0.045 3	0.046 2	0.044 6	0.041 8	0.038 1
271	0.010 4	0.010 4	0.011 3	0.013 3	0.015 7	0.017 0	0.017 4	0.016 2	0.013 2	0.009 1
272	−0.018 4	−0.019 4	−0.018 6	−0.015 9	−0.012 6	−0.009 7	−0.008 9	−0.010 1	−0.012 7	−0.016 6
273	0.025 4	0.024 5	0.025 1	0.027 5	0.030 3	0.032 1	0.032 2	0.029 9	0.025 9	0.021 0
274	0.078 9	0.078 2	0.078 7	0.081 3	0.084 6	0.086 6	0.086 8	0.084 9	0.081 3	0.076 1
275	0.045 3	0.044 6	0.045 7	0.048 3	0.051 5	0.053 9	0.054 7	0.053 0	0.049 0	0.043 7
276	0.028 5	0.028 1	0.029 7	0.033 1	0.036 4	0.038 84	0.038 9	0.037 7	0.034 2	0.029 1
277	−0.110 6	−0.110 3	−0.108 6	−0.105 4	−0.101 9	−0.099 7	−0.009 7	−0.101 7	−0.105 6	−0.110 9
278	−0.163 4	−0.163 7	−0.162 7	−0.160 3	−0.157 1	−0.154 7	−0.154 2	−0.156 0	−0.159 3	−0.163 4
279	−0.097 4	−0.097 9	−0.096 2	−0.093 0	−0.089 7	−0.087 4	−0.086 6	−0.088 5	−0.092 2	−0.096 2
280	−0.174 2	−0.174 4	−0.173 0	−0.170 2	−0.167 1	−0.164 9	−0.164 7	−0.166 8	−0.170 5	−0.175 4
281	−0.152 8	−0.153 5	−0.152 4	−0.149 6	−0.146 5	−0.144 1	−0.143 3	−0.144 8	−0.178 1	−0.152 8
282	−0.009 2	−0.008 9	−0.007 1	−0.003 6	0.000 4	0.003 3	0.004 7	0.004 2	0.001 2	−0.003 2
283	−0.056 6	−0.056 8	−0.055 5	−0.052 9	−0.049 9	−0.048 0	−0.047 8	−0.049 6	−0.053 7	−0.059 1
284	−0.030 3	−0.030 8	−0.029 6	−0.026 7	−0.023 3	−0.020 0	−0.019 0	0.020 3	−0.023 1	−0.027 4
285	0.156 9	0.156 2	0.157 1	0.159 9	0.163 2	0.166 0	0.166 5	0.164 3	0.159 5	0.152 3
286	0.119 2	0.118 3	0.119 6	0.122 3	0.125 3	0.127 5	0.127 9	0.125 8	0.120 9	0.113 4
287	0.174 1	0.173 1	0.174 3	0.017 70	0.180 2	0.182 8	0.183 8	0.182 6	0.179 0	0.173 4
288	0.208 8	0.208 0	0.209 3	0.212 0	0.214 7	0.217 3	0.218 5	0.217 1	0.213 3	0.207 4
289	0.157 6	0.156 5	0.157 6	0.160 3	0.162 8	0.164 7	0.164 9	0.162 2	0.157 2	0.105 7

表 6.8　高度重复测量精度实验数据 3

	200	201	202	203	204	205	206	207	208	209
256	0.118 8	0.119 0	0.121 2	0.125 6	0.130 4	0.133 7	0.134 8	0.133 7	0.131 4	0.127 6
257	0.126 5	0.125 7	0.127 5	0.131 0	0.135 2	0.138 2	0.139 0	0.137 6	0.134 4	0.129 6
258	0.108 8	0.108 6	0.110 6	0.114 5	0.118 9	0.121 6	0.121 9	0.119 9	0.116 2	0.111 3
259	0.157 9	0.157 0	0.158 7	0.162 4	0.166 9	0.149 8	0.170 6	0.169 5	0.166 5	0.162 1
260	0.148 3	0.147 5	0.148 8	0.152 0	0.155 7	0.158 6	0.159 7	0.158 6	0.155 7	0.151 7
261	0.091 0	0.089 5	0.089 9	0.092 6	0.096 6	0.098 8	0.099 3	0.097 7	0.093 6	0.089 0
262	0.075 4	0.074 3	0.075 3	0.078 2	0.082 1	0.084 7	0.085 3	0.084 2	0.081 0	0.076 0
263	0.078 0	0.076 9	0.077 5	0.080 4	0.084 7	0.087 7	0.088 4	0.087 4	0.085 2	0.081 5
264	0.062 5	0.060 9	0.061 0	0.063 6	0.067 9	0.070 6	0.070 7	0.069 1	0.066 2	0.062 4
265	0.072 4	0.071 1	0.072 0	0.075 2	0.079 4	0.082 0	0.082 5	0.081 8	0.079 9	0.076 4
266	0.102 8	0.101 1	0.101 1	0.103 4	0.107 3	0.110 8	0.112 3	0.111 5	0.109 2	0.106 0
267	0.092 8	0.091 6	0.091 8	0.094 0	0.097 9	0.100 8	0.101 9	0.101 3	0.099 8	0.097 1
268	0.050 7	0.050 0	0.050 7	0.053 0	0.056 3	0.058 9	0.059 8	0.058 4	0.055 8	0.052 6
269	0.002 9	0.002 5	0.003 0	0.005 2	0.008 4	0.010 8	0.011 6	0.010 9	0.008 8	0.005 3
270	−0.009 6	−0.010 7	−0.010 2	−0.007 8	−0.004 9	−0.003 3	−0.003 2	−0.005 0	−0.008 2	−0.012 1
271	−0.011 0	−0.011 9	−0.009 9	−0.006 4	−0.003 0	−0.000 6	0.000 7	−0.000 7	−0.004 3	0.008 1
272	0.033 6	0.032 3	0.032 8	0.034 8	0.037 8	0.040 3	0.041 1	0.039 8	0.037 0	0.033 1
273	0.041 1	0.039 9	0.041 0	0.043 9	0.047 2	0.049 3	0.049 7	0.048 1	0.044 4	0.039 2
274	0.086 5	0.085 6	0.086 6	0.089 6	0.092 9	0.094 9	0.095 8	0.094 8	0.091 8	0.087 2
275	0.036 4	0.035 6	0.037 1	0.040 4	0.044 1	0.046 9	0.047 9	0.046 4	0.042 7	0.037 6
276	−0.000 7	−0.000 8	0.000 4	0.003 6	0.007 6	0.010 0	0.010 1	0.008 2	0.004 4	−0.000 5
277	−0.060 8	−0.060 5	−0.058 3	−0.057 7	−0.050 3	−0.047 4	−0.046 7	−0.048 7	−0.052 7	−0.057 2
278	−0.105 8	−0.106 8	−0.105 7	−0.102 8	−0.099 6	−0.097 1	−0.096 7	−0.099 1	−0.103 6	−0.109 0
279	−0.172 3	−0.172 0	−0.170 7	−0.168 1	−0.164 6	−0.161 8	−0.160 5	−0.161 2	−0.164 4	−0.168 9
280	−0.186 3	−0.186 8	−0.185 2	−0.181 7	−0.177 7	−0.174 4	−0.172 8	−0.173 7	−0.176 3	−0.179 7
281	−0.122 6	−0.122 9	−0.121 0	−0.117 8	−0.113 6	−0.110 4	−0.109 3	−0.110 0	−0.112 9	−0.117 3
282	−0.060 7	−0.061 1	−0.059 4	−0.056 3	−0.052 8	−0.049 7	−0.048 5	−0.049 3	−0.051 6	−0.055 7
283	−0.060 7	−0.061 4	−0.060 2	−0.057 0	−0.052 9	−0.049 7	−0.049 0	−0.050 7	−0.054 2	−0.058 8
284	0.032 9	0.032 5	0.033 4	0.035 5	0.038 4	0.041 1	0.042 5	0.041 5	0.038 1	0.033 0
285	0.012 4	0.011 4	0.012 2	0.014 3	0.017 2	0.019 5	0.019 8	0.017 9	0.013 7	0.007 2
286	0.087 7	0.086 5	0.087 2	0.089 3	0.092 0	0.094 4	0.095 1	0.092 9	0.088 3	0.081 8
287	0.238 5	0.237 9	0.239 1	0.241 7	0.244 8	0.247 9	0.249 2	0.271	0.242 3	0.236 2
288	0.199 4	0.199 0	0.200 4	0.203 2	0.206 3	0.208 4	0.208 7	0.206 5	0.202 1	0.195 9
289	0.236 8	0.236 2	0.238 0	0.241 4	0.244 0	0.246 0	0.246 7	0.245 5	0.242 3	0.236 9

表 6.9 高度重复测量精度实验数据 4

	200	201	202	203	204	205	206	207	208	209
256	0.007 0	0.006 1	0.007 8	0.011 1	0.015 3	0.018 7	0.019 9	0.018 9	0.016 2	0.012 0
257	0.051 9	0.051 4	0.053 6	0.057 5	0.062 6	0.066 1	0.067 0	0.065 7	0.062 2	0.057 8
258	0.151 8	0.150 9	0.153 0	0.157 0	0.161 6	0.164 7	0.165 5	0.164 0	0.160 0	0.154 8
259	0.110 0	0.108 3	0.109 3	0.112 7	0.117 0	0.119 9	0.120 1	0.118 7	0.115 0	0.110 0
260	0.130 2	0.130 0	0.131 7	0.135 3	0.139 8	0.142 3	0.142 4	0.140 9	0.138 3	0.134 6
261	0.027 4	0.025 9	0.026 8	0.030 3	0.034 8	0.037 6	0.038 1	0.037 1	0.033 9	0.028 7
262	0.082 7	0.082 0	0.082 6	0.084 8	0.088 0	0.090 3	0.091 4	0.090 7	0.087 8	0.083 2
263	0.098 3	0.096 3	0.096 6	0.099 6	0.103 8	0.106 7	0.107 1	0.105 3	0.102 4	0.098 9
264	0.127 7	0.127 1	0.127 8	0.130 4	0.134 4	0.137 5	0.138 3	0.137 2	0.135 0	0.131 7
265	0.163 6	0.162 8	0.163 7	0.166 4	0.170 3	0.173 1	0.173 5	0.171 7	0.169 2	0.165 7
266	0.107 1	0.105 7	0.106 1	0.108 1	0.112 5	0.115 3	0.116 2	0.115 3	0.113 5	0.110 1
267	0.102 7	0.101 7	0.102 4	0.105 1	0.109 0	0.112 3	0.114 1	0.113 3	0.110 5	0.106 8
268	0.006 5	0.004 9	0.005 3	0.007 4	0.010 6	0.013 3	0.013 5	0.011 4	0.008 8	0.005 5
269	0.080 7	0.079 4	0.079 6	0.081 6	0.085 0	0.087 7	0.089 0	0.088 3	0.086 1	0.082 8
270	0.028 5	0.027 7	0.028 4	0.031 2	0.035 0	0.037 7	0.039 0	0.038 6	0.036 5	0.033 0
271	0.033 1	0.032 3	0.032 9	0.035 7	0.039 3	0.041 9	0.042 9	0.041 1	0.036 9	0.032 3
272	−0.053 7	−0.054 7	−0.053 9	−0.051 8	−0.049 2	−0.047 5	−0.047 4	−0.049 6	−0.053 3	−0.057 5
273	0.105 3	0.103 2	0.103 8	0.106 5	0.109 8	0.112 1	0.113 0	0.112 2	0.109 8	0.105 4
274	0.089 4	0.089 0	0.090 1	0.092 7	0.096 0	0.098 3	0.099 3	0.098 3	0.094 7	0.089 2
275	0.010 9	0.010 9	0.012 6	0.015 5	0.018 8	0.021 2	0.022 3	0.021 0	0.017 5	0.012 8
276	−0.029 7	−0.030 2	−0.028 8	−0.025 8	−0.022 2	0.019 6	−0.018 8	−0.019 3	−0.021 8	−0.026 3
277	−0.078 2	−0.078 4	−0.077 1	−0.074 5	−0.711	−0.068 9	−0.068 4	−0.069 8	−0.073 2	−0.078 0
278	−0.070 5	−0.070 9	−0.069 5	−0.066 4	−0.063 1	−0.060 3	−0.059 2	−0.060 5	−0.063 7	−0.068 2
279	−0.136 6	−0.137 0	−0.135 8	−0.132 9	−0.129 2	−0.126 5	−0.125 9	−0.127 3	−0.130 8	−0.135 8
280	−0.210 9	−0.211 7	−0.210 6	−0.207 7	−0.204 4	−0.201 9	−0.201 5	−0.202 8	−0.205 7	−0.210 6
281	−0.191 8	−0.192 5	−0.190 7	−0.187 4	−0.184 1	−0.181 2	−0.180 0	−0.180 7	−0.183 2	−0.187 7
282	−0.129 2	−0.129 8	−0.128 4	−0.125 3	−0.121 9	−0.119 1	−0.118 3	−0.119 5	−0.121 6	−0.125 6
283	−0.059 7	−0.059 9	−0.058 8	−0.056 1	−0.052 5	−0.049 2	−0.047 3	−0.047 4	−0.049 8	−0.054 7
284	0.040 8	0.040 5	0.041 9	0.044 8	0.048 4	0.051 6	0.053 1	0.052 7	0.049 7	0.044 3
285	0.110 9	0.109 9	0.110 0	0.112 0	0.114 9	0.117 5	0.118 8	0.117 4	0.112 9	0.106 5
286	0.109 9	0.109 3	0.109 9	0.112 2	0.115 0	0.117 1	0.117 3	0.115 5	0.111 6	0.105 0
287	0.133 8	0.132 7	0.133 5	0.135 8	0.138 9	0.141 9	0.143 3	0.141 9	0.138 1	0.132 1
288	0.164 3	0.163 2	0.163 9	0.166 7	0.169 9	0.172 3	0.173 2	0.171 9	0.168 2	0.162 6
289	0.227 2	0.226 6	0.227 8	0.230 5	0.233 7	0.236 2	0.237 2	0.235 5	0.231 1	0.225 2

表 6.10 高度重复测量精度实验数据 5

	200	201	202	203	204	205	206	207	208	209
256	0.072 2	0.071 7	0.072 9	0.076 1	0.080 8	0.084 4	0.085 4	0.084 1	0.081 1	0.076 6
257	0.078 1	0.077 2	0.079 2	0.082 9	0.087 2	0.089 9	0.090 5	0.088 9	0.085 4	0.080 6
258	0.090 2	0.089 1	0.090 4	0.093 9	0.098 2	0.101 2	0.102 2	0.100 7	0.097 2	0.091 9
259	0.066 3	0.065 4	0.067 0	0.070 5	0.074 5	0.076 7	0.076 4	0.074 7	0.070 8	0.064 9
260	0.059 1	0.058 1	0.059 0	0.061 3	0.064 8	0.067 5	0.068 3	0.067 0	0.063 9	0.059 7
261	0.068 8	0.066 6	0.067 1	0.070 2	0.074 5	0.076 8	0.077 0	0.075 9	0.072 6	0.067 5
262	0.081 8	0.080 4	0.081 5	0.084 8	0.088 7	0.091 6	0.092 4	0.091 7	0.088 9	0.084 9
263	0.049 4	0.047 3	0.047 4	0.049 9	0.054 2	0.057 0	0.057 5	0.055 9	0.052 1	0.047 5
264	0.109 8	0.108 7	0.109 4	0.112 2	0.116 5	0.119 5	0.120 5	0.119 9	0.117 4	0.113 6
265	0.134 9	0.134 3	0.135 1	0.137 9	0.142 0	0.145 1	0.146 2	0.145 4	0.143 1	0.138 9
266	0.127 7	0.127 4	0.128 6	0.131 2	0.135 0	0.137 9	0.138 6	0.137 3	0.135 2	0.132 6
267	0.104 9	0.104 0	0.104 3	0.106 4	0.109 9	0.112 5	0.113 3	0.112 4	0.110 6	0.107 5
268	0.066 9	0.065 7	0.066 1	0.069 0	0.072 9	0.075 8	0.077 0	0.076 6	0.074 7	0.071 2
269	0.030 0	0.028 2	0.027 9	0.030 0	0.033 1	0.035 7	0.037 1	0.036 1	0.033 6	0.030 2
270	−0.019 3	−0.020 3	−0.019 5	−0.017 2	−0.014 4	−0.012 3	−0.011 6	−0.013 3	−0.016 8	−0.020 8
271	−0.043 9	−0.045 2	−0.044 8	−0.042 3	−0.038 5	−0.036 0	−0.035 4	−0.037 3	−0.041 4	−0.046 1
272	0.064 2	0.062 5	0.063 1	0.065 8	0.069 1	0.071 1	0.071 7	0.070 8	0.068 4	0.064 4
273	0.089 3	0.088 6	0.089 5	0.092 5	0.096 8	0.099 7	0.100 6	0.100 0	0.096 6	0.091 2
274	0.061 5	0.060 9	0.062 1	0.065 2	0.068 6	0.071 2	0.072 4	0.071 7	0.068 9	0.064 3
275	−0.002 0	−0.002 2	−0.000 8	0.002 7	0.006 7	0.009 3	0.010 1	0.008 9	0.005 0	−0.000 4
276	−0.041 4	−0.041 4	−0.039 9	−0.036 8	−0.033 1	−0.031 1	−0.031 3	−0.033 7	−0.037 9	−0.043 1
277	−0.012 6	−0.012 8	−0.011 1	−0.007 6	−0.003 8	−0.001 4	−0.000 6	−0.001 7	−0.004 8	−0.009 7
278	−0.159 8	−0.160 2	−0.158 5	−0.155 4	−0.151 6	−0.148 6	−0.147 4	−0.148 6	−0.152 0	−0.156 6
279	−0.144 0	−0.144 1	−0.142 2	−0.138 2	−0.133 7	−0.130 5	−0.129 0	−0.129 8	−0.132 6	−0.136 8
280	−0.215 7	−0.215 5	−0.213 9	−0.210 4	−0.206 5	−0.203 4	−0.202 1	−0.203 5	−0.206 9	−0.211 4
281	−0.057 3	−0.057 5	−0.056 0	−0.052 9	−0.049 1	−0.046 4	−0.045 4	−0.046 7	−0.049 9	−0.054 3
282	−0.105 3	−0.105 7	−0.104 2	−0.101 2	−0.097 3	−0.094 3	−0.093 4	−0.094 5	−0.097 1	−0.101 4
283	−0.036 4	−0.037 2	−0.036 7	−0.034 0	−0.030 3	−0.027 6	−0.026 8	−0.027 9	−0.030 5	−0.035 1
284	0.011 3	0.010 3	0.010 4	0.012 6	0.016 2	0.019 3	0.020 7	0.019 6	0.016 1	0.010 5
285	0.170 1	0.169 4	0.170 2	0.172 5	0.175 8	0.178 5	0.179 6	0.178 0	0.174 2	0.168 5
286	0.181 3	0.180 2	0.180 9	0.183 3	0.186 6	0.189 4	0.190 4	0.189 5	0.185 0	0.178 3
287	0.015 02	0.149 6	0.151 1	0.154 1	0.157 4	0.159 7	0.160 4	0.159 2	0.155 7	0.149 9
288	0.219 9	0.219 2	0.220 7	0.224 2	0.227 5	0.230 0	0.230 8	0.229 1	0.225 3	0.219 7
289	0.219 3	0.218 8	0.220 3	0.223 2	0.226 6	0.229 4	0.230 4	0.228 6	0.225 0	0.219 8

表 6.11 高度重复测量精度实验数据 6

	200	201	202	203	204	205	206	207	208	209
256	0.152 1	0.152 4	0.015 52	0.159 6	0.164 2	0.167 1	0.167 4	0.165 7	0.162 8	0.158 9
257	0.087 7	0.087 6	0.089 7	0.096 6	0.093 9	0.100 5	0.101 0	0.099 4	0.095 5	0.090 3
258	0.166 5	0.166 9	0.169 2	0.173 2	0.177 8	0.180 8	0.181 3	0.179 6	0.175 6	0.170 2
259	0.193 6	0.193 1	0.194 6	0.198 6	0.202 8	0.205 2	0.205 8	0.203 9	0.199 8	0.195 0
260	0.128 0	0.127 5	0.128 3	0.131 4	0.135 6	0.138 1	0.138 6	0.136 9	0.132 8	0.128 0
261	0.109 0	0.108 9	0.110 4	0.113 5	0.117 1	0.118 8	0.118 3	0.116 0	0.112 3	0.107 9
262	0.093 6	0.092 6	0.094 1	0.097 7	0.101 6	0.104 2	0.104 8	0.103 6	0.100 8	0.097 3
263	0.057 4	0.056 5	0.057 1	0.060 2	0.064 5	0.067 1	0.067 2	0.065 7	0.062 9	0.059 1
264	0.105 2	0.105 0	0.106 3	0.109 4	0.113 4	0.116 1	0.117 0	0.116 2	0.113 7	0.109 9
265	0.005 1	0.004 0	0.004 6	0.007 5	0.011 4	0.013 4	0.013 7	0.012 9	0.010 3	0.006 3
266	0.090 5	0.090 4	0.091 8	0.095 6	0.100 7	0.103 9	0.104 9	0.104 1	0.102 1	0.099 2
267	0.045 8	0.045 5	0.046 8	0.049 4	0.052 6	0.054 8	0.055 3	0.054 2	0.051 9	0.048 4
268	0.022 5	0.022 5	0.023 5	0.026 0	0.028 9	0.030 8	0.031 6	0.030 9	0.028 6	0.024 9
269	−0.014 4	−0.015 0	−0.014 0	−0.011 3	−0.008 1	−0.006 0	−0.005 4	−0.006 6	−0.009 4	−0.013 5
270	−0.013 1	−0.012 6	−0.010 5	−0.007 3	−0.003 9	−0.001 3	−0.000 1	−0.001 2	−0.004 3	−0.008 3
271	−0.011 9	−0.012 4	−0.010 8	−0.007 9	−0.005 0	−0.003 0	−0.002 9	−0.004 6	−0.007 9	0.012 5
272	0.062 1	0.060 7	0.061 4	0.064 3	0.067 6	0.070 4	0.071 1	0.069 1	0.065 3	0.060 6
273	−0.003 6	−0.003 8	−0.002 3	0.000 7	0.003 6	0.005 4	0.005 9	0.004 6	0.001 1	−0.003 9
274	0.056 7	0.056 3	0.057 5	0.060 0	0.063 4	0.066 0	0.066 9	0.065 3	0.061 6	0.056 9
275	0.013 6	0.013 8	0.015 6	0.019 4	0.023 5	0.026 1	0.026 5	0.024 7	0.020 8	0.015 7
276	0.046 3	0.046 2	0.048 1	0.051 5	0.054 7	0.056 7	0.057 3	0.055 5	0.051 8	0.047 2
277	−0.059 8	−0.059 7	−0.057 7	−0.054 3	−0.050 4	−0.047 6	−0.046 8	−0.048 7	−0.052 9	−0.058 1
278	−0.147 6	−0.147 2	−0.145 6	−0.142 7	−0.139 4	−0.137 1	−0.136 9	−0.138 7	−0.142 2	−0.146 5
279	−0.205 6	−0.206 0	−0.204 2	−0.200 2	−0.195 6	−0.192 3	−0.191 6	−0.193 2	−0.196 1	−0.200 3
280	−0.195 0	−0.194 8	−0.192 9	−0.189 5	−0.185 9	−0.182 8	−0.181 5	−0.182 9	−0.186 2	−0.190 9
281	−0.155 6	−0.155 4	−0.153 9	−0.150 7	−0.147 1	−0.144 4	−0.142 9	−0.144 0	−0.147 4	−0.151 8
282	−0.101 4	−0.101 1	−0.098 5	−0.094 5	−0.090 2	−0.086 5	−0.084 7	−0.085 3	−0.087 8	−0.091 5
283	−0.026 5	−0.027 2	−0.026 3	−0.023 7	−0.020 4	−0.017 9	−0.017 1	−0.018 3	−0.021 2	−0.026 3
284	0.071 0	0.070 1	0.070 7	0.073 2	0.076 6	0.079 5	0.080 3	0.078 7	0.074 9	0.069 0
285	0.188 8	0.188 1	0.188 8	0.191 2	0.194 5	0.196 7	0.195 9	0.192 7	0.188 0	0.182 0
286	0.153 2	0.152 9	0.154 1	0.156 5	0.159 8	0.162 8	0.163 1	0.160 6	0.156 8	0.150 5
287	0.149 9	0.150 2	0.151 7	0.154 5	0.157 7	0.160 2	0.160 2	0.157 2	0.152 5	0.146 6
288	0.239 6	0.239 4	0.241 2	0.244 4	0.247 3	0.249 6	0.249 6	0.246 8	0.242 7	0.237 3
289	0.250 0	0.249 8	0.251 8	0.254 9	0.257 9	0.259 6	0.259 5	0.256 8	0.252 1	0.246 1

表 6.12　高度重复测量精度实验数据 7

	200	201	202	203	204	205	206	207	208	209
256	0.124 7	0.124 9	0.127 3	0.130 9	0.135 2	0.138 3	0.139 1	0.137 8	0.134 3	0.129 2
257	0.157 4	0.156 5	0.158 3	0.162 1	0.166 5	0.168 8	0.169 4	0.168 4	0.165 4	0.160 8
258	0.136 9	0.137 3	0.139 8	0.144 0	0.148 4	0.150 7	0.151 1	0.149 5	0.145 5	0.140 0
259	0.108 5	0.108 2	0.110 2	0.113 6	0.117 6	0.119 6	0.119 5	0.117 6	0.113 3	0.107 6
260	0.072 0	0.071 1	0.071 8	0.074 2	0.078 0	0.080 8	0.081 6	0.079 9	0.075 8	0.070 4
261	0.118 3	0.116 9	0.117 9	0.121 5	0.125 8	0.128 4	0.128 9	0.127 8	0.124 6	0.119 8
262	0.057 9	0.057 5	0.059 0	0.061 9	0.065 7	0.068 7	0.069 2	0.067 3	0.063 7	0.058 9
263	0.066 3	0.065 1	0.066 2	0.069 5	0.072 9	0.075 1	0.075 6	0.074 6	0.072 2	0.067 8
264	0.232 7	0.231 9	0.232 2	0.234 3	0.237 8	0.240 2	0.240 7	0.239 4	0.236 8	0.232 8
265	0.135 3	0.134 7	0.135 9	0.139 1	0.142 9	0.145 3	0.146 2	0.145 6	0.143 9	0.140 6
266	0.085 3	0.084 5	0.084 9	0.087 2	0.090 8	0.093 8	0.095 2	0.094 1	0.091 5	0.088 5
267	0.048 7	0.047 8	0.048 6	0.051 0	0.054 6	0.057 3	0.058 2	0.056 8	0.053 7	0.049 7
268	0.074 0	0.072 9	0.073 6	0.076 2	0.079 4	0.081 9	0.082 5	0.080 9	0.077 8	0.074 1
269	0.051 2	0.049 9	0.049 9	0.051 8	0.054 9	0.057 4	0.058 2	0.057 0	0.054 1	0.050 1
270	−0.012 1	−0.012 8	−0.011 8	−0.009 2	−0.006 0	−0.003 6	−0.002 4	−0.003 3	−0.005 6	−0.009 1
271	−0.024 9	−0.026 0	−0.025 2	−0.022 6	−0.019 2	−0.016 4	−0.015 3	−0.016 7	−0.020 0	−0.024 7
272	0.087 5	0.086 0	0.086 3	0.088 8	0.092 2	0.094 2	0.094 7	0.093 4	0.090 1	0.085 4
273	0.084 1	0.083 4	0.083 8	0.086 2	0.089 5	0.091 2	0.091 2	0.089 5	0.085 8	0.080 6
274	0.005 1	0.005 0	0.006 9	0.010 5	0.013 8	0.015 7	0.016 0	0.013 9	0.009 6	0.004 0
275	−0.051 3	−0.051 4	−0.050 0	−0.047 1	−0.043 6	−0.041 8	−0.040 6	−0.041 5	−0.044 7	−0.049 0
276	−0.010 9	−0.010 8	−0.009 6	−0.006 5	−0.003 1	−0.000 8	−0.000 3	−0.002 2	−0.006 4	−0.011 7
277	−0.154 8	−0.155 6	−0.154 6	−0.152 2	−0.149 4	−0.147 0	−0.146 4	−0.148 6	−0.152 7	−0.157 6
278	−0.121 0	−0.121 0	−0.119 1	−0.115 8	−0.112 1	−0.109 2	−0.108 3	−0.110 1	−0.113 5	−0.117 7
279	0.181 6	−0.182 7	−0.181 6	−0.179 0	−0.176 0	−0.173 6	−0.172 9	−0.174 7	−0.178 5	−0.183 4
280	0.264 4	−0.265 3	−0.264 3	−0.261 3	−0.257 5	−0.254 5	−0.253 7	−0.255 5	−0.259 3	−0.264 3
281	0.168 2	−0.169 1	−0.168 0	−0.165 1	−0.161 0	−0.158 0	−0.157 9	−0.159 8	−0.162 9	−0.167 7
282	0.063 9	−0.064 1	−0.062 8	−0.060 5	−0.057 2	−0.054 1	−0.052 9	−0.054 3	−0.057 7	−0.062 5
283	0.022 0	0.022 0	0.023 1	0.025 9	0.029 9	0.033 4	0.035 0	0.033 9	0.030 0	0.024 0
284	0.118 4	0.118 5	0.119 8	0.122 6	0.126 0	0.128 8	0.130 3	0.129 6	0.126 2	0.120 0
285	0.152 9	0.151 7	0.152 7	0.155 3	0.158 4	0.160 8	0.161 0	0.158 6	0.154 6	0.148 4
286	0.206 5	0.205 8	0.206 6	0.208 7	0.211 6	0.214 2	0.214 6	0.212 1	0.207 7	0.201 3
287	0.225 8	0.225 2	0.226 4	0.228 9	0.232 2	0.234 9	0.235 4	0.232 9	0.227 7	0.220 4
288	0.144 1	0.143 8	0.145 2	0.147 7	0.150 7	0.153 0	0.153 4	0.150 9	0.146 3	0.140 5
289	0.221 1	0.221 3	0.222 9	0.225 6	0.228 0	0.229 4	0.229 9	0.228 0	0.223 6	0.217 8

表 6.13 高度值数据处理结果（七次测量）

	200	201	202	203	204	205	206	207	208	209
271	−0.058 2	−0.059 2	−0.058 2	−0.055 6	−0.052 2	−0.049 7	−0.048 7	−0.049 2	−0.051 3	−0.054 6
272	−0.018 4	−0.019 4	−0.018 6	−0.015 9	−0.012 6	−0.009 7	−0.008 9	−0.010 1	−0.012 7	−0.016 6
270	−0.009 6	−0.010 7	−0.010 2	−0.007 8	−0.004 9	−0.003 3	−0.003 2	−0.005	−0.008 2	−0.012 1
272	−0.053 7	−0.054 7	−0.053 9	−0.051 8	−0.049 2	−0.047 5	−0.047 4	−0.049 6	−0.053 3	−0.057 5
271	−0.043 9	−0.045 2	−0.044 8	−0.042 3	−0.038 5	−0.036	−0.035 4	−0.037 3	−0.041 4	−0.046 1
273	−0.003 6	−0.003 8	−0.002 3	−0.000 7	−0.003 6	−0.005 4	−0.005 9	0.004 6	0.001 1	−0.003 9
271	−0.024 9	−0.026	−0.025 2	−0.022 6	−0.019 2	−0.016 4	−0.015 3	−0.016 7	−0.02	−0.024 7

表 6.14 高度值数据处理结果（测量误差）

200	201	202	203	204	205	206	207	208	209	算术均值	标准偏差	最大残差
0.039 8	0.039 8	0.039 6	0.039 7	0.039 6	0.04	0.039 8	0.039 1	0.038 6	0.038	0.039 4	0.000 61	0.000 8
0.048 6	0.048 5	0.048	0.047 8	0.047 3	0.046 4	0.045 5	0.044 2	0.043 1	0.042 5	0.046 19	0.002 14	0.003 69
0.004 5	0.004 5	0.004 5	0.003 8	0.003	0.002 2	0.001 3	−0.000 4	−0.002	−0.002 9	0.001 85	0.002 14	0.004 75
0.014 3	0.014	0.013 4	0.013 3	0.013 7	0.013 7	0.013 3	0.011 9	0.009 9	0.008 5	0.012 6	0.002 51	0.004 1
0.054 6	0.055 4	0.055 9	0.054 9	0.048 6	0.044 3	0.042 8	0.044 6	0.050 2	0.050 7	0.050 2	0.003 4	0.007 4
0.033 3	0.033 2	0.033	0.033	0.033	0.033 3	0.033 4	0.032 5	0.031 3	0.029 9	0.032 59	0.001 07	0.002 69

6.9.2 *Ra* 重复测量精度

取苏联产粗糙度样块，样块 1 的表面粗糙度为▽8（*Ra*0.32～0.63 μm），样块 2 为▽10（*Ra*0.08～0.16 μm），样块 3 为▽9（*Ra*0.16～0.32 μm）。图 6.29 所示为三个样块的干涉图像，图 6.30 所示为三个样块的三维形貌。在同一取样长度上，重复七次测量粗糙度样块的轮廓算术偏差 *Ra*，测量数据与处理结果如表 6.15 所示。

(a)

(b)

(c)

图 6.29 三个样块的干涉图像

（a）样块 1；（b）样块 2；（c）样块 3

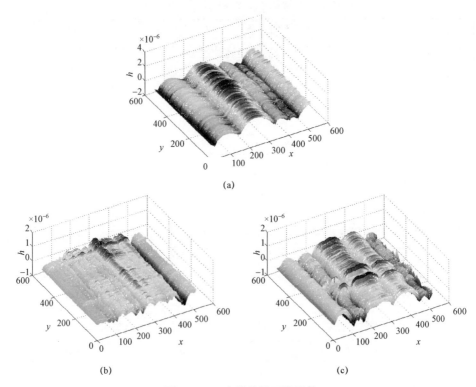

图 6.30 三个样块的三维形貌
(a) 样块 1；(b) 样块 2；(c) 样块 3

表 6.15　Ra 重复测量数据与处理结果　　　　　　　　　　　μm

项目	样块 1	样块 2	样块 3
1	0.328 69	0.164 28	0.228 62
2	0.328 44	0.164 31	0.227 37
3	0.328 16	0.164 69	0.227 28
4	0.327 09	0.165 44	0.225 63
5	0.326 73	0.164 53	0.227 55
6	0.328 45	0.164 35	0.228 05
7	0.327 73	0.164 94	0.229 87
算术平均值	0.327 899	0.164 649	0.227 767
标准偏差	0.000 691	0.000 390	0.001 306
最大残差	0.001 17	0.000 79	0.002 137

三个样块的 *Ra* 测量重复精度分别为 0.691 nm、0.390 nm 和 1.306 nm。

6.10　系统的稳定性

测量系统开机后，对标准多刻线样板同一测量位置（一个取样长度）上的 *Ra* 值进行测量，每隔 24 h 测一次，测量结果如表 6.16 所示，四次测像的平均值为 0.063 344 μm，最大残差为 0.634 nm。

在发现样板位置变动后，再次进行每隔 24 h 一次的稳定性测量，其测量结果如表 6.17 所示。三次测量结果均值为 0.076 093 μm，标准偏差为 0.003 426 926μm。

表 6.16　稳定性实验数据 1　　　　　　　　　　　　　　　μm

测量次数	1	2	3	4
测量值	0.063 636	0.062 71	0.063 521	0.063 509
算术平均值	0.063 344			
标准偏差	0.000 426 526			
最大残差	0.000 634			

表 6.17　稳定性实验数据 2　　　　　　　　　　　　　　　μm

测量次数	1	2	3
测量值	0.078 381	0.077 745	0.072 153
算术平均值	0.076 093		
标准偏差	0.003 426 926		
最大残差	0.003 94		

本章详细介绍了微分干涉相衬显微测量系统的实验及结果。实验结果表明：测量精度为 3.3 nm，具有优于 2.5 nm 的 *Ra* 重复测量精度，具有 4.6 nm 的垂直分辨率，系统稳定性为 3.5 nm。

在实验过程中，用 VC++语言编制了系统实时光强值显示及输出程序，提高了光学元件相互位置对准的准确性，精确地寻求到了消光点；提出了一种新的棱镜零位调整方法；应用"软件调平"功能调整了工作台的倾斜；采用数字信号滤波技术消除了系统误差引起的波纹度及系统噪声，去除了在图像的数字化和传输过程中产生的高频噪声和假轮廓，使得系统可以测量表面起伏峰峰值小于 0.15 μm 的物体；通过在程序中修改判据，将测量系统的差分范围扩展了两倍。对第四章中的相位解包裹的部分算法作了实验验证；解决了原理包裹和噪声包裹问题；证明了"基于相位跳变线估测的相位解包裹算法""基于一维 FFT 的相位解包裹算法"对位相截断的恢复是十分有效的。

第七章
多项式拟合

对干涉条纹的定性分析难以满足光学元件面形测量的精度要求。因此，利用计算机对干涉条纹进行数字化处理、分析是实现光学元件高精度面形测量的重要手段。数字化测量的一个基础方法为：对被测面进行多点采样，并用一组线性无关的基底函数拟合测试数据点，由连续的基底函数来表征被测面的面形。

通常情况下，光学检测中，被测面趋向于光滑且连续。这样的表面一定可以用一组完备基底函数的线性组合来表征。符合要求的基底函数形式并不唯一，但多数光学工作者选择利用 Zernike 多项式来表征光学元件面形误差。这是由 Zernike 多项式的一些特性决定的。（更详细的证明/说明见 7.1 节）

（1）Zernike 多项式在单位圆内部是连续正交的。而一般被测面是圆形的，归一化之后满足 Zernike 多项式的正交条件。正交条件使得拟合多项式的系数相互独立。需要注意的是，Zernike 多项式仅在单位圆的内部连续区域是正交的，通常在单位圆内部的离散的坐标上并不具备正交性质。

（2）Zernike 多项式具有旋转不变性，这使得多项式拟合具有良好的收敛性。

（3）Zernike 多项式与光学系统中常用的 Seidel 像差系数具有良好的对应关系。这为有选择地单独处理各像差系数、优化系统性能能提供了有效的途径。

值得说明的是，光学工作者经常使用 Zernike 多项式来表示光学元件面形误差，但这并不意味着 Zernike 多项式就一定是最好的拟合工具。事实上，实际使用的 Zernike 多项式项数是有限的，而且 Zernike 多项式本身也具有一定的缺陷，这使得利用 Zernike 多项式拟合面形误差时，会有一定的局限性，如果盲目利用它去拟合面形误差，也可能会得到极差的检测结果。

7.1　Zernike 圆多项式

标准 Zernike 多项式在单位圆内部连续正交。在光学系统的面形检测中，被测面一般为圆形。因此，标准 Zernike 多项式被用于拟合干涉测量结果后，得到了广泛的应用。然而，对于非圆形被测面，标准 Zernike 多项式的正交性被破坏，不能很好地表示像差。为了适应更多的光瞳形状，研究人员在标准 Zernike 多项式的基础上又拓展出了 Zernike 环多项式、Zernike 六边形多项式、Zernike 椭圆多项式、Zernike 矩形多项式、Zernike 正方形多项式、Zernike 狭缝多项式等不同的变形。为了加以区分，本书中将标准 Zernike 多项式称为 Zernike 圆多项式。Zernike 多项式的其他变形都是基于 Zernike 圆多项式的扩展，本书中只针对圆形光瞳的测量，因此此处仅仅讨论 Zernike 圆多项式的特性及意义。

Zernike 圆多项式是由无穷数量的多项式完全集组成的。在不同的应用和机构中，Zernike 项的排序方式可能略有不同。另外，不同表达式的基本形式基本一致，但为了实现不同的目的，归一化存在差异，不同表达式中 Zernike 项的系数也会有一定的差异。为了便于实现统计分析等，这里选择其中的一种进行说明。

Zernike 圆多项式的表达式如下：

$$\begin{aligned} Z_{\text{even }j}(\rho,\theta) &= \sqrt{2(n+1)}R_n^m(\rho)\cos(m\theta), m\neq 0 \\ Z_{\text{odd }j}(\rho,\theta) &= \sqrt{2(n+1)}R_n^m(\rho)\sin(m\theta), m\neq 0 \\ Z_j(\rho,\theta) &= \sqrt{(n+1)}R_n^0(\rho), m=0 \end{aligned} \quad (7-1)$$

式中，m 和 n 是自然数（包括 0），$n \geqslant m$，并且满足 n 和 m 的差为偶数，数字 n 表示多项式 $R_n^m(\rho)$ 的最高阶，m 表示方位频率；变量 j 表示多项式的序号数，也可以将 j 看作以 n 和 m 为自变量的函数。

从式（7-1）中可以看出，在极坐标中，Zernike 圆多项式可以分离为以 ρ 为自变量的径向函数和以 θ 为自变量的角度函数。其中，角度函数是二维旋转的基础函数，而径向多项式是由著名的雅可比多项式发展而来的。径向多项式 $R_n^m(\rho)$ 的定义如式（7-2）所示。

$$R_n^m(\rho) = \sum_{s=0}^{\frac{n-m}{2}} (-1)^s \frac{(n-s)!}{s!\left(\frac{n+m}{2}-s\right)!\left(\frac{n-m}{2}-s\right)!} \rho^{n-2s} \qquad (7-2)$$

Zernike 圆多项式的排序是这样的，以变量 j 作为 Zernike 多项式的序号数。当 j 为偶数时，对应 Zernike 圆多项式角度函数为 $\cos(m\theta)$；当 j 为奇数时，对应 Zernike 圆多项式角度函数为 $\sin(m\theta)$。n 和 m 的排列方式为，优先对 n 进行从小到大排序，之后，对于一个确定的 n 值，对 m 进行从小到大排序。在径向函数 $R_n^m(\rho)$ 中，ρ 的高阶项包括 ρ^n，ρ^{n-2}，$\cdots$，ρ^m。另外，从式（7-2）中可以看出，$R_n^n(\rho) = \rho^n$。当 $n/2$ 是偶数时，$R_n^m(0) = \delta_{m0}$；当 $n/2$ 是奇数时，$R_n^m(0) = -\delta_{m0}$。由以上可知，对于一组确定的 ρ 和 θ，Zernike 项是唯一的，而且从公式形式中可以看出，关于坐标轴的旋转，Zernike 圆多项式具有不变的形式。

标准 Zernike 圆多项式前 8 阶（$n \leq 8$）的表达式如表 7.1 所示。Zernike 圆多项式中，$R_n^m(\rho)$ 随着 ρ 的变化趋势如图 7.1、图 7.2、图 7.3 所示。

表 7.1　Zernike 圆多项式前 8 阶的表达式及其与像差的对应关系

j	n	m	$Z_j(\rho,\theta)$	像差名称
1	0	0	1	Piston 误差
2	1	1	$2\rho\cos\theta$	x 方向倾斜误差
3	1	1	$2\rho\sin\theta$	y 方向倾斜误差
4	2	0	$3^{1/2}(2\rho^2-1)$	离焦
5	2	2	$6^{1/2}\rho^2\sin(2\theta)$	45°方向初级散光
6	2	2	$6^{1/2}\rho^2\cos(2\theta)$	0°方向初级散光
7	3	1	$8^{1/2}(3\rho^2-2\rho)\sin\theta$	y 方向初级慧差
8	3	1	$8^{1/2}(3\rho^2-2\rho)\cos\theta$	x 方向初级慧差
9	3	3	$8^{1/2}\rho^3\sin(3\theta)$	y 方向三叶像差
10	3	3	$8^{1/2}\rho^3\cos(3\theta)$	x 方向三叶像差
11	4	0	$5^{1/2}(6\rho^4-6\rho^2+1)$	初级球差
12	4	2	$10^{1/2}(4\rho^4-3\rho^2)\cos(2\theta)$	0°方向二级散光
13	4	2	$10^{1/2}(4\rho^4-3\rho^2)\sin(2\theta)$	45°方向二级散光

续表

j	n	m	$Z_j(\rho,\theta)$	像差名称
14	4	4	$10^{1/2}\rho^4\cos(4\theta)$	
15	4	4	$10^{1/2}\rho^4\sin(4\theta)$	
16	5	1	$12^{1/2}(10\rho^5-12\rho^3+3\rho)\cos\theta$	x 方向二级慧差
17	5	1	$12^{1/2}(10\rho^5-12\rho^3+3\rho)\sin\theta$	y 方向二级慧差
18	5	3	$12^{1/2}(5\rho^5-4\rho^3)\cos(3\theta)$	
19	5	3	$12^{1/2}(5\rho^5-4\rho^3)\sin(3\theta)$	
20	5	5	$12^{1/2}\rho^5\cos(5\theta)$	
21	5	5	$12^{1/2}\rho^5\sin(5\theta)$	
22	6	0	$7^{1/2}(20\rho^6-30\rho^4+12\rho^2-1)$	二级球差
23	6	2	$14^{1/2}(15\rho^6-20\rho^4+6\rho^2)\sin(2\theta)$	45°方向三级散光
24	6	2	$14^{1/2}(15\rho^6-20\rho^4+6\rho^2)\cos(2\theta)$	0°方向三级散光
25	6	4	$14^{1/2}(6\rho^6-5\rho^4)\sin(4\theta)$	
26	6	4	$14^{1/2}(6\rho^6-5\rho^4)\cos(4\theta)$	
27	6	6	$14^{1/2}\rho^6\sin(6\theta)$	
28	6	6	$14^{1/2}\rho^6\cos(6\theta)$	
29	7	1	$16^{1/2}(35\rho^7-60\rho^5+30\rho^3-4\rho)\sin\theta$	y 方向三级慧差
30	7	1	$16^{1/2}(35\rho^7-60\rho^5+30\rho^3-4\rho)\cos\theta$	x 方向三级慧差
31	7	3	$16^{1/2}(21\rho^7-30\rho^5+10\rho^3)\sin(3\theta)$	
32	7	3	$16^{1/2}(21\rho^7-30\rho^5+10\rho^3)\cos(3\theta)$	
33	7	5	$16^{1/2}(7\rho^7-6\rho^5)\sin(5\theta)$	
34	7	5	$16^{1/2}(7\rho^7-6\rho^5)\cos(5\theta)$	
35	7	7	$16^{1/2}\rho^7\sin(7\theta)$	
36	7	7	$16^{1/2}\rho^7\cos(7\theta)$	
37	8	0	$3(70\rho^8-140\rho^6+90\rho^4-20\rho^2+1)$	三级球差
38	8	2	$18^{1/2}(56\rho^8-105\rho^6+60\rho^4-10\rho^2)\cos(2\theta)$	0°方向4级散光
39	8	2	$18^{1/2}(56\rho^8-105\rho^6+60\rho^4-10\rho^2)\sin(2\theta)$	45°方向4级散光
40	8	4	$18^{1/2}(28\rho^8-42\rho^6+15\rho^4)\cos(4\theta)$	

续表

j	n	m	$Z_j(\rho,\theta)$	像差名称
41	8	4	$18^{1/2}(28\rho^8 - 42\rho^6 + 15\rho^4)\sin(4\theta)$	
42	8	6	$18^{1/2}(8\rho^8 - 7\rho^6)\cos(6\theta)$	
43	8	6	$18^{1/2}(8\rho^8 - 7\rho^6)\sin(6\theta)$	
44	8	8	$18^{1/2}\rho^8 \cos(8\theta)$	
45	8	8	$18^{1/2}\rho^8 \sin(8\theta)$	

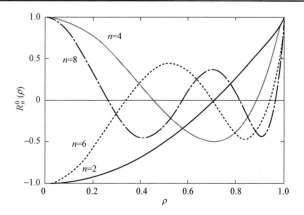

图 7.1 $m=0$ 时，$R_n^m(\rho)$ 随着 ρ 的变化趋势

表 7.1 所示为 Zernike 圆多项式前 8 阶的表达式及其与像差的对应关系。说明：表中为了更好地说明 Zernike 圆多项式与公式的对应关系，这里没有对一些常数进行完全的简化，如没有将 $8^{1/2}$ 写作 $2 \times 2 \times 2^{1/2}$。

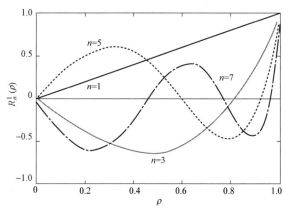

图 7.2 $m=1$ 时，$R_n^m(\rho)$ 随着 ρ 的变化趋势

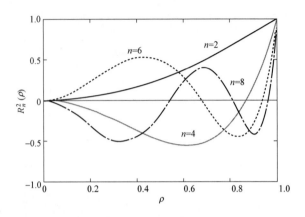

图 7.3　$m=2$ 时，$R_n^m(\rho)$ 随着 ρ 的变化趋势

（1）Zernike 圆多项式中，变量 n、m 和 j 之间的对应关系。

从前述的公式和表 7.1 中，我们可以得到这样一个结论，对于一个给定的 n，与之对应的 Zernike 项有 $n+1$ 个。那么，根据数学计算，小于等于 n 阶的 Zernike 项的个数为

$$N_n =(n+1)(n+2)/2 \tag{7-3}$$

对于一个给定的变量 n，Zernike 项的数量 N_n 表示的是 n 对应的 j 值中的最大的 j 值。由于相同 n 值，但不同 m 值的项数等于 $n+1$，因此给定 n 值时 j 的最小值是 N_n-n。对于一组给定的 m 和 n（$n\neq0$），可能存在两个 j 值，分别为 $N_n-n+m-1$ 和 N_n-n+m。其中，偶数项对应 $\cos(m\theta)$，奇数项对应 $\sin(m\theta)$。当 $m=0$ 时，j 的值为 N_n-n。

对于一个给定的 j 值，我们很容易得到 n 的表达式。

$$n =\left[(2j-1)^{1/2}+0.5\right]_{\text{integer}}-1 \tag{7-4}$$

式中，下标 integer 表示取其整数部分。当 n 确定时，我们可以写出 m 关于 n 和 j 的表达式。

$$m=\begin{cases}2\{[2j+1-n(n+1)]/4\}_{\text{integer}} & n\text{为偶数}\\ 2\{[2(j+1)-n(n+1)]/4\}_{\text{integer}}-1 & n\text{为奇数}\end{cases} \tag{7-5}$$

（2）正交性。

多项式 $R_n^m(\rho)$ 满足正交性条件，即

$$\int_0^1 R_n^m(\rho) R_{n'}^m(\rho) \, \mathrm{d}\rho = \frac{1}{2(n+1)} \delta_{nn'} \tag{7-6}$$

角函数的正交性如下：

$$\int_0^{2\pi} \mathrm{d}\theta \begin{cases} \cos(m\theta)\cos(m'\theta), & j \text{和} j' \text{都是偶数} \\ \cos(m\theta)\sin(m'\theta), & j \text{是偶数}, j' \text{是奇数} \\ \sin(m\theta)\cos(m'\theta), & j \text{是奇数}, j' \text{是偶数} \\ \sin(m\theta)\sin(m'\theta), & j \text{和} j' \text{都是奇数} \end{cases} \tag{7-7}$$

$$= \begin{cases} \pi(1+\delta_{m0})\delta_{mm'} & j \text{和} j' \text{都是偶数} \\ \pi\delta_{mm'} & j \text{和} j' \text{都是奇数} \\ 0 & \text{其他} \end{cases}$$

因此，我们可以得到这样一个结论，在单元圆内，Zernike 圆多项式是正交的。

$$\int_0^1 \int_0^{2\pi} Z_j(\rho,\theta) Z_{j'}(\rho,\theta) \rho \, \mathrm{d}\rho \mathrm{d}\theta \tag{7-8}$$

（3）旋转不变性。

Zernike 圆多项式可以被分解为一个以 ρ 为自变量的径向函数和一个以 θ 为自变量的角度函数。其形式如下：

$$Z(\rho,\theta) = R(\rho) G(\theta) \tag{7-9}$$

式中，关于角度的函数 $G(\theta)$ 是一个以 2π 弧度为周期的连续函数，并且满足当坐标系旋转 α 角度之后，其形式不发生改变，也就是旋转不变性。对于任意角度 α，下列公式成立：

$$Z(\rho,\theta+\alpha) = R(\rho) G(\theta+\alpha) \tag{7-10}$$

在直角坐标系（或者是极坐标系）中，假设对 x 轴（或极轴）进行一定角度的旋转，函数形式不会发生任何的变化。即不论圆形被测镜绕着 z 轴旋转多大的角度，都不会影响到 Zernike 圆多项式的正交性。这也就意味着，理论上，对于圆形光瞳而言，光瞳绕着 z 轴的旋转不会使得 Zernike 多项式失效。这也符合我们对于光学测量的一般认知。

（4）Zernike 圆多项式与像差之间的对应关系。

由于 Zernike 圆多项式系数与光学设计中惯用的 Seidel 像差有一定的联系，因此用 Zernike 圆多项式对非球面面形数据进行处理的方法已经广泛应用于干涉仪数据处理软件（如 MetroPro、Wisp）、光学系统设计软件（如 Zemax、Code V）和干涉检测等领域。

Zernike 多项式与像差有着较强的对应关系，表 7.2 给出了部分 Zernike 项与像差的对应关系。

表 7.2 部分 Zernike 项与像差的对应关系

n \ m	0	1	2	3	4	5
0	$Z_1 = 1$ Piston 误差					
1		$Z_2 = 2\rho \cdot \cos\theta$ $Z_3 = 2\rho \cdot \sin\theta$ 倾斜误差				
2	$Z_4 = 3^{1/2} \cdot$ $(2\rho^2 - 1)$ 离焦误差		$Z_5 = 6^{1/2} \cdot$ $\rho^2 \sin(2\theta)$ $Z_6 = 6^{1/2} \cdot$ $\rho^2 \cos(2\theta)$ 初级散光误差			
3		$Z_7 = 8^{1/2} \cdot$ $(3\rho^2 - 2\rho)\sin\theta$ $Z_8 = 8^{1/2} \cdot$ $(3\rho^2 - 2\rho)\cos\theta$ 初级慧差		$Z_9 = 8^{1/2} \cdot$ $\rho^3 \sin(3\theta)$ $Z_{10} = 8^{1/2} \cdot$ $\rho^3 \cos(3\theta)$ 三叶像差		
4	$Z_{11} = 5^{1/2} \cdot$ $(6\rho^4 - 6\rho^2 + 1)$ 初级球差		$Z_{12} = 10^{1/2}(4\rho^4 - 3\rho^2)\cos(2\theta)$ $Z_{13} = 10^{1/2}(4\rho^4 - 3\rho^2)\sin(2\theta)$ 二级散光		$Z_{14} = 10^{1/2} \cdot$ $\rho^4 \cos(4\theta)$ $Z_{15} = 10^{1/2} \cdot$ $\rho^4 \sin(4\theta)$	
5		$Z_{16} = 12^{1/2} \cdot$ $(10\rho^5 - 12\rho^3 + 3\rho) \cdot \cos\theta$ $Z_7 = 12^{1/2} \cdot$ $(10\rho^5 - 12\rho^3 + 3\rho) \cdot \sin\theta$ 二级慧差		$Z_{18} = 12^{1/2}$ $(5\rho^5 - 4\rho^3) \cdot$ $\cos(3\theta)$ $Z_{19} = 12^{1/2}$ $(5\rho^5 - 4\rho^3) \cdot$ $\sin(3\theta)$		$Z_{20} = 12^{1/2} \cdot$ $\rho^5 \cos(5\theta)$ $Z_{21} = 12^{1/2} \cdot$ $\rho^5 \sin(5\theta)$

续表

n \ m	0	1	2	3	4	5
6	$Z_{22} = 7^{1/2}$ $(20\rho^6 - 30\rho^4 + 12\rho^2 - 1)$ 二级球差		$Z_{23} = 14^{1/2}$ $(15\rho^6 - 20\rho^4 + 6\rho^2)\sin(2\theta)$ $Z_{24} = 14^{1/2} \cdot$ $(15\rho^6 - 20\rho^4 + 6\rho^2)\cos(2\theta)$ 三级散光		$Z_{25} = 14^{1/2} \cdot$ $(6\rho^6 - 5\rho^4) \cdot$ $\sin(4\theta)$ $Z_{26} = 14^{1/2} \cdot$ $(6\rho^6 - 5\rho^4) \cdot$ $\cos(4\theta)$	

高阶像差的空间分布变化很大，并且通常不对应于制造的光学系统的经典像差（如 Seidel 像差）。相反，Zernike 圆多项式通常用于表示高阶像差。一阶 Zernike 圆多项式表示倾斜，二阶对应于散焦和散光，三阶是慧差和三叶像差等。三阶和更高阶被统称为高阶像差或不规则像差。Zernike 圆多项式在数学上也很简单，并具有完善的属性。

由于 Zernike 圆多项式的正交性，当波前在 Zernike 圆多项式上进行扩展时，扩展系数的值与扩展之前使用的多项式的系数无关。即添加或者减少一个多项式项不会影响到其他的 Zernike 圆多项式的系数。这里，我们结合干涉测量方法，对 Zernike 多项式中前三项 Zernike 系数对应的像差进行更详细的说明。

值得说明的是，低阶像差对成像质量的影响较高，除此之外，在检测被加工面的过程中，精确的检测低阶像差可以为镜面加工工艺的改进提供有效的技术支持，而高阶像差的探测难度大，且很难帮助改进镜面加工工艺。

常数项（即 $C0$，对应 Piston 误差）：代表两个相干平面波有一定的"间距"，它是在把干涉波面数字化时由干涉条纹零级选择的任意性引起的。

$\rho\sin\theta$，$\rho\cos\theta$（即 $C1/C2$，对应 tip/tilt）称为倾斜项：它的系数反映了两相干平面波间存在着一定的夹角。其拟合系数的大小反映了两相干平面波存在着夹角的大小，具体反映为干涉条纹的疏密程度。如当被测面是球面时，我们希望 $C1/C2$ 具有一定的大小，这样才能得到较好的干涉图像。

$2\rho^2 - 1$ 项：对应着初级像差——像场弯曲。它反映了被测表面整体上的凹凸，代表了被测平面的非平面度部分。

$\rho^2\cos(2\theta)$，$\rho^2\sin(2\theta)$ 项：二者合起来对应着初级像差——像散。当被测

面表面不具有较好的球面形式时,它的系数明显增大。它也代表了被测面的平面度误差。

在上述 Zernike 圆多项式的低阶项中,$C0$、$C1$、$C2$ 项的波面信息为整个干涉波面的相位大小,三者对应的像差是由装调过程造成的,与被测面本身没有关系,以及 $C0$、$C1$、$C2$ 项中不包含被测面表面信息。因此,在使用 Zernike 圆多项式进行拟合时,进一步获得面形精度时,可以将拟合结果中的这三项直接调为 0。这样便可以去除它们对于整个干涉波面的相位贡献,也就完成了将其从干涉波面的波面函数中分离出去的任务。

7.2 Zernike 圆多项式项数确定

正确地使用 Zernike 圆多项式是进行误差拟合的关键。根据定义,Zernike 圆多项式具有无穷多项。按照经验,选择尽可能高阶的 Zernike 圆多项式来拟合干涉波面,可能会获得更好的拟合结果。然而实践表明,当把 Zernike 圆多项式的项数提高到一定程度时,拟合的波面函数一致性受到很大的破坏。Zernike 圆多项式的项数选择不当可能会产生"相关"或者"病态"问题。大量的实验和仿真结果表明,无限制地增加 Zernike 圆多项式的项数可能会使多项式拟合精度很低甚至使拟合中断失败(我们一般用 RMS 值和 PV 值对多项式拟合结果进行评价)。

最早由于缺少理论知识的指导,一般以经验作为参考依据。比如在一些应用中,一般会选取 Zernike 多项式的前 36 项进行波面拟合。对照表 7.1,我们可以看到第 36 项是 $n=7$ 时,j 的最大值。这一现象并非偶然,而是由 Zernike 圆多项式的性质决定的。Zernike 圆多项式的最佳拟合项数应当对应 7.1 节中的 N_n。即对一个确定的阶数 n_0(后面会提到 n_0 不能大于某个值),在采样点充足的情况下,将表 7.1 中 n_0 对应的前 N_n 项代入函数拟合中,有助于获得更高精度的多项式拟合结果。

以经验作为参考依据选取 Zernike 圆多项式项目的方法能够在一定程度上解决多项式拟合问题。但经验方法在科学研究中置信度不高,而且个人差异明显,难以实现自动化控制。

而依据上面的分析,在不同的条件下,最佳的 Zernike 项数也存在差异,即选取固定的 36 项(光学拟合中常用到的项数)进行函数拟合往往难以得到最佳的波面拟合结果。因此，在进行波面的多项式拟合时，选择 Zernike 圆多项式的多少项进行函数拟合成为困扰我们的一个难题。

大量科研人员对该问题进行了研究，较好的研究方法和结果主要包含以下两种：一是 Zernike 圆多项式拟合干涉波面的阶不能大于被测光瞳内干涉条纹的数量（$n \leqslant k$），以避免拟合计算过程中出现"相关"或"病态"，保证干涉检测结果的可靠性；二是逐步回归法。分别总结如下：

1. Zernike 圆多项式拟合光学平面干涉波面基本原则

科研工作者对利用 Zernike 圆多项式进行多项式拟合方面投入了大量的精力，得出了 Zernike 圆多项式拟合干涉波面的阶不能大于被测光瞳内干涉条纹的数量（$n \leqslant k$），以避免拟合计算过程中出现"相关"或"病态"，保证干涉检测结果的可靠性这一结论。以下，我们将之称为 $n \leqslant k$ 准则。

其中的一个研究实例如下：

（1）调整仿真参数，使得干涉图中干涉条纹数量为 5 条。

（2）在干涉图解包裹的相位图上，等间距选取 20×20 个点作为采样点。

（3）分别选取 Zernike 圆多项式前 10 项（$j=10$，$n=3$）、前 15 项（$j=15$，$n=4$）、前 21 项（$j=21$，$n=5$）、前 28 项（$j=28$，$n=6$）、前 36 项（$j=36$，$n=7$），对干涉波面进行多项式拟合。拟合结果表明：只有前 10 项、前 15 项阶的 Zernike 圆多项式取得了良好的拟合结果，无论对条纹相位还是对理想平面的拟合，精度都很高。但是，对于前 21 项、前 28 项和前 36 项的拟合，拟合精度与结构均发生了突变。随着 Zernike 多项式拟合阶的增加，拟合精度没有增高，反而急剧变坏。若被拟合面是理想平面的干涉波面，则拟合过程被迫中断。

（4）增加采样点数量，重复第（3）步，结果变化不大。

（5）调整参数，将干涉条纹数量改为 6 条，重复第（2）步和第（3）步，然后将干涉条纹数量调为 7 条，并重复第（2）步和第（3）步。

（6）将仿真获得的数据绘制成表，观察规律。

最终，根据控制变量法，研究人员对利用 Zernike 圆多项式进行面形拟合的规则和基本原则进行了归纳分析。

（1）在阶数（n）选择合理的情况下，增加采样点能够有效地减少噪声对多项式拟合结果的影响，进一步提高对干涉面的拟合精度。

（2）在采样数一定的情况下（采样数不能太少），当选取的阶数不大于条纹数时，更多的 Zernike 项拟合结果优于更少的 Zernike 项。

(3)拟合时，如果选取的 Zernike 圆多项式的阶与干涉条纹的数量相等，并且采样点不太少，依然可以得到精度较高的拟合结果，没有发生突变。但是被测平面的平整度误差会出现突变，这表明当 Zernike 圆多项式的阶与干涉条纹数量相等时，利用拟合结果进行平面平整度检测的可靠性无法保证。

(4)当选取的 Zernike 圆多项式的阶大于干涉条纹的数量时，拟合过程会出现突变情况。

上述结果表明：用 Zernike 圆多项式对干涉图案进行拟合时，当选取的 Zernike 圆多项式的阶小于干涉条纹数量与数字"1"的差时，能得到高精度的函数拟合结果。当选取的 Zernike 圆多项式的阶等于干涉条纹数量时，依然可以得到精度较高的拟合结果，没有发生突变。但是被测平面的平整度误差会出现突变。因此，在确定 Zernike 圆多项式时，应保证 Zernike 圆多项式拟合干涉波面的阶不能大于被测光瞳内干涉条纹的数量，即我们所说的 $n \leqslant k$ 准则。

$n \leqslant k$ 准则的优势在于，干涉条纹的条纹数量很容易确定，这可以帮助我们快速确定 Zernike 项的数量。除此之外，在实验中，我们可以人为控制 tip-tilt 的范围，从而有目的地控制干涉条纹数量，尽可能提高干涉测量中的拟合精度。$n \leqslant k$ 准则能够极大程度地提高测量效率，为数字化干涉测量系统在高精度条件下实现自动化控制提供了可靠保证。

其不足之处在于，该方法仅适用于干涉测量方法，难以应用到其他的光学元件测量方法中，如 3D 坐标测量法、几何光学检测法。

2. 逐步回归法

逐步回归法往往用于建立最优或合适的回归模型，从而更加深入地研究变量之间的依赖关系。逐步回归算法的基本思想是：逐个引入自变量，当满足其偏回归方程和经验显著时，引入自变量。同时，每引入一个自变量，对已选入老变量逐个进行检测，将其中不显著的变量剔除，以确保每一个变量都是显著的。终止条件为，不能引入新的变量，最终得到优选后的回归方程。值得说明的是，在逐步回归法中，变量"j""n""m"的定义与 Zernike 圆多项式中这三个变量的定义不同，两者不可混淆。

在对逐步回归法进行详细说明之前，需要对 Zernike 圆多项式拟合波面的方式进行简单说明。在笛卡儿直角坐标系中,将波面 $\varphi(x,y)$ 表示为 n 项 Zernike 圆多项式的线性组合。

$$\varphi(x,y) = \sum_{n=0}^{\infty} k_n z_n(x,y) \qquad (7-11)$$
$$= k_0 + k_1 z_1(x,y) + k_2 z_2(x,y) + \cdots + k_n z_n(x,y) + \varepsilon$$

式中,z_n 为 Zernike 圆多项式第 n 项;k_n 为 Zernike 圆多项式第 n 项的系数。$z_n(x,y)$ 的计算方法是将 x 和 y 转换成关于 ρ 和 θ 的函数,如式(7-12)所示,然后将式(7-12)代入式(7-1)中,即可得到 $z_n(x,y)$ 的表达式。

$$(x,y) = \rho(\cos\theta, \sin\theta) \qquad (7-12)$$

表 7.3 列出了瞳孔点 Zernike 圆多项式在笛卡儿坐标 (x,y) 下的表达式的前 45 项。(其中 $0 \leqslant \rho = (x^2+y^2)^{1/2} \leqslant 1$)

表 7.3　Zernike 圆多项式在笛卡儿坐标 (x,y) 下的表达式

多项式	$Z_j(x,y)$
Z_1	1
Z_2	$2x$
Z_3	$2y$
Z_4	$3^{1/2}(2\rho^2 - 1)$
Z_5	$2 \times 6^{1/2} xy$
Z_6	$6^{1/2}(x^2 - y^2)$
Z_7	$8^{1/2} y(3\rho^2 - 2)$
Z_8	$8^{1/2} x(3\rho^2 - 2)$
Z_9	$8^{1/2} y(3x^2 - y^2)$
Z_{10}	$8^{1/2} x(x^2 - 3y^2)$
Z_{11}	$5^{1/2}(6\rho^4 - 6\rho^2 + 1)$

续表

多项式	$Z_j(x, y)$
Z_{12}	$10^{1/2}(x^2-y^2)(4\rho^2-3)$
Z_{13}	$2\times 10^{1/2}\,xy(4\rho^2-3)$
Z_{14}	$10^{1/2}(\rho^4-8x^2y^2)$
Z_{15}	$4\times 10^{1/2}\,xy(x^2-y^2)$
Z_{16}	$12^{1/2}x(10\rho^4-12\rho^2+3)$
Z_{17}	$12^{1/2}y(10\rho^4-12\rho^2+3)$
Z_{18}	$12^{1/2}x(x^2-3y^2)(5\rho^2-4)$
Z_{19}	$12^{1/2}y(3x^2-y^2)(5\rho^2-4)$
Z_{20}	$12^{1/2}x(16x^4-20x^2\rho^2+5\rho^4)$
Z_{21}	$12^{1/2}y(16y^4-20y^2\rho^2+5\rho^4)$
Z_{22}	$7^{1/2}(20\rho^6-30\rho^4+12\rho^2-1)$
Z_{23}	$2\times 14^{1/2}\,xy(15\rho^4-20\rho^2+6)$
Z_{24}	$14^{1/2}(x^2-y^2)(15\rho^4-20\rho^2+6)$
Z_{25}	$4\times 14^{1/2}\,xy(x^2-y^2)(6\rho^2-5)$
Z_{26}	$14^{1/2}(8x^4-8x^2\rho^2+\rho^4)(6\rho^2-5)$
Z_{27}	$14^{1/2}xy(32x^4-32x^2\rho^2+6\rho^4)$
Z_{28}	$14^{1/2}(32x^6-48x^4\rho^2+18x^2\rho^4-\rho^6)$
Z_{29}	$4y(35\rho^6-60\rho^4+30\rho^2-4)$
Z_{30}	$4x(35\rho^6-60\rho^4+30\rho^2-4)$
Z_{31}	$4y(3x^2-y^2)(21\rho^4-30\rho^2+10)$
Z_{32}	$4x(3x^2-y^2)(21\rho^4-30\rho^2+10)$
Z_{33}	$4(7\rho^2-6)[4x^2y(x^2-y^2)+y(\rho^4-8x^2y^2)]$

续表

多项式	$Z_j(x, y)$
Z_{34}	$4(7\rho^2 - 6)[x(\rho^4 - 8x^2y^2) - 4xy^2(x^2 - y^2)]$
Z_{35}	$8x^2y(3\rho^4 - 16x^2y^2) + 4y(x^2 - y^2)(\rho^4 - 16x^2y^2)$
Z_{36}	$4x(x^2 - y^2)(\rho^4 - 16x^2y^2) - 8xy^2(3\rho^4 - 16x^2y^2)$
Z_{37}	$3(70\rho^8 - 140\rho^6 + 90\rho^4 - 20\rho^2 + 1)$
Z_{38}	$18^{1/2}(56\rho^6 - 105\rho^4 + 60\rho^2 - 10)(x^2 - y^2)$
Z_{39}	$2 \times 18^{1/2}xy(56\rho^6 - 105\rho^4 + 60\rho^2 - 10)$
Z_{40}	$18^{1/2}(28\rho^4 - 42\rho^2 + 15)(\rho^4 - 8x^2y^2)$
Z_{41}	$4 \times 18^{1/2}xy(28\rho^4 - 42\rho^2 + 15)(x^2 - y^2)$
Z_{42}	$18^{1/2}(x^2 - y^2)(\rho^4 - 16x^2y^2)(8\rho^2 - 7)$
Z_{43}	$2 \times 18^{1/2}xy(3\rho^4 - 16x^2y^2)$
Z_{44}	$2 \times 18^{1/2}(\rho^4 - 8x^2y^2)^2 - \rho^8$
Z_{45}	$8 \times 18^{1/2}xy(x^2 - y^2)(\rho^4 - 8x^2y^2)$

对于 m 个离散测量数据点 $\varphi_i(x_i, y_i)$，其中，$i=1, 2, \cdots, m$，令 $z_{ij}=z_j(x_i, y_i)$，$i=1, 2, \cdots, m$，$j=1, 2, 3, \cdots, n$。

将 z_{ij} 代入式（7-12）中，得到

$$\begin{cases} k_0 + z_{11}k_1 + z_{12}k_2 + \ldots + z_{1n}k_n + \varepsilon_1 = \phi_1 \\ k_0 + z_{21}k_1 + z_{22}k_2 + \ldots + z_{2n}k_n + \varepsilon_2 = \phi_2 \\ \quad \ldots \\ k_0 + z_{m1}k_1 + z_{m2}k_2 + \ldots + z_{mn}k_n + \varepsilon_m = \phi_m \end{cases} \quad (7-13)$$

改写成为矩阵的形式

$$\boldsymbol{\Phi} = \boldsymbol{Z} \cdot \boldsymbol{K} + \boldsymbol{\varepsilon} \quad (7-14)$$

式中，$\boldsymbol{Z}=(z_{ij})$ 为 $m \times n$ 矩阵。$\boldsymbol{K}=(k_1 \ k_2 \ \cdots \ k_n)^T$，$\boldsymbol{\Phi}=(\phi_1 \ \phi_2 \ \ldots \ \phi_m)^T$，$\boldsymbol{\varepsilon}=(\varepsilon_1 \ \varepsilon_2 \ \cdots \ \varepsilon_m)^T$，其中参数 $\boldsymbol{K}$ 为 Zernike 圆多项式系数矩阵。在这里我们假

设 b_0, b_1, b_2, $\cdots$, b_n 分别是 k_0, k_1, k_2, $\cdots$, k_n 的最小二乘估计，于是回归方程为

$$\hat{\varphi} = b_0 + b_1 z_1 + b_2 z_2 + \cdots + b_n z_n \qquad (7-15)$$

逐步回归法的计算具体可以分为以下几个步骤：

步骤 1：参数计算。

（1）均值计算。

$$\overline{z}_i = \frac{1}{m} \sum_{k=1}^{m} z_{ki}, i = 1,2,\cdots,n, \varphi = \frac{1}{m} \sum_{k=1}^{m} \varphi_k \qquad (7-16)$$

（2）离差矩阵求解。

$$s_{ij} = s_{ji} = \sum_{k=1}^{m} (z_{ki} - \overline{z}_i)(z_{kj} - \overline{z}_j), (i,j = 1,2,\cdots,n) \qquad (7-17)$$

对离差矩阵增加新列，即第 $n+1$ 列，其公式由下式给出：

$$s_{i\varphi} = \sum_{k=1}^{m} (z_{ki} - \overline{z}_i)(\varphi_k - \varphi), (i = 1,2,\cdots,n) \qquad (7-18)$$

（3）为了便于计算，引入一个新的变量。

$$\gamma_{ij} = \frac{s_{ij}}{\sqrt{s_{ii}} \sqrt{s_{jj}}}, (i = 1,2,\cdots,n; j = 1,2,\cdots,n) \qquad (7-19)$$

将 n 行，$n+1$ 列的扩展离差矩阵变换为式（7-14）相关系数矩阵。

步骤 2：逐步计算。

假设已经计算到 l 步，其对应的相关系数矩阵元素用上标 l 标记，记为 $\gamma_{ij}^{(l)}$ ($i = 1, 2, \cdots, n; j = 1, 2, \cdots, n, \varphi$)。之后的计算为：

（1）求出每一个变量对回归方程的贡献。如果在第 $l+1$ 步要从回归方程中淘汰变量 z_i，则损失的贡献为

$$\tilde{V}_i = (\gamma_{i\varphi}^{(l)})^2 / \gamma_{ii}^{(l)} \qquad (7-20)$$

（2）在所有已经引入的自变量中，求出需要舍去的变量，先求出对结果贡献度最小的变量，然后对其进行统计检验。确认该对象是否符合被淘汰的标准。

贡献量最小变量的计算方法为

$$\tilde{V}_k^{(l)} = \min\left\{\tilde{V}_i^{(l)} | i \text{ 是各已引入编号的变量}\right\} \quad (7-21)$$

（3）计算相应的 F 值，如果满足 $F>F_\alpha$（F_α 为阈值），不能舍去 z_k，应从未引入的变量中选出贡献最大的变量，计算

$$\tilde{V}_k^{(l+1)} = \max\left\{\tilde{V}_i^{(l)} | i \text{ 是各未引入编号的变量}\right\} \quad (7-22)$$

F 值的计算方法为：$F=(m-r-2)\tilde{V}_k^{(l+1)}/\tilde{Q}^{(l+1)}$，式中，$Q$ 表示观察值与回归值之间的离差平方和，其定义公式为式（7-25）。如果 F 大于阈值，则应该把变量 z_k 引入回归方程中，然后开始消去运算；如果 F 小于阈值，则表示变量 z_k 不应该被引入回归方程中。

（4）消去运算。对需要淘汰或引进的变量 z_k 进行一次消去运算，即按照下述公式对相关系数矩阵进行计算：

$$\gamma_{ij}^{(l+1)} = \begin{cases} \gamma_{kj}^{(l)}/\gamma_{kk}^{(l)} & (i=k, j \neq k) \\ \gamma_{ij}^{(l)} - \gamma_{ik}^{(l)}\gamma_{kj}^{(l)}/\gamma_{kk}^{(l)} & (i \neq k, j \neq k) \\ 1/\gamma_{kk}^{(l)} & (i=k, j=k) \\ -\gamma_{ik}^{(l)}/\gamma_{kk}^{(l)} & (i \neq k, j=k) \end{cases} \quad (7-23)$$

然后，重复式（7-21）~式（7-23），截止条件为既不能剔除数据，也无法再被重新引入，结束逐步计算过程。

步骤3：计算回归方程。

设在 l 后停止逐步计算，引入变量个数为 r。对每个引入的变量 z_i 计算回归系数：

$$b_i^{(l)} = \gamma_{i\varphi}^{(l)}\sqrt{s_{\varphi\varphi}}/\sqrt{s_{ii}} \quad (7-24)$$

相比于其他方法得到的多项式拟合结果，以逐步回归分析方法得到的多项式拟合结果具有最高的拟合精度。

逐步回归法通过对构造的回归方程组进行分析，从众多的多项式模式中，选取影响最显著的模式，从而得到被测面的最优模式的组合。

相比较于经验法，该方法通过严格的数学统计方法来选取 Zernike 圆多项式的模式组合，而不是凭经验来选取，具有一定的研究意义。相比较于 $n \leq k$ 准则，该方法的复杂度远远高于 $n \leq k$ 准则。计算难度大，工作复杂等因素对该方法的推广、使用造成较大的限制。其优势在于，该方法虽然是基于干涉波面拟合提出的，但是对应其他波面的拟合也同样适用。这样就能够

满足三维表面形貌测量或者是几何光学检测法等没有干涉条纹的光学元件面形测量方法。

7.3 最小二乘正则法

正确求解出 Zernike 圆多项式拟合干涉波面的拟合系数是现在数字化干涉精密检测技术的重要部分。

求解 Zernike 圆多项式拟合光学干涉波面系数有一些常用的方法：一是最小二乘法，二是 Gram-Schimdt 正交法，三是 Householder 变换法。事实上，众多的算法可以分成两类基本算法，一类是直接应用最小二乘法求解 Zernike 圆多项式拟合系数；另一类是利用 Zernike 多项式构造一个新的正交归一化的函数系，并对新的函数系运用最小二乘法。在本书的 7.3 节对最小二乘法进行讨论，在本书的 7.4 节对 Gram-Schimdt 正交法进行讨论。在本书中，不对 Householder 变换法进行讨论和说明。

在函数拟合过程中，我们将测量量当作已知数据代入拟合函数中，得到式（7-14）。对于式（7-14），如果去除掉 $(\varepsilon_1, \varepsilon_2, \cdots, \varepsilon_m)^T$，就得到一个非齐次线性方程，只要解算出这个方程组系数解，即可得到被测表面和干涉仪参考面之间形成的干涉波面用 Zernike 多项式表达的波面函数。如何求解出拟合系数即完成对干涉波面的 k_i 拟合是问题讨论的中心。原则上，对光学干涉波面进行 Zernike 多项式拟合是一个数学问题。然而，在测量系统中，绝大多数情况下，采样点的数量 m 比 Zernike 圆多项式中使用的项数 n（此处的 n 与 7.1 节中的 n 含义不同）大。公式不存在解析解。此时，我们的目的是找到一组 $b_0, b_1, b_2, \cdots, b_n$，使得函数拟合的离差平方和 Q 尽可能小。

$$Q = \sum_{i=1}^{n} (\varphi_i - \hat{\varphi}_i)^2 \qquad (7-25)$$

根据最小二乘法正则方程的一些性质，我们得到这样的结论，Q 对 $b_0, b_1, b_2, \cdots, b_n$ 求偏导数，令所有偏导数等于 0，得到线性方程组。

$$A \cdot b = B \qquad (7-26)$$

式中

$$A = \begin{bmatrix} m & \sum_{i=1}^{m} z_{i1} & \sum_{i=1}^{m} z_{i2} & \cdots & \sum_{i=1}^{m} z_{in} \\ \sum_{i=1}^{m} z_{i1} & \sum_{i=1}^{m} z_{i1}^{2} & \sum_{i=1}^{m} z_{i1}z_{i2} & \cdots & \sum_{i=1}^{m} z_{i1}z_{in} \\ \vdots & \vdots & \vdots & & \vdots \\ \sum_{i=1}^{m} z_{in} & \sum_{i=1}^{m} z_{in}z_{i1} & \sum_{i=1}^{m} z_{in}z_{i2} & \cdots & \sum_{i=1}^{m} z_{in}^{2} \end{bmatrix}$$

$$B = \begin{bmatrix} \sum_{i=1}^{m} \varphi_i \\ \sum_{i=1}^{m} z_{i1}\varphi_i \\ \vdots \\ \sum_{i=1}^{m} z_{in}\varphi_i \end{bmatrix}, \quad b = \begin{bmatrix} b_0 \\ b_1 \\ \vdots \\ b_n \end{bmatrix}$$

求解线性方程组（7-26）得到的 b_0，b_1，b_2，$\cdots$，b_n，即 Q 取最小值时对应的 Zernike 多项式系数。实践表明，上述方法逻辑关系简单，方法通用，收敛性令人满意。

与另外两种常见算法相比，最小二乘法不但程序设计过程较少，而且方法通用简单，可靠性相对比较高，除此之外，利用最小二乘法进行计算的过程中，运算量更小，因此其运算耗时也少于另外两种方法。

7.4　Gram–Schimdt 正交法

该方法的基本思想是将线性独立系 Zernike 多项式 $Z_i(r)$ 线性地组合，构成一组在干涉波面采样数据点上离散正交归一的基底函数系 $[v_i]$，即

$$[v_i] = [C_{ij}][Z_i] \tag{7-27}$$

式中，$[C_{ij}]$ 为变换方阵；$[v_i]$ 和 $[Z_i]$ 分别为 v_i 和 Z_i 构成的列向量。$[v_i]$ 中的每一个元素均满足

$$\sum_{j=1}^{m} v_{r_1} v_{r_2} G = \begin{cases} 1 & r_1 = r_2 \\ 0 & r_1 \neq r_2 \end{cases} \tag{7-28}$$

式中，G 为非负的权函数，一般取值为 1。根据上面两式，有

$$v_i = \frac{Z_i - \sum_{r=1}^{i-1} v_r \sum_{i=1}^{m} Z_i Z_r}{\left[\sum_{i=1}^{m} Z_i^2 - \sum_{r=1}^{i-1} \left(\sum_{r=1}^{m} Z_i v_r\right)^2\right]^{1/2}} \quad (7-29)$$

$$C_{ij} = \begin{cases} 0 & (i < j) \\ \left[\sum_{i=1}^{m} Z_i^2 - \sum_{r=1}^{i-1} \left(\sum_{i=1}^{m} Z_i Z_r\right)^2\right]^{1/2} & (i = j) \\ -\sum_{r=1}^{i-1} \left[\left(\sum_{i=1}^{m} Z_i v_r\right) C_{ij} C_{rj}\right] & (i > j) \end{cases} \quad (7-30)$$

被拟合的干涉波面 $W(x, y)$ 用矩阵形式表示为

$$W(x,y) = [b_i]^T [Z_i] = [b_i]^T [C_{ij}]^{-1} [v_i] = [a_i]^T [v_i] \quad (7-31)$$

或

$$W(x,y) = \sum_{i=1}^{n} a_i v_i \quad (7-32)$$

式中，$[a_i]^T = [b_i]^T [C_{ij}]^{-1}$。

根据最小二乘法原理

$$\begin{aligned}\Delta^2 &= \sum_{k=1}^{m} [W(x,y) - \varphi(r)]^2 = \sum_{k=1}^{m} \left(\sum_{i=1}^{n} a_i v_i - \varphi\right)^2 \\ &= \sum_{k=1}^{m} \left(\sum_{i=1}^{n} a_i v_i\right)^2 - 2\sum_{k=1}^{m} \varphi \cdot \sum_{i=1}^{n} a_i v_i + \sum_{k=1}^{m} \varphi^2\end{aligned} \quad (7-33)$$

利用上面关于 v_i 的正交关系，得

$$\Delta^2 = \sum_{i=1}^{n} \left(a_i^2 - 2a_i \sum_{k=1}^{m} \varphi v_i\right) + \sum_{k=1}^{m} \varphi^2 \quad (7-34)$$

则

$$\frac{\partial(\Delta^2)}{\partial a_i} = 2\left(\sum_{i=1}^{n} a_i - \sum_{k=1}^{m} \varphi v_i\right) = 0 \quad (7-35)$$

所以 $\sum_{i=1}^{n} a_i = \sum_{k=1}^{m} \varphi v_i$

把求得的 $[a_i]$ 代入 $[a_i]^T = [b_i]^T [C_{ij}]^{-1}$ 中，即可得到所需要的 Zernike 圆多项式直接拟合干涉波面的拟合系数 $[b_i]$。

事实上，严格的数学证明表明，在 Zernike 圆多项式拟合光学干涉波面时，求解拟合系数的两种经典算法即最小二乘法和 Gram–Schimdt 算法具有等价性。在相同的条件下，任何算法都不可能比其他算法具有更好的解的稳定性和测量结果的稳定性。

进一步的研究表明，只要满足上述的 $n \leqslant k$ 准则，不论采用哪种算法，都可以确保 Zernike 圆多项式对采样的拟合精度和拟合干涉波面函数的精度。

第八章
相移干涉显微测量系统误差分析

相移干涉显微测量是一种高效和高精度的相位测量方法，其测量精度主要取决于相位的测量精度以及表面微观形貌计算方法引入的计算误差。在算法选择上，一般在定步长算法中移相值为$\pi/2$的三步法、四步法和五步法中进行选择，并且针对三种算法对各种误差抑制情况，最终确定干涉仪中的相位提取算法。

相移干涉的相位及表面形貌测量精度受多种因素的影响，主要与移相器及干涉光强等因素有关。误差源主要有：① 移相器的误差，包括移相误差、1/4波片相位延迟误差及方位角误差；② 探测器的误差，包括探测器的二次非线性响应误差，噪声等引起的光强测量误差及数据量化误差；③ 多光束干涉引起的误差，包括干涉光强不稳定及干涉光源引起的误差。与传统的相位测量方法不同，在相移干涉测量方法中，干涉条件的对比度以及被测区域上明度的不均匀性，并不严重影响相位及表面形貌的测量精度，其影响几乎可以不予考虑。除这些误差因素外，还存在着许多其他误差，这些误差有些影响很小可以忽略，如能量测量系统残余的非线性、采样单元增益的不一致性等误差的影响就可以忽略。有些是系统误差，这些系统误差在测量系统装调后将基本保持不变或在测量结果中有一定的表现形式，因此所造成的影响可通过数据处理方法剔除掉，光路调节不完善或元件表面缺陷等误差源引起的表面形貌测量误差就是系统误差。

8.1 移相器产生的移相误差

不管是压电陶瓷还是其他的移相器都存在移相误差，移相误差有线性误差和非线性误差，线性误差也称为标定误差。若存在移相误差，则可将实际移相

值表示为

$$l' = l(1+\alpha+\beta l) \quad (8-1)$$

式中，l' 表示移相器的实际移相值；l 表示理想的移相值；α 表示一阶归一化系数；β 表示二阶归一化系数。

8.1.1 线性误差

当 $\alpha \neq 0$，$\beta = 0$ 时，即移相器只存在线性移相误差时，实际移相值为

$$l' = l(1+\alpha) \quad (8-2)$$

设 φ 为 $\alpha=0$ 时的理想值，φ' 为实际测量值，$l = \lambda/8(\delta_i = \pi/2)$，代入三步算法公式，得

$$\varphi = \arctan\left(\frac{I_1 - I_3}{2I_2 - I_1 - I_3}\right) \quad (8-3)$$

$$\varphi' = \arctan\left[\frac{1}{\tan\left(\frac{\pi}{4}+\alpha\right)} \frac{I_1 - I_3}{2I_2 - I_1 - I_3}\right] \quad (8-4)$$

解得三步法相位误差 $\Delta\varphi$，为

$$\Delta\varphi \approx \frac{\alpha l}{4}\sin(2\varphi) \quad (8-5)$$

同理代入四步算法，得

$$\Delta\varphi \approx \frac{\alpha l}{4}\sin(2\varphi) \quad (8-6)$$

代入五步算法，得

$$\Delta\varphi \approx \frac{(\alpha l)^2}{4}\sin(2\varphi) \quad (8-7)$$

把 $\alpha=5\%$，$\beta=0$，$l=\pi/2$ 分别代入三步法、四步法和五步法，仿真结果如图 8.1 所示。

由式（8-6）、式（8-7）和图 8.1（a）可以看出，移相器的线性误差引起的测量误差是呈周期性的，其周期是干涉条纹周期的一半。三步法和四步法对移相器产生的相位误差都是一次误差，而五步算法则是二次误差，因此五步算法对线性误差有很好的抑制功能。

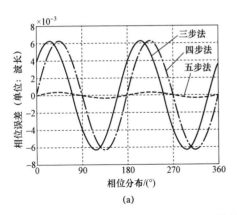
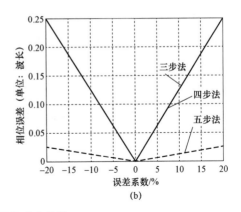

图 8.1　线性误差响应曲线

（a）5%的线性误差响应；（b）线性误差的峰–谷响应

8.1.2　二阶非线性误差

同上面分析线性误差的方法一样，当 $\alpha=0$，$\beta \neq 0$ 时，即移相器只存在二阶非线性移相误差时，实际移相值为

$$l^* = l(1+\beta l) \qquad (8-8)$$

以 $\alpha=0$，$\beta=5\%$，$l=\pi/2$（$\delta_i=\pi/2$）代入三步法、四步法和五步法公式，仿真分析结果如图 8.2 所示。

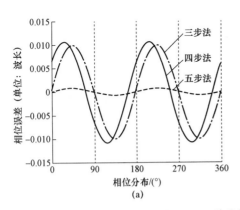
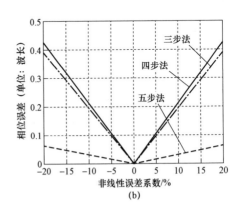

图 8.2　二阶非线性误差响应曲线

（a）5%的非线性误差响应；（b）非线性误差的峰–谷响应

由以上对移相器线性误差和二阶非线性误差讨论可知,非线性误差对测量结果的影响比线性误差严重。对单个算法而言,五步法对这两种误差都有很好的抑制功能;三步法和四步法受移相器线性误差影响是相同的,但是非线性误差对四步法的影响较三步法严重,不过相差不大。

8.2 探测器的二次非线性响应误差

干涉仪中采用了 CCD 光电探测器阵列采集干涉图,因为半导体器件都存在一定的非线性,所以其表现为输入光强和输出电压信号的非线性。虽然 CCD 都配置了增益调节和曲线的 γ 校正,但线性范围只能控制在一定区间,因而当探测器存在非线性误差时,肯定会给系统的测量带来误差,这也是移相干涉中一个重要的误差源。探测器的非线性误差主要考虑二阶误差,探测到的光强可作如下表示:

$$I^* = I + \alpha I^2 \qquad (8-9)$$

式中,I^* 表示探测器输出光强;I 表示输入光强;α 表示二阶非线性归一化系数。

代入双光束干涉光强公式:

$$I_i^* = I'(1+\alpha I') + I''(1+2\alpha I')\cos(\varphi+\delta_i) + \frac{\alpha}{2}I''^2\{1+[\cos 2(\varphi+\delta_i)]\} \qquad (8-10)$$

将式(8-10)分别代入三步法、四步法、五步法公式,在四步法和五步法中由于三角函数的周期性,分子和分母中的二次项可以相互抵消,对结果没有任何影响。对于三步法,根据前述公式得出

$$\tan\varphi' = \frac{I_1 - I_3}{2I_2 - I_1 - I_3} = \frac{(1+\alpha I')\sin\varphi}{(1+\alpha I')\cos\varphi + \alpha I''\cos(2\varphi)} \qquad (8-11)$$

由式(8-11)可以看出,三步法无法消除 2φ 项,探测器的非线性会对其相位测量结果产生很大影响。各算法的误差响应引用 Katherine Creath 的仿真 10% 的非线性误差分析结果,如图 8.3 所示。

由仿真结果可知,探测器的二次非线性响应对三步法有较大影响,对四步法和五步法没有影响。

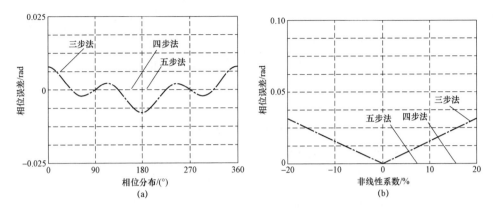

图 8.3 探测器的二次非线性误差响应曲线
（a）10%的非线性误差响应；（b）非线性误差的峰–谷响应

8.3 多光束干涉引起的误差

对于菲索移相干涉原理只局限于双光束干涉，但是由于参考面和被测面之间的多光束干涉效应是不可忽略的，特别是被测面反射率很高时，对于干涉仪的仪器精度产生很大的影响，因此多光束干涉效应也是影响测量精度的一个重要因素。当然只要选择合适的移相算法，这种影响就可以得到有效的抑制。

根据物理光学知识，对于多光束干涉光强方程用著名的 Airy 函数表示为

$$I = I_0\left[1 - \frac{1-(1-\rho)(1-\rho')}{1+\rho\rho'-2\sqrt{\rho\rho'}\cos\varphi}\right] \quad (8-12)$$

式中，I_0 表示输入光强值；I 表示多光束干涉光强值；φ 表示被测面与被测面之间的相位差。

设 ρ 为参考面反射率，ρ' 为被测面的反射率。为计算方便，令 $\rho = \rho' = R$，则公式简化为

$$I = I_0\left[\frac{2R(1-\cos\varphi)}{1+R^2-2R\cos\varphi}\right] \quad (8-13)$$

当 $R \ll 1$ 时，将式（8-13）近似展开如下：

$$I = I_0 \left[\frac{2R(1-\cos\varphi)}{1+R^2-2R\cos\varphi} \right] \approx I_0 \frac{2R(1-\cos\varphi)}{1+R^2} \left(1 + \frac{2R\cos\varphi}{1+R^2}\right) \quad (8-14)$$

$$= I_0 \frac{2R}{1+R^2} \left[1 - \frac{(1-R)^2}{1+R^2}\cos\varphi - \frac{2R}{1+R^2}\cos^2\varphi \right]$$

当 $R \ll 1$ 时，公式中的二次项 $\frac{2R}{1+R^2}\cos^2\varphi$ 可以忽略不计，则式（8-14）变为

$$I = RI_0[1-(1-R)\cos\varphi] \quad (8-15)$$

式（8-15）即平行平板的双光束干涉公式。

当 $R \ll 1$ 时，相对于双光束干涉，多光束干涉光强分布引入了二次项 $\frac{2R}{1+R^2}\cos^2\varphi$。为表示方便，令 $\alpha = \frac{(1-R)^2}{1+R^2}$，$\beta = \frac{2R}{1+R^2}$，则式（8-15）可写为

$$I = I_0(1 - \alpha\cos\varphi - \beta\cos^2\varphi) \quad (8-16)$$

将式（8-16）代入三步法公式，得

$$\tan\varphi^* = \frac{\sin\varphi + \beta\cos(2\varphi)/\alpha}{\cos\varphi} = \tan\varphi + \frac{\beta\cos(2\varphi)/\alpha}{\cos\varphi} \quad (8-17)$$

式中，φ^* 表示实际测量相位值。

由式（8-17）和三步法公式得到多光束干涉的相位误差值 $\Delta\varphi$ 为

$$\Delta\varphi = |\varphi' - \varphi| = (\beta/\alpha)\cos(2\varphi)\cos\varphi \quad (8-18)$$

同理代入四步法和五步法公式，得

$$\Delta\varphi = 0 \quad (8-19)$$

因此，多光束干涉在一级近似情况下对于四步法和五步法是没有影响的，图 8.4 所示为在 $R=0.3$ 时由多光束干涉效应所带来的波面相位误差响应曲线。

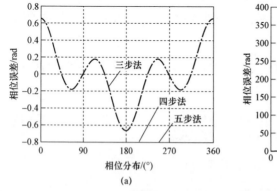
(a)

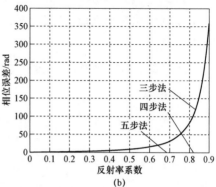
(b)

图 8.4　多光束干涉效应误差响应曲线

（a）各算法的误差响应；（b）反射率引起误差的峰–谷响应

由仿真结果可知，当反射率 $R=0.3$ 时，多光束效应产生的误差最大可以达到 $\lambda/5$，这是在高精度检测中绝对不允许的。

以上分析都是在多光束干涉公式作一级近似后得到的。若不作一级近似，则应用四步法和五步法分析时，多光束干涉效应仍会带来一定的剩余误差，但是剩余误差很小，都在 $\lambda/100$ 以下，对测量结果不会产生太大影响。

对于多光束干涉效应，不仅影响干涉光强，降低仪器测量精度，同时在空间上产生寄生条纹，严重影响条纹的判读。在高精度测量中必须予以消除，在硬件上，可以在参考面上镀上合适的分光膜，在高反射率的被测件上镀上增透膜或加上合适的消光元件；在软件上，可以选择合适的移相算法予以抑制，但是至今没有找到一个合理有效的算法能够完全消除多光束干涉效应的影响。因此，大多数干涉仪，包括 ZYGO 和 WOKY 公司的干涉仪都是在测量光路中加消光元件来减少多光束干涉的影响。

8.4 高频噪声影响

在相移干涉中高频噪声也是一个主要的误差源，特别是在环境变化和振动比较大的情况下高频噪声特别明显。下面分析随机的高频噪声对各种算法的影响，在用三步法、四步法和五步法计算相位时，随机地在其中的一幅干涉图中加入最大振幅为 3、噪声覆盖率为 30% 的高频噪声，如图 8.5 所示。

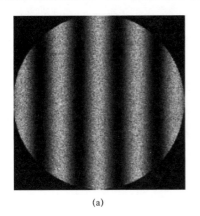
(a)

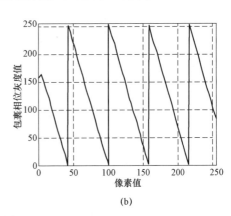
(b)

图 8.5　三步法、四步法和五步法高频噪声响应

(a) 有噪声的干涉图；(b) 三步法噪声响应

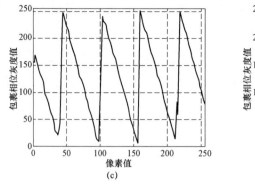 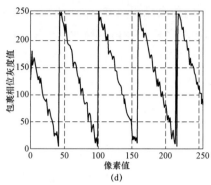

图 8.5　三步法、四步法和五步法高频噪声响应（续）

（c）四步法噪声响应；（d）五步法噪声响应

由仿真分析可知，五步法受高频噪声影响最严重，四步法次之，三步法最弱。这是因为移相步数越多，采集时间越长，越容易受环境噪声和振动影响。因此，在环境噪声和振动严重的情况下，不宜采用步数太多的移相算法。

8.5　相位测量精度分析

针对微分干涉相衬测量系统的误差与测量精度分析，是建立在理想光路测量系统的基础上的，它是基于下述假设：

（1）1/4 波片为理想波片，它的相位延迟误差为零。

（2）1/4 波片的快轴与 Normaski 棱镜的剪切方向成精确的 45°角。

（3）旋转检偏器进行移相时，每次转动的角增量为一固定值，相移时没有转角误差。

而在实际测量过程中，1/4 波片的相位延迟误差和方位角误差总是存在的，而且驱动检偏器旋转的帧进电动机及检偏器传动系统也具有一定的转角误差，因此它们势必会影响到相位的测量精度。在第三章中，我们得知三步和四步算式对移相器的移相误差较敏感。这里，以移相误差影响较大的情形——四步算式来进行相位测量精度分析。

8.5.1　1/4 波片的相位延迟误差

在 1/4 波片的制作过程中，受加工和测量精度的影响，波片的几何厚度具有一定的误差，使其相位延迟不可能恰好为 1/4 波长。设波片的相位延迟

量 $\delta = \frac{\pi}{2} + r$，$r$ 为相位延迟误差，其快轴与 Normaski 棱镜剪切方向间的夹角 $\alpha = \frac{\pi}{4}$，并设两束正交线偏振光振幅相等，即 $E_x = E_y$，根据式（5-6），有

$$I = I_0[1 + \sin(2\theta)\cos\varphi\cos r + \cos(2\theta)\sin\varphi\cos r] \quad (8-20)$$

$$\begin{cases} I_1 = I_0(1 + \sin\varphi\cos r) \\ I_2 = I_0(1 + \cos\varphi) \\ I_3 = I_0(1 - \sin\varphi\cos r) \\ I_4 = I_0(1 - \cos\varphi) \end{cases} \quad (8-21)$$

对式（8-20）取 $\theta = 0$，$\frac{\pi}{4}$，$\frac{\pi}{2}$ 和 $\frac{3\pi}{4}$，构成光强方程组（8-21）。

设 φ' 为有误差因子时的干涉光强计算出的相位，将式（8-21）代入传统快速四帧算式，经计算整理并作一级近似，有

$$\tan\varphi' = \frac{I_1 - I_3}{I_2 - I_4} \approx \tan\varphi\cos r \quad (8-22)$$

设 $\Delta\varphi_r$ 为波片相位延迟误差引起的相位测量误差，即

$$\Delta\varphi'_r = \varphi' - \varphi \quad (8-23)$$

因此有

$$\begin{aligned} \tan\varphi' &= \tan(\varphi + \Delta\varphi_r) \\ &= \frac{\tan\varphi + \Delta\varphi_r}{1 - \tan\varphi\Delta\phi_r} \\ &= \tan\varphi + \Delta\varphi_r\tan^2\varphi + \Delta\varphi_r + \Delta^2\varphi_r\tan\varphi \\ &\approx \tan\varphi + \Delta\varphi_r\sec^2\varphi \end{aligned} \quad (8-24)$$

将式（8-22）代入式（8-24），可得

$$\Delta\varphi_r = \frac{1}{2}\sin(2\varphi)(\cos r - 1) \quad (8-25)$$

测量系统中采用的波片精度为±30 Å，换算成相位延迟误差 r 为 1.7°，由式（8-25）所计算出的相位测量误差最大值 $\Delta\varphi_r \approx 0.01°$，表面高度测量误差为 8.8×10^{-3} nm。这一数值大大小于测量系统的分辨率，所以该项误差可忽略不计。

8.5.2　1/4 波片的方位角误差

1/4 波片的快轴与 Normaski 棱镜剪切方向间夹角 α 的调整，是由判断光学

系统的消光位置来进行的。由于消光位置的判断有一定的误差，使得 $\alpha \neq \dfrac{\pi}{4}$，因此其实际值为

$$\alpha = \frac{\pi}{4} + \Delta\alpha \qquad (8-26)$$

式（8-26）中 $\Delta\alpha$ 为一小量，该方位角误差将带来相位测量误差。

将式（8-26）代入式（5-5），令 $I = S_1'$ 并取波片的相位延迟 $\delta = \dfrac{\pi}{2}$，此时，从检偏器透射出的光强为

$$\begin{aligned}
I = &\frac{1}{2}\left[S_1 + \frac{S_2}{2}\cos(2\theta) + \frac{S_3}{2}\sin(2\theta)\right] + \frac{1}{2}S_4\sin\left[2\theta - 2\left(\frac{\pi}{4} + \Delta\alpha\right)\right] + \\
&\frac{1}{4}[S_2\cos(2\theta) - S_3\sin(2\theta)]\cos\left[4\left(\frac{\pi}{4} + \Delta\alpha\right)\right] + \\
&\frac{1}{4}[S_2\sin(2\theta) + S_3\cos(2\theta)]\sin\left[4\left(\frac{\pi}{4} + \Delta\alpha\right)\right]
\end{aligned} \qquad (8-27)$$

取 $E_x^2 = E_y^2 = I_0$，经整理化简，得

$$\begin{aligned}
I = I_0\{&1 + \sin(2\theta)[\cos^2(2\Delta\alpha)\cos\varphi + \sin(2\Delta\alpha)\sin\varphi] - \\
&\cos(2\theta)\cos(2\Delta\alpha)[\sin(2\Delta\alpha)\cos\varphi - \sin\varphi]\}
\end{aligned} \qquad (8-28)$$

将 $\theta = 0$，$\pi/4$，$\pi/2$，$3\pi/4$ 代入式（8-28），根据传统快速四步相位提取算法，可得

$$\tan\varphi' = \tan\varphi\frac{\cos(2\Delta\alpha) - \sin(2\Delta\alpha)\cos(2\Delta\alpha)\tan\varphi}{\cos^2(2\Delta\alpha) + \sin(2\Delta\alpha)\tan\varphi} \qquad (8-29)$$

由于 $\Delta\alpha$ 是一小量，取二阶近似

$$\begin{cases}\sin(2\Delta\alpha) = 2\Delta\alpha \\ \cos(2\Delta\alpha) = 1 - 2\Delta\alpha^2\end{cases} \qquad (8-30)$$

代入式（8-29），有

$$\tan\varphi' = \tan\varphi\frac{1 - 2\Delta\alpha^2 - 2\Delta\alpha\tan\varphi}{1 - 4\Delta\alpha^2 + 2\Delta\alpha\tan\varphi} \qquad (8-31)$$

$$\tan\varphi\frac{1 - 2\Delta\alpha^2 - 2\Delta\alpha\tan\varphi}{1 - 4\Delta\alpha^2 + 2\Delta\alpha\tan\varphi} = \tan\varphi + \Delta\varphi_\alpha\sec^2\varphi \qquad (8-32)$$

忽略三阶小量，可以推出方位角误差 $\Delta\alpha$ 引起的相位测量差 $\Delta\varphi_\alpha$ 为

$$\Delta\varphi_\alpha = \sin(2\varphi)\left(\frac{\Delta\alpha^2 - 2\Delta\alpha\tan\varphi + 4\Delta\alpha^2\tan^2\varphi}{1 - 4\Delta\alpha^2\tan^2\varphi}\right) \qquad (8-33)$$

在安装和调整 1/4 波片时，考虑误差最大情形，即用人眼判断消光位置，引起的安装调整误差为 3°，即 $\Delta\alpha \approx 3° = 0.05236\text{ rad}$。由于这个值很小，故在实际应用中可以忽略其二阶因子的影响，式（8-33）可近一步简化为

$$\Delta\varphi_\alpha = -2\Delta\alpha - 2\Delta\alpha\cos(2\varphi) \qquad (8-34)$$

由式（8-34）看出，第一项误差与被测相位无关，第二项是与被测相位有关的周期性误差。取 $\varphi = \frac{\pi}{4}$，此时，$\Delta\varphi_\alpha$ 的两项最大值分别为 $2\Delta\alpha = 6°$，$2\Delta\alpha\cos(2\varphi) = 0.06°$。由此可见，由方位角误差引起的相位测量差是很大的。

当用 VC++ 程序调整光路时，光强灰度值显示精度为 0.01。设光强最大值与最小值间的灰度值差为 30，此间，波片的转角为 90°，故波片引起的最大安装误差为 0.03°。此时，$2\Delta\alpha = 0.06°$，$2\Delta\alpha\cos(2\varphi) = 0.06°$。

由于电路的漂移及其他干扰因素的影响，实际应用时光强灰度值的末位显示往往具有不确定性，因此，光强灰度值显示精度取 0.1，这样，有 $2\Delta\alpha = 0.6°$，$2\Delta\alpha\cos(2\varphi) = 0.6°$，$\Delta\varphi_\alpha = 1.2°$。

为了进一步消除该项误差，考虑到式（8-33）中误差项 $2\Delta\alpha$ 为一系统误差，可以在光路调整中与其他误差项相抵消。

我们知道，测量系统测得的相位 $\varphi(x,y)$ 不仅与表面形貌引起的相位分布 $\Phi(x,y)$ 有关，而且与 Normaski 棱镜位置引起的相移 β 有关，即

$$\varphi(x,y) = \Phi(x,y) - \beta \qquad (8-35)$$

由于实际相位测量值 $\varphi'(x,y) = \varphi(x,y) + \Delta\varphi_\alpha(x,y)$，因此有

$$\varphi'(x,y) = \Phi(x,y) - \beta - 2\Delta\alpha - 2\Delta\alpha\cos[2\varphi(x,y)] \qquad (8-36)$$

测量时，应用 6.1.4 节中 Normaski 棱镜的零位调整程序，使 $-\beta - 2\Delta\alpha = 0$，这时式（8-36）可写为

$$\varphi'(x,y) = \Phi(x,y) - 2\Delta\alpha\cos[2\varphi(x,y)] \qquad (8-37)$$

此时，1/4 波片方位角误差所引起的相位测量差为

$$\Delta\varphi_\alpha = -2\Delta\alpha\cos(2\varphi) \qquad (8-38)$$

这是一与被测相位有关的周期性误差。

8.5.3 检偏器转角误差（移相误差）

自 20 世纪 70 年代以来，采用压电陶瓷元件作为移相器的相移干涉技术已得到普遍使用。但是压电陶瓷元件的非线性、滞后、漂移及定标误差的存在，使其移动精度很难控制在 $\lambda/100$ 以内，这一点限制了相位测量精度的提高。对此，人们对压电陶瓷元件的移相误差对测量精度的影响进行了许多研究，目前从理论和实践上都已取得满意的成果。这里就利用已有的结论对检偏器转角差（移相误差）引起的相位测量误差作一分析。

对于"N 帧步进式"相位测量方法，若检偏器每步的转角误差为 $\Delta\theta_i$，$i=1, 2,\cdots,N$，则引起的相位测量误差为

$$\Delta\varphi_\theta = \arctan\frac{A-C\cos(2\varphi)-S\sin(2\varphi)}{1-C\sin(2\varphi)+S\cos(2\varphi)} \qquad (8-39)$$

式中

$$A=\frac{1}{N}\sum_{i=1}^{N}\Delta\theta_i,\quad C=\frac{1}{N}\sum_{i=1}^{N}\Delta\theta_i\cos(2\theta_r),\quad S=\frac{1}{N}\sum_{i=1}^{N}\Delta\theta_i\sin(2\theta_r) \qquad (8-40)$$

式中，θ_r 为移相增量的理想值，也是储存在计算机中的理想参考相位。

当 $\Delta\theta_i$ 比较小时，式 (8-39) 可近似写为

$$\Delta\varphi_\theta = A-(C-AS)\cos(2\varphi)-(S-AC)\sin(2\varphi) \qquad (8-41)$$

从式（8-41）可以看出，移相器的位移误差 $\Delta\theta_i$ 引起的相位复原偏差 $\Delta\varphi_\theta$ 与 2φ 是准正弦函数关系。

若使用四帧算式，$N=4$，$\theta_r=\dfrac{\pi}{2}$，此时有 $C=A$，$S=0$，所以

$$\Delta\varphi_\theta = A-A\cos(2\varphi)+A^2\sin(2\varphi) \qquad (8-42)$$

忽略 $\Delta\theta_i$ 的高阶项，有

$$\Delta\varphi_\theta = A[1-\cos(2\varphi)] \qquad (8-43)$$

设检偏器 N 次转动的最大转角误差为 $\Delta\theta_m$，按误差最大情形考虑，式（8-43）可写为

$$\Delta\varphi = 2\Delta\theta_m \qquad (8-44)$$

我们对压电陶瓷移相和旋转检偏器移相的性能做一比较。表 8.1 所示为压电陶瓷移相器与旋转检偏器移相器的性能比较，从中可以看出，压电陶瓷要达到

$\lambda/100$ 的移动精度后,才可使表面高度测量误差限制在 $\lambda/100$ 以内。而要达到同样的测量精度,检偏器只需有 3.6° 的旋转精度。因此,旋转检偏器移相法是一种结构和原理都比较简单的高精度移相方法。

表 8.1 压电陶瓷移相器与旋转检偏器移相器的性能比较

项目	压电陶瓷移相器	旋转检偏器移相器
定位精度	$\lambda/100$	20′
移相误差	$\lambda/100 = 3.6°$	20′
相位测量误差	7.2°	40′
高度测量误差	$\lambda/100$	$\lambda/1\,080$

由检偏器转角误差而导致的移相误差是由步进电动机的定位精度决定的,测量系统采用的 36BF-02B 型步进电动机的开环定位精度为 20′。下面对步进电动机的闭环定位精度做一实验。

用计算机控制步进电动机旋转,在刻度盘上读取步进电动机带动检偏器所旋转的角度。其实验数据如表 8.2 所示。

表 8.2 步进电动机连续运行实验数据　　　　　　　　　　(°)

左转	34.5	44.3	44.1	45.6	45.3	45.9	44.2
右转	31.5	44.7	45.6	43.5	44.7	44.7	45.0
45.6	44.4	44.1	45.0	46.5	44.7	46.5	43.5
45.0	46.8	44.4	45.9	44.1	44.4	44.4	45.3

测量数据表明,当实现 $\pi/2$ 相移时,除第一次转动的角度外,步进电动机的旋转角度值与 45° 相接近,左转时平均值为 44.98°,$\sigma=0.9°$,最大残差为 1.5°。右转时平均值为 44.91°,$\sigma=0.8°$,最大残差为 1.9°。步进电动机除了开始响应比较慢以外,在后来的运行中可以保证有良好的精度。步进电动机在启动时发生丢步的现象可能是启动转矩太小,不足以克服摩擦负载转矩所致。

步进电动机的左转方向为参考相位的增加方向,即实验时检偏器的转动方向。检偏器由齿轮带动,实验测出的齿轮间隙所引起的角度误差约为 0.5°。综合上述两项,可以看出,驱动检偏器时最大转角误差约为 2°。因此,由检偏器的转角误差引起的相位测量误差 $\Delta\varphi_\theta = 4°$,这相当于测量系统具有 3.6 nm 的高度测量误差。由此看来，检偏器转角误差（移相误差）对测量精度的影响是比较大的，要想达到纳米级的测量精度，必须应用第三章的相位提取算法对该项误差进行抑制。

8.6 应用相位提取算法减小和消除相位测量误差

8.6.1 半周期四帧相位提取算法

将 1/4 波片的相位延迟误差 r、方位角误差 $\Delta\alpha$，以及检偏器转角误差 $\Delta\theta_i$ 引起的相位测量误差分别重新写出

$$\Delta\varphi_r = \frac{1}{2}\sin(2\varphi)(\cos r - 1) \tag{8-45}$$

$$\Delta\varphi_\alpha = \Delta\alpha^2 \sin(2\varphi) - 2\Delta\alpha \tag{8-46}$$

$$\Delta\varphi_\theta = \frac{1}{4}\sum_{i=1}^{4}\Delta\theta_i[1-\cos(2\varphi)] \tag{8-47}$$

从式（8-45）～式（8-47）可以看出，$\Delta\varphi_r$、$\Delta\varphi_\alpha$ 和 $\Delta\varphi_\theta$ 是与被测相位 φ 有关的，并且是按三角函数规律变化的周期性误差。在对测量误差影响较大的后两式中，除常数项外，以被测相位 φ 的两倍 2φ 的正余弦关系变化。因此，可以利用三角函数每隔 π 幅值正负相反特性，对干涉场的光强做多组 N 幅采样，每组参考相位初始值递次增加 π/2，这样由每组光强值计算相位分布 φ 值所引入的 $\Delta\varphi$ 幅值正负相反。采用系统误差消除方法中的半周期法，即作偶次相位计算并取平均，可有效地消除这些周期性误差。

半周期法的原理是对多于四帧的干涉图，按照传统快速四帧计算公式，取前四帧光强为一个周期，计算一个相位值，递进到下一周期的计算相位增加 π/2，再计算一个相位值。对 $2M+3$ 帧干涉图，作 $2M$ 次渐近重叠计算，得到 $2M$ 个 φ_k 值。再对它们求算术平均值就得所要求的相位值 $\varphi(x,y)$。这样就能用 M 组 $\Delta\varphi$ 的正负抵消，并随着 M 的增加，消除误差的效果更好。此时，$\Delta\varphi_r$、$\Delta\varphi_\alpha$ 和 $\Delta\varphi_\theta$ 的表达式为

$$\Delta\varphi_r = \frac{1}{2M}\frac{1}{2}\sin(2\varphi)(\cos r - 1) \tag{8-48}$$

$$\Delta\varphi_\alpha = \frac{1}{2M}\Delta\alpha^2 \sin(2\varphi) - 2\Delta\alpha \tag{8-49}$$

$$\Delta\varphi_\theta = \frac{1}{2M}\frac{1}{4}\sum_{i=1}^{4}\Delta\theta_i[1-\cos(2\varphi)] \quad\quad (8-50)$$

为验证该方法的有效性，对 Ra 0.09 正弦型粗糙度样块进行加采样窗口的小区域测量。

取 $M=2$，作采样间隔 $\pi/2$ 的 $2M+3$ 帧采样，即采集 7 帧原图，如图 8.6 所示。图 8.7（a）所示为传统快速四帧计算公式计算重构的三维形貌；图 8.7（b）所示为半周期法四帧相位提取算法公式计算重构的三维形貌。由于比例因素的关系，从三维图中还看不出二者的区别。

图 8.8（a）和图 8.8（c）所示为图 8.7（a）在 $y=50$ 及 $y=100$ 处的二维轮廓图；图 8.8（b）和图 8.8（d）所示为图 8.7（b）在 $y=50$ 及 $y=100$ 处的二维轮廓图。由于二维轮廓图对被测物纵向深度的放大，从下面两两对应的四幅图中已经可以看出两种算法的区别。应用半周期法四帧相位提取算法公式后，由误差所引起的粗糙度样块测量的非正弦性得到了明显的改善。

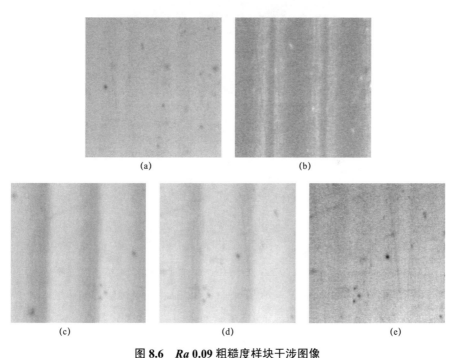

图 8.6　Ra 0.09 粗糙度样块干涉图像
（a）相移量 0；（b）相移量 $\pi/2$；（c）相移量 π；
（d）相移量 $3\pi/2$；（e）相移量 2π

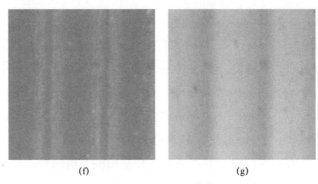

(f) (g)

图 8.6　*Ra* 0.09 粗糙度样块干涉图像（续）

（f）相移量 $5\pi/2$；（g）相移量 3π

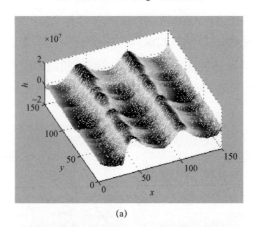

(a)

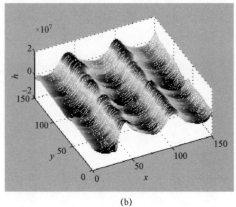

(b)

图 8.7　*Ra* 0.09 粗糙度样块三维形貌

（a）传统快速四帧相移算式计算；（b）半周期法（$M=2$）相移算式计算

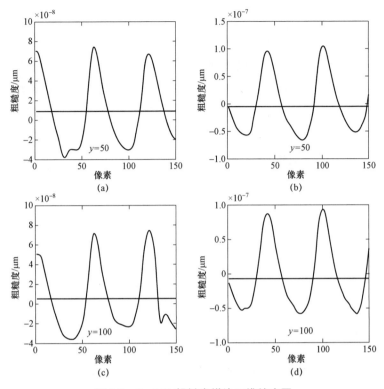

图 8.8　*Ra* 0.09 粗糙度样块二维轮廓图

（a）图 8.7（a）在 $y=50$ 处的截面线；（b）图 8.7（b）在 $y=50$ 处的截面线；
（c）图 8.7（a）在 $y=100$ 处的截面线；（d）图 8.7（b）在 $y=100$ 处的截面线

8.6.2　无图像平滑滤波时相位提取算法实验验证

半周期四帧相位提取算法虽然能够很大程度地消除相移等误差因素的影响，但该方法对误差的减小程度与图像的采集帧数成正比。若要将误差减少到 5 倍以上，则至少需要采集 9 帧相移图像。而采集帧数越多，时间漂移及振动干扰对系统的影响就越大，并且采样时间及数据处理时间也越长。

为消除相位测量误差因素（特别是检偏器移相误差）对相位测量精度的影响，并以较少的采集帧数得到较高的测量精度，套用 3.2.4 节中构造的线性移相误差免疫四帧算式和线性移相误差及探测器二次非线性响应误差不敏感六帧算式两个相位提取算法，精确地计算出标准样块的表面形貌，并给出数值，该数值与标准值间的比即测量系统的定标系数。

8.6.2.1 系统的定标

由于剪切量ΔX小于显微镜分辨率极限，因此无法直接获得它的实际测量值。所以，在计算表面形貌高度时，所代入的是ΔX的设计值，这使得高度计算结果与真实值间将会有偏差。但ΔX是一个由光学系统结构决定的固定常数，因此可以通过对标准样块的定标来解决这一问题。

在用干涉显微镜测量台阶表面时，受显微物镜性能的限制，在台阶边缘陡峭部位，相位测量具有不确定性，故难以得到准确的测量结果，即系统对台阶的斜率有一定限制。如图 8.9 所示，光学系统存在一个确定的极限角α_{max}，即只有表面各处的法线方向与光轴的夹角α_s不大于α_{max}

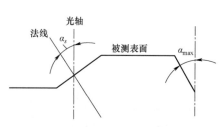

图 8.9 光学系统对台阶表面的测量

时，测量才能正常进行。若某处表面比较陡峭，其法线与光轴夹角超过α_{max}，则光学信号探测装置处于"盲点"，无法进行测量。

针对光学系统的测量范围，对具有符合斜率范围的精密样块表面进行定标测量。测量时，干涉滤光片的中心波长为 0.632 8 μm，剪切量ΔX的设计值为 1.09 μm（10×物镜），采样间隔Δl的实测值为 0.67 μm。

8.6.2.2 相位提取算法实验

在第六章中提到，对大起伏物体（峰值大于 0.30 μm），可以不进行图像平滑滤波处理。此时，应用相位提取算法减小误差因素对相位测量精度的影响。实验中所采用的三种相位提取算法为：

算法 1：传统快速四帧算式。

算法 2：线性相移误差免疫四帧算式。

算法 3：线性相移误差及探测器二次非线性响应误差不敏感六帧算式。

图 8.10 所示为 Ra = 0.35 μm 的粗糙度样块的干涉图像，Ra 值已经计量标定。图 8.11 所示为三种算法的三维形貌；图 8.12 所示为三种算法在 y = 300 处的二维轮廓。作为评价三种算法的判据，采集七组相移干涉图像，对其分别用三种算法做重复测量精度数据验证，结果如表 8.3 所示。算法 3 的七组二维轮廓如图 8.13 所示。

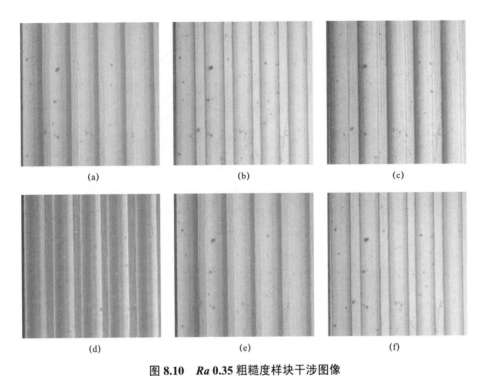

图 8.10 *Ra* 0.35 粗糙度样块干涉图像
（a）相移量 $-\pi$；（b）相移量 $-\pi/2$；（c）相移量 0；（d）相移量 $\pi/2$；（e）相移量 π；（f）相移量 $3\pi/2$

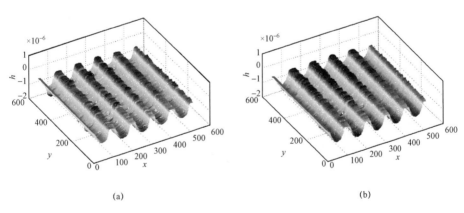

图 8.11 三种算法的三维形貌
(a) 算法 1；(b) 算法 2

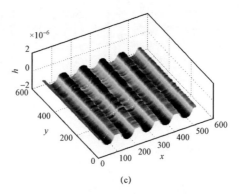

(c)

图 8.11 三种算法的三维形貌（续）

(c) 算法 3

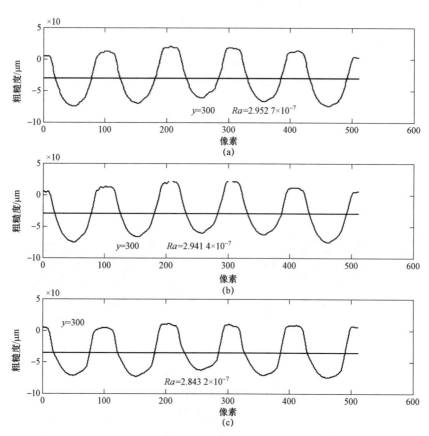

图 8.12 三种算法在同一位置处的二维轮廓

(a) 算法 1；(b) 算法 2；(c) 算法 3

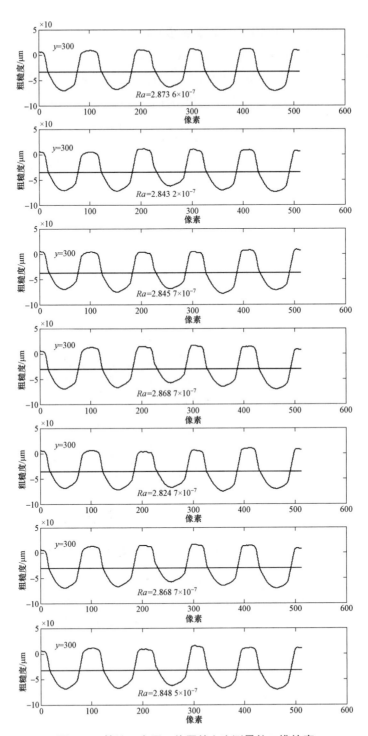

图 8.13 算法 3 在同一位置处七次测量的二维轮廓

从表 8.3 中看出，算法 1 的 Ra 重复测量精度为 1.455 nm，定标系数的均值为 1.175 8。算法 2 的 Ra 重复测量精度为 0.999 nm，定标系数的均值为 1.172 143。算法 3 的 Ra 重复测量精度为 0.308 nm，定标系数的均值为 1.197 257。在今后的测量中，只需将测量值乘以定标系数，就可得到真实高度值。

表 8.3　三种算法精度及定标系数

	算法 1		算法 2		算法 3	
	Ra/μm	定标系数	Ra/μm	定标系数	Ra/μm	定标系数
1	0.294 53	1.188 3	0.297 23	1.177	0.292 35	1.197 2
2	0.297 79	1.175 3	0.298 48	1.172 6	0.292 46	1.196 7
3	0.299 16	1.170 1	0.299 43	1.168 9	0.291 96	1.198 8
4	0.298 43	1.172 8	0.297 77	1.175 4	0.292 09	1.198 3
5	0.297 97	1.174 6	0.298 81	1.171 3	0.292 99	1.194 6
6	0.298 91	1.170 9	0.299 18	1.169 9	0.292 21	1.197 7
7	0.296 95	1.178 6	0.300 48	1.169 9	0.292 27	1.197 5
算术平均值	0.297 677	1.175 8	0.298 769	1.172 143	0.292 333	1.197 257
标准偏差	0.001 455	0.005 748	0.000 999	0.002 821	0.000 308	0.001 259
最大残差	0.005 544	0.012 5	0.001 711	0.006 614	0.000 983	0.004 029

8.6.3　有图像平滑滤波时相位提取算法实验验证

对表面起伏峰峰值小于 0.15 μm 的物体，系统波纹度对测量结果的影响较大，实际上此时物体的起伏已被淹没在系统波纹里。在该系统误差没有消除以前，这个范围内所有物体的测量是无法进行的。所以，对峰值小于 0.15 μm 的物体，首先应消除系统波纹度对 Ra 的影响，其次运用相位提取算法进一步提高 Ra 测量精度。

对 Ra=0.09 μm 的粗糙度样块进行测量及计算。结果如图 8.14～图 8.16 及表 8.4 所示。

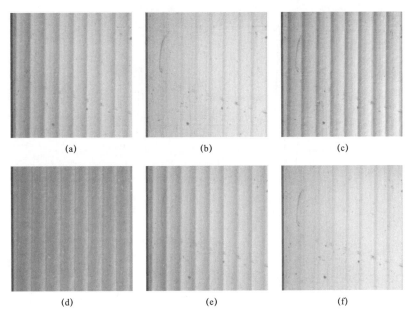

图 8.14 *Ra* 0.09 粗糙度样块干涉图像

(a) 相移量 0；(b) 相移量 π/2；(c) 相移量 π；(d) 相移量 3π/2；(e) 相移量 2π；(f) 相移量 5π/2

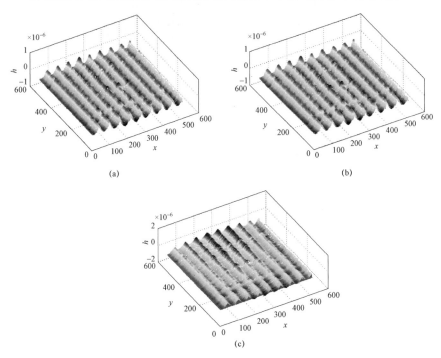

图 8.15 三种算法的三维形貌

(a) 算法 1；(b) 算法 2；(c) 算法 3

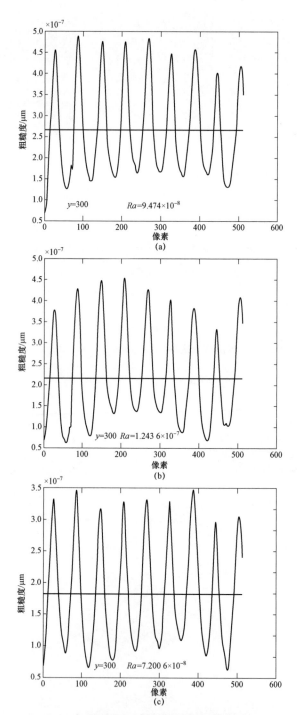

图 8.16 三种算法在同一位置处的二维轮廓

(a) 算法 1；(b) 算法 2；(c) 算法 3

表 8.4 三种算法精度及定标系数

	算法 1		算法 2		算法 3	
	$Ra/\mu m$	定标系数	$Ra/\mu m$	定标系数	$Ra/\mu m$	定标系数
1	0.105 52	0.852 9	0.123 83	0.726 8	0.075 415	1.193 5
2	0.101 47	0.887	0.125 37	0.717 9	0.074 639	1.205 8
3	0.101 65	0.885 4	0.122 87	0.732 5	0.074 616	1.206 2
4	0.102 92	0.874 5	0.124 76	0.721 4	0.074 699	1.204 8
5	0.103 02	0.873 6	0.125 18	0.719	0.074 626	1.206
6	0.102 53	0.877 8	0.125 59	0.716 6	0.074 395	1.209 8
7	0.103 32	0.871 1	0.125 26	0.718 5	0.074 568	1.207
算术平均值	0.102 919	0.874 614	0.124 694	0.721 814	0.074 708	1.204 729
标准偏差	0.001 242	0.010 453	0.000 918	0.005 354	0.000 302	0.004 809
最大残差	0.002 601	0.021 714	0.001 824	0.010 686	0.000 707	0.011 229

从表 8.4 看出，算法 1 的 Ra 重复测量精度为 1.242 nm，定标系数的均值为 0.874 614；算法 2 的 Ra 重复测量精度为 0.918 nm，定标系数的均值为 0.721 814；算法 3 的 Ra 重复测量精度为 0.302 nm，定标系数的均值为 1.204 729。

综合表 8.3 及表 8.4 可以看出，算法 1 的重复测量精度为 1.455 nm；算法 2 具有 0.999 nm 的重复测量精度；算法 3 具有 0.308 nm 的重复测量精度。这说明算法 3 具有对误差源不敏感的特性，将重复测量精度提高了 5 倍以上。在达到同样精度的情况下，算法 3 只需 6 帧相移图像，而半周期法需要 9 帧相移图像。

算法 3 对两种物体的测量给出了一致的定标结果。Ra 0.35 μm 粗糙度样块的定标系数为 1.197 257，Ra 0.09 μm 粗糙度样块的定标系数为 1.204 729。两者定标的误差范围在 0.75% 之间。综合上述两表，测量系统的精确定标系数为 1.20，这与过去对系统的标定结果（定标系数 1.21）基本一致。

8.7 测量系统的表面形貌计算误差

在离散情形下，表面形貌沿 X 方向的斜率 $S_x(x,y)$ 可写为

$$S_x(x_i,y) = \frac{\Delta H(x_i,y)}{\Delta X} \quad (8-51)$$

此时，式（5-21）可写为

$$H(x_i,y) = \frac{\Delta l}{2\Delta X} \sum_{k=1}^{i} [\Delta H(x_{k-1},y) + \Delta H(x_k,y)], \quad i=1,2,\cdots,n \quad (8-52)$$

从式（8-52）可以看出，形貌 $H(x_i,y)$ 是所有 ΔX 微区内的高度测量值 $\Delta H(x,y)$ 的叠加。由于每个采样点上高度测量误差互不相关，因此根据误差理论，表面形貌测量误差的平方等于每个采样点上高度测量误差的平方和，即

$$R_i^2 = \frac{\Delta l^2}{4\Delta X^2} \sum_{k=1}^{i}(r_{k-1}^2 + r_k^2), \quad i=1,2,\cdots,n \quad (8-53)$$

式中，R_i 表示表面形貌 $H(x_i,y)$ 的测量误差；r_k 表示表面形貌差分 $\Delta H(x_k,y)$ 的测量误差。

设 ΔX 微区上的最大高度测量误差为 r_o，则式（8-53）可写为

$$R_i = \frac{\sqrt{2i-1} \cdot \Delta l \cdot r_o}{2\Delta X}, \quad i=1,2,\cdots,n \quad (8-54)$$

因此表面形貌的最大测量误差为

$$R_{max} = \frac{\sqrt{2n-1} \cdot \Delta l \cdot r_o}{2\Delta X} \quad (8-55)$$

测量系统中，$n=512$，$\Delta X = 1.09$ μm，$\Delta l = 0.67$ μm，$r_o = 0.06$ nm，所以 $R_{max} = 0.59$ nm。

式（8-55）是认为各采样点处的测量误差大小相等，但是各采样点处的误差是一随机误差，因此实际的表面形貌测量误差要小于上述计算值。

8.8　Normaski 棱镜对测量结果的影响

在第五章中，我们曾经写出了两束正交偏振光在 Normaski 棱镜内的光程差

$$\Delta = 2(n_o - n_e)(t_1 - t_2) \quad (8-56)$$

式中，n_o 和 n_e 分别表示 o 光和 e 光的折射率；t_1 和 t_2 分别表示光线在上下两直角棱镜中行进的距离。

由两块直角棱镜胶合而成的 Normaski 棱镜的厚度为 D，则有

$$D = t_1 + t_2 \quad (8-57)$$

将式（8-57）中的 t_2 代入式（8-56），有

$$\Delta = 2(n_o - n_e)(2t_1 - D) \quad (8-58)$$

因此，可得出由棱镜厚度误差δD引起的光程误差为

$$\delta H = -(n_o - n_e)\delta D \quad (8-59)$$

Normaski棱镜由石英玻璃制成，$n_e - n_o = 0.01$，所以有

$$\Delta H = 0.01\delta D \quad (8-60)$$

由于Normaski棱镜的面形精度和角度精度分别在$\lambda/20$ 和$5''$以内，对于$10\times$物镜而言，采样长度在相干平面上的长度为$324\ \mu m$，所以由棱镜的面形误差和角度误差分别引起的棱镜厚度误差为

$$\Delta D_1 = \frac{\lambda}{20} = 0.03\ (\mu m)$$

$$\Delta D_2 = 324\tan 5'' = 0.0081\ (\mu m)$$

Normaski棱镜厚度误差是上述两项误差的和

$$\Delta D = \delta D_1 + \delta D_2 = 0.0381\ (\mu m)$$

故有

$$\Delta H = 0.01\delta D = 0.381(nm)$$

所以，Normaski棱镜的形状误差对表面形貌测量结果的影响小于$0.381\ nm$。

8.9 测量系统的其他误差分析

8.9.1 光源的影响

系统的相位及形貌测量结果是根据干涉图像的光强测量数据计算出来的。在测量系统中，照明光源没有采取稳光强措施，而且光电探测系统的噪声也较大，使得光强测量数据的波动范围很大，无法进行高精度的测量。

设光强在测量时刻的起伏变化率为q_i，实际光强为$I' = (1+q_i)I$，相位为

$$\varphi' = \arctan\frac{I'_1 - I'_3}{I'_2 - I'_4} = \arctan\frac{q_1 - q_3}{q_2 - q_4} \quad (8-61)$$

$$\Delta\varphi = \arctan\frac{(1+q_1)(1+\sin\varphi) - (1+q_3)(1-\sin\varphi)}{(1+q_2)(1+\cos\varphi) - (1+q_4)(1-\cos\varphi)} \quad (8-62)$$

为了降低光源光强波动和光电探测系统噪声的影响，测量系统在每帧采样时，需要对20幅干涉图像进行累加采集平均，然后进行相位和形貌等一系列的计算和处理。

8.9.2 显微物镜数值孔径的影响

对于精磨、研磨或抛光后的表面,其微观形貌是相当复杂的,常常由一系列锐利的波峰、波谷组成,此时物镜的数值孔径不仅影响测量系统的横向分辨率,而且影响表面形貌的高度测量精度。

在横向分辨率 e 相同的条件下,由于表面轮廓形状的不同,测量系统再现实际轮廓的精度也不同。现考虑具有代表性的圆弧状波谷,如图 8.17 所示,其波谷半径为 r,如波口宽度 $a < e$,则测量系统只能探测到一个点,而看不到沟槽的变化;如 $a \gg e$,则测量系统可以探测出沟槽的变化;如 $AB = e$,则 AB 两点被视为重合在一起,得到虚线所示的轮廓,它与实际波谷深度的差值 Δh 为

$$\Delta h = r - \sqrt{r^2 - \frac{e^2}{4}} \approx \frac{e^2}{8r} \qquad (8-63)$$

将显微镜分辨率公式代入式(8-63),有

$$\Delta h = \frac{\lambda^2}{32r(NA)^2} \qquad (8-64)$$

已知 $\lambda = 633$ nm,$NA = 0.85$,在 $r = 20$ μm 的情况下,$\Delta h \approx 0.9$ nm。对于实际的超精加工表面,r 远大于 20 μm,故此项误差实际影响不大。

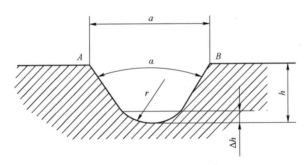

图 8.17 数值孔径的影响

8.9.3 采样间隔的影响

测量系统获得的表面形貌数据是一离散化的数字序列,它与原始真实形貌间的差别主要取决于采样间隔 Δl 的选取。采样间隔过大,会引起频域混迭效应而造成离散轮廓失真;采样间隔过小虽然有益于处理的精度,但计算工作量和计算机存储量也急剧增长。另外,采样间隔与表面粗糙度参数也有着密切关系。

因此，为了使表面形貌的测量具有较高的测量精度和较快的测量速度，必须选取合理的采样间隔。

从已有的研究结果和已商品化的数字表面轮廓仪来看，对于常规的加工表面（车、铣、刨、磨、刮研、研磨），合理的采样间隔一般在 1.25～3.5 μm；对于十分精细的表面，当要求精确再现原始轮廓时，采样间隔应不大于 1 μm。测量系统的采样间隔为 0.67 μm（10×物镜），因此完全满足对精密表面形貌测量的需要。表 8.5 给出了物镜倍率与采样间隔及表面斜率测量范围的关系，采样间隔为实测结果，斜率测量范围为计算结果。

表 8.5　物镜倍率与采样间隔及表面斜率测量范围的关系

物镜倍率	10×	25×	40×	63×
采样间隔/μm	0.672	0.269	0.168	0.107
斜率范围	±4.5°	±9.0°	±15°	±22°

8.9.4　样品倾斜对测量结果的影响

设样品表面为 $H(x,y)$，当样品表面对水平倾斜 β 角时（见图 8.18），根据坐标变换原理，表面形貌在测量坐标系中由式（8-65）描述：

$$H'(x',y) = \frac{H(x,y)}{\cos\beta} + x\tan\beta \tag{8-65}$$

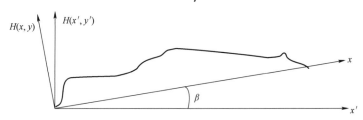

图 8.18　样品倾斜

因此，测量系统得到的样品倾斜率为

$$\frac{\partial H'(x',y)}{\partial x'} = \frac{1}{\cos\beta}\frac{\partial H(x,y)}{\partial x} + \tan\beta \tag{8-66}$$

在 β 较小的情况下，式（8-66）可近似为

$$\frac{\partial H'(x',y)}{\partial x'} = \frac{\partial H(x,y)}{\partial x} + \tan\beta \tag{8-67}$$

由式（8-67）看出，被测表面的倾斜在测得的表面斜率中附加了一个直流分量，采用软件调平处理，可以消除样品倾斜对形貌测量结果的影响。

8.9.5 离焦对测量结果的影响

在普通双光束干涉显微镜中，为了保证干涉图像的质量，对显微镜的调焦精度要求很高。对于 $NA=0.65$ 的物镜，即使参考面与物镜的焦面完全重合，被测表面的离焦量也不能超过 $0.35~\mu m$，因此利用分光路干涉显微镜进行表面形貌测量的系统都必须使用自动调焦装置。

在微分干涉相衬显微镜中，由于离焦量对两束光的影响完全相同，从理论上说，干涉图应对离焦不敏感。图 8.19 所示为测量系统正焦时的三维形貌及二维轮廓图。

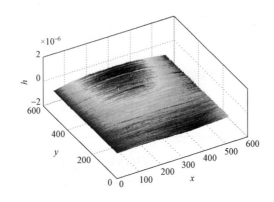

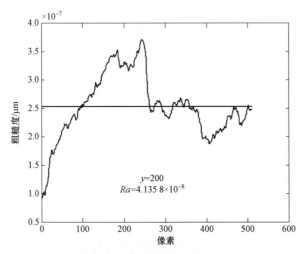

图 8.19　测量系统正焦时的三维形貌及二维轮廓图

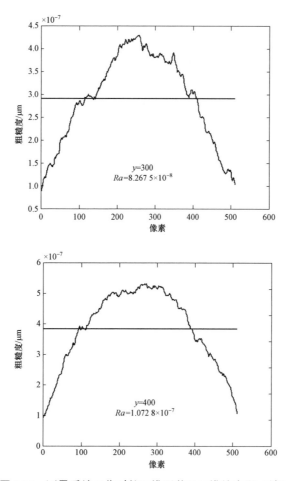

图 8.19 测量系统正焦时的三维形貌及二维轮廓图（续）

图 8.20 所示为测量系统离焦 10 μm 后的三维形貌及二维轮廓图。

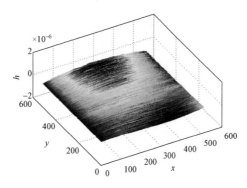

图 8.20 测量系统离焦 10 μm 后的三维形貌及二维轮廓图

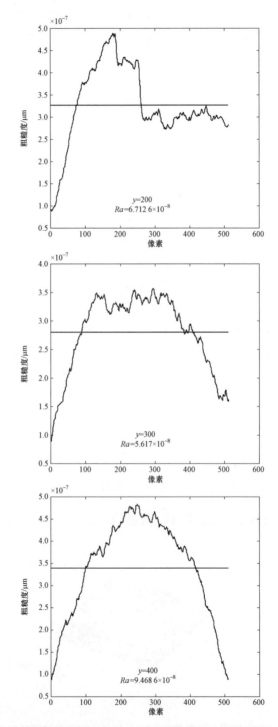

图 8.20 测量系统离焦 10 μm 后的三维形貌及二维轮廓图（续）

图 8.21 所示为测量系统离焦 20 μm 后的三维形貌及二维轮廓图。

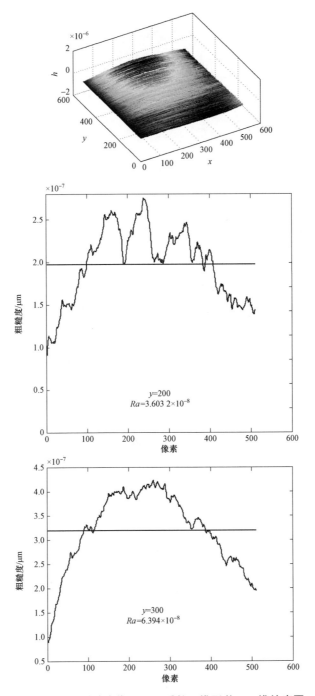

图 8.21 测量系统离焦 20 μm 后的三维形貌及二维轮廓图

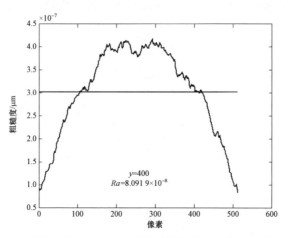

图 8.21 测量系统离焦 20 μm 后的三维形貌及二维轮廓图（续）

离焦前后，分别抽取 $y=200$，$y=300$，$y=400$ 处的二维轮廓图，计算其轮廓算术平均偏差 Ra。轮廓线形状及 Ra 数值均与正焦位置时有差异。但是离焦前后被测物体的像素位置不可能一一对应，这个差异包含了物体漂移及离焦两个因素的影响。表 8.6 结果表明，表面形貌的 Ra 测量平均值（512 条轮廓线的 Ra 平均值）在离焦后的最大误差为 2.03 nm。这说明在 512×512 像素区域上，测量系统的 Ra 测量值对离焦不敏感。对二维轮廓线形状及对每一像素点数值的精确度测量仅作为参考。

表 8.6 离焦前后 Ra 值的比较

	$Ra(y=200)/\mu m$	$Ra(y=300)/\mu m$	$Ra(y=400)/\mu m$	Ra（平均）
正焦	0.041 36	0.082 68	0.107 28	0.068 03
离焦 10 μm	0.067 13	0.056 17	0.094 67	0.070 06
离焦 20 μm	0.036 03	0.063 94	0.080 92	0.069 95
最大偏差	0.025 77	0.026 51	0.026 36	0.002 03

测量系统对离焦前后区域上的 Ra 测量平均值不敏感这一特性，不仅能省去自动调焦系统而降低成本，而且为用户提供了极大的方便。操作者只需调整样品工作台，并在监视器上清楚地看到被测表面的干涉图像后，就可选择测量区域进行形貌测量，测量结果不会因操作者的不同而带来较大的误差。

8.9.6 被测表面反射率及光波透入深度的影响

由于测量系统采用了共光路干涉原理，即两束相干光被同一表面反射，因此对于各种反射率的样品，测量系统都具有最佳对比的干涉图像。从理论上讲，测量系统可测量任意反射率的样品。

但是在测量系统中，随机噪声的幅值基本上为一固定值（最大平均光强的 8%），在测量像玻璃这样低反射率的被测表面时，系统随机噪声对光强测量数据的影响很大。所以，系统不能测量低反射率的物体。

在光线射到表面和再反射回来的过程中，光波对各种不同材料的表面有一不同的微量透入深度，致使反射光波和入射光波之间产生一个相移，光波对被测面和参考面的透入深度不同（玻璃反射镜的透入深度为零，抛光钢表面的透入深度约为 $0.018~\mu m$），从而直接影响表面测量精度。

测量系统的共光路干涉体系使得由于两束光在被测表面上的透入深度相同，因此光波透入深度不影响表面形貌测量结果。

本章对测量系统的相位测量误差和形貌计算误差进行了理论分析和实验验证，分别应用半周期四帧相移算式、线性相移误差免疫四帧算式、线性相移误差及探测器二次非线性响应误差不敏感六帧算式对相位测量误差进行了减小和消除，验证了第三章中的相位提取算法的有效性。对测量系统进行了精确定标，给出了定标系数。其中线性移相误差及探测器二次非线性响应误差不敏感六帧算式具有对实验中所出现的误差源不敏感的特性，将 Ra 重复测量精度提高了 5 倍以上。在达到同样精度的情况下，该算法只需 6 帧相移图像，而半周期法需要 9 帧相移图像。实验结果表明，测量系统的 Ra 测量重复精度达到了 0.3 nm。

根据精度分析及实验结果，得出结论如下：

（1）1/4 波片的相位延迟误差可以忽略不计。方位角误差引起的相位测量误差中的第一项与被测相位无关，可以在光路调整中与其他误差项相抵消；第二项是与被测相位有关的周期性误差，它的影响可以通过半周期法减小。

（2）影响相位测量精度的主要原因是检偏器的转角误差，即移相误差，它也是被测相位的周期性误差。利用半周期法及对移相误差不敏感的相位提取算法，可以有效地减小和消除该项误差。

（3）对测量系统进行了精确定标，其定标系数为 1.20，定标的误差在 0.75% 左右。

（4）表面形貌测量误差是各采样点高度测量误差点的累积。综合考虑各种误差因素，表面形貌的最大测量误差为 0.59 nm。

（5）Normaski 棱镜的面形误差和角度误差对表面形貌测量结果的影响小于 0.38 nm。

（6）光源不稳定的影响可以通过对干涉图像累加采集平均进行减小。

（7）测量系统测量区域 Ra 值时，对离焦不敏感。

第九章
光电传感器位移测量

干涉方法常用于光学性能较好的工件表面微观形貌的测量，如 MEMS 器件表面、光学元件表面、金属表面等，测量精度可达纳米级。对于光学性能较差且不能用干涉方法的工件表面，如暗色的工件表面等，常用聚焦成像测量方法。聚焦光针探测法以聚焦激光作为探针，利用光电传感器检测被测表面的微观形貌偏离聚焦透镜焦点的微小离焦量，这个离焦量代表了被测物体的表面形貌。

光电传感器是以光电器件作为转换元件的传感器，是将光信号转变成为电信号的器件，是各种光电检测系统中实现光电转换的关键元件。可用于检测直接引起光量变化的非电物理量，如光强、光照度、辐射测温、气体成分分析等，也可用来检测能转换成光量变化的其他非电量，如零件直径、表面粗糙度、应变、位移、振动、速度、加速度，以及物体的形状、工作状态的识别等，在微观形貌测量系统中有广泛的用途。

光电传感器具有非接触、响应快、性能可靠等特点，因此在工业自动化装置和机器人中获得广泛应用。光电传感器的零位分辨率和位移精度直接影响着目标的测角精度。通过检测光电传感器小角度切线位移的表观运动，得到被测物体测量点的法线与光电传感器的偏差角，从而判别物体的斜率，根据斜率计算出表面形貌。

9.1 光电传感器数值读取

光电传感器小角度切线位移的数值读取常采用光电检测方法，其光学系统分为以下几类：显微放大系统、准直（望远）系统、三角测量系统、光纤传输系统。

显微放大系统的检测方式为：光源发出的光经过分光棱镜、聚光透镜，聚集成一个直径在 1 mm 以下的光点，射到被测物体表面上，通过探测反射光强的变化检测法线的偏角。这种方式存在的问题是，光能利用率低、发热大、结构复杂，但安装调整比较方便，可满足微弱信号要求。

准直（望远）系统的检测方式为：光源发出的光经过准直、分光棱镜，射到被测物体表面，反射光经过分光棱镜直接进入光电传感器。准直式的光斑相对比较大，反射光的发散角比较大，影响精度。因为光路中存在分光棱镜，光能损耗较大，总体利用效率比较低。另外，准直式传感器结构复杂，体积也比较大，但安装调整比较方便。

三角测量系统的检测方式为：从光源发射出来的光直接照射在被测物体表面，光电传感器接收反射回来的光。光源、光电传感器、反射面，三者呈三角形构造。这种方式最大的优点是光能利用率高，精心调整反射角，光能利用率能达到90%以上。另外，它的结构比较简单，所需元件很少，可靠性比较高。但是光路不可能以垂直的角度入射到外凸形被测物体表面，即使发出的光斑的圆度很好，照到外凸形表面上的光斑也是个椭圆，因而信号质量差，零位噪声大。

光纤方式的传感器利用光纤的传光功能，把激光二极管发出的光耦合进入光纤中，光纤的另一端靠近被测物体表面，传输光源能量的光纤在中间，周围分布着接收反射光的光纤。光纤直径小，一般只有几百微米，易实现传感器的微型化；光纤测角系统结构比较简单，传感器可以固定在金属套中，安装和调整相对比较容易。

光电传感器测量系统主要是通过测量光电传感器相对于光轴的位移量来进行测量角度的，按对位移量的测量方式来分，小角度测量系统有以下几种：振幅能量式、振幅相位式和振幅频率式检测方法。

振幅能量式：利用角位移带来的光束能量偏差，探测器通过检测能量的变化检测位移。这种方法一般通过在物体表面上极点的一侧刻以矩形图谱来实现。

振幅相位式：将角位移带来的光斑位移，转换为输出信号的振幅和相位信息。这种方法一般通过在物体表面上刻以锯齿形图谱来实现，刻线比较复杂。

振幅频率式：将角位移带来的光斑位移信息，转换为输出信号的振幅和频率信息。这种方法在被测物表面刻的图案为两个反差度很高的光栅，其周期不同。

以上对光电传感器测量方法进行了分类，实际上光电传感器是不同类型的组合。

9.2 振幅能量式传感器

图 9.1 所示为振幅能量式传感器测量原理。根据反射光能接收器是否正位或偏离被测物体法线，物体光亮表面能够不同程度地调制入射光能。在遮光罩上与每个接收器对应的四个孔将遮住被测物受照面极区的一小部分，相对的两个接收器的视域就重叠起来。当孔的中心线与被测物极轴重合时，反射光能接收器的输出端没有信号输出。相对的两个反射光能接收器的连线平行于各框架轴，每对接收器用来示出壳体绕一个正交轴的转角。当有偏转角时，极点接近一个接收器的视域中心，而远离另一个接收器的视域中心。由于通过遮光罩各孔的反射光能的调制度发生变化，在输出端得到偏转角的信号。此方案的传感器输出特性曲线是线性的，但角灵敏度不高。

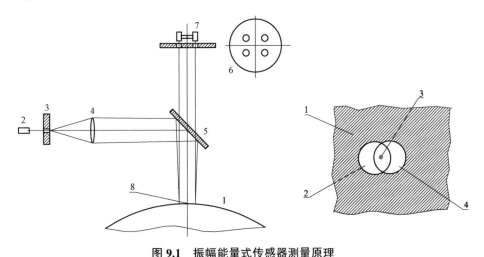

图 9.1 振幅能量式传感器测量原理
1—转子表面；2—光源；3—针孔；4—透镜；5—分光镜；6—遮光罩；7—接收器；8—极轴

9.3 振幅相位式传感器

图 9.2 所示为振幅相位式传感器的典型结构，由两对正交配置的光电传感器组成，被测转子赤道上的图案为锯齿形线。当壳体与被测物之间没有偏差时，各传感器沿其对称轴（沿赤道）扫描锯齿形图案。在传感器输出端形成等幅的调制频率的电信号，该调制频率是由被测物自转速度和图案周期确定的。在这

种情况下,偏差信号等于零。当被测物围绕一对自动反射镜的轴线旋转时,另一对传感器将沿着上半球和下半球的纬度圈,扫描锯齿形图案。这时,由于图案和光阑映像的尺寸一致,因此在一个传感器上任一时间增大电信号的幅值的同时都会在另一传感器上缩小这一电信号的幅值,反之也是一样。将 $U_1(t)$ 和 $U_2(t)$ 两电信号叠加,就得出交流电压,其频率 F 比传感器信号的频率小 1/2。用这一电压的幅值和相位,就可确定位移大小和方向。

此方案的缺点是采用四个传感器,虽然能够消除系统对于平行位移的影响,但这样会使结构变得笨重。

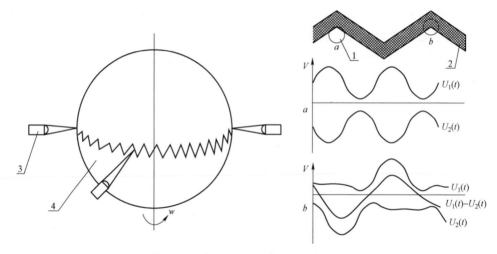

图 9.2　振幅相位式传感器的典型结构
1—光电传感器光斑；2—锯齿形图案；3—光电传感器；4—被测转子

9.4　振幅频率式自动反射镜传感器

图 9.3 所示为振幅频率式自动反射镜传感器,是由赤道面上两个正交的自动反射镜组成的。被测物表面上的图案为两个与赤道毗连的反差度很高的光栅,其周期分别为 T_1 和 T_2。在没有角位移时,光栅分界线把被测物面上的光斑分成两个等份。这样,接收器接收的两个反射光能的大小相等,其调谐频率分别为 F_1 和 F_2。在这种情况下,调谐频率与 F_1 和 F_2 的通道的输出端上的电信号相等,没有合成信号(如图4)。如果被测物围绕一个自动反射镜的轴旋转,那么另一自动反射镜的光斑则相对于光栅分界线产生位移,从而破坏了受频率 F_1

和 F_2 调制反射光能的平衡。这样传感器输出端上的合成直流电压带来了有关角偏差大小和方向的振幅信息。由于角度旋转传感器电路对被测物轴的平行位移很敏感，所以必须利用相对的两个传感器来消除上述位移造成的误差。

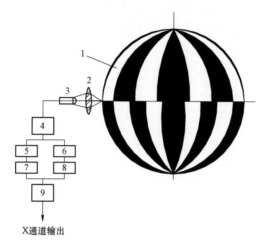

图 9.3　振幅频率式自动反射镜传感器

1—转子；2—物镜；3—X 通道信号器；4—前置放大器；5，6—调谐频率为 F_1 和 F_2 的调谐放大器；
7，8—整流器；9—加法器

第十章
光电传感器测角、标定和对中系统

由于被测物体表面的复杂性和不可预知性,光电传感器的分辨率和测角精度无法在表面微观形貌测试系统中测得。为标定光电传感器分辨率的真实值,需要设计一套测角、标定、对中系统,在系统测量前对其测试精度进行标定。

测角、标定、对中系统的功能是,使光电传感器的光轴相对固联于地理坐标系的被测物体做切线运动,以模拟光电传感器的输出和所对应的角度偏移关系,在小角度范围内测出与实际工作状态相当的分辨率。

10.1 测角、标定和对中系统

测角、标定、对中系统的功能是:
(1)制作一个能高速旋转的理想球冠转子。
(2)待标定的光电传感器与球冠转子间实现初始零位对准及微小角度偏移。
(3)对微小角度的偏移量进行精密测量。

为减小球冠转子体的转动惯量,将球形及半球形被测物设计为外径为 10 mm 的球冠转子,初始结构如图 10.1 所示。由高精度的空气静压轴承支承,与气浮轴主轴之间配磨连接,并由主轴拉杆实现被测物的轴向固定。连接完成后,上动平衡机做动平衡试验,在高速工作状态下,将动平衡量控制在 G0.1 级。设计一个固定支座以安装固定光电传感器,并从结构上保证光电传感器与球冠转子间的工作距离。

整体布局是:将光学分度头(图 10.2)的主轴水平放置,在主轴端部的回转盘上固定支座,一组微调机构在 X、Y 方向微位移分度头底座,使固定支座相对于球冠微量移动,以实现光电传感器光轴与球冠中心的初始零位对准。光学分度头的回转运动带动固定支座的运动,从而使光电传感器相对于模拟球冠做小范围切线运动,以获得微小的角度偏移。光电自准直仪精确测出这个转角,精密测量电路进行光电传感器的分辨率和灵敏度测定。

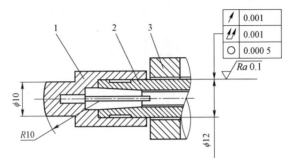

图 10.1　球冠与空气静压轴承主轴的连接

1—球冠转子；2—气浮主轴；3—主轴套

图 10.2　2″光学分度头

系统结构总图如图 10.3 所示。

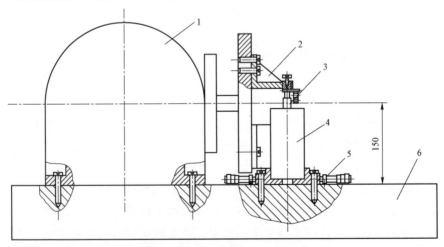

图 10.3　测角、标定、对中系统

1—光学分度头；2—探测器固定支座；3—球冠转子；4—气浮轴；5—微调手轮；6—平板

10.2 零位对中

在标定系统中,要求光电传感器光轴与球冠的球心零位对准。在标定系统工作前,进行光电传感器与模拟陀螺被测物间的初始零位对准,以保证测量的准确性。具体体现为光电传感器光轴与球冠回转轴的两轴重合——零位对中,即探测器固定支座锥孔轴线与气浮轴承主轴的零位对中。

零位对中工作分以下两个步骤:

第一步:粗对中。

将探测器固定支座的锥孔轴线(光电传感器光轴)与平板工作台调节成垂直位置,此时将分度头光学度盘设置为零位,用机械接触法对光电传感器光轴与球冠转子回转轴进行零位对中初步检测,设计一带有千分表的模拟光电传感器件,以球冠转子外圆为检测面,光电传感器件带动千分表回转运动,观测千分表的数值,并对球冠转子进行 x、y 向微位移,调整到千分表的输出值在 6 μm 以内。

图 10.4 所示为机械接触法对中。如图所示,夹具夹持千分表并与探测器固定支座上的锥轴连接成一体,将球冠外圆作为检测面,旋转锥轴一周,观测千分表的示值变化。根据千分表的示值,设计一组外形尺寸与光电传感器相同的分划板组件,使分划板十字丝中心与光电传感器光轴同心。读数显微镜观察

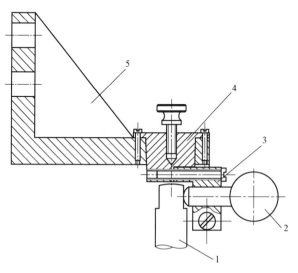

图 10.4 机械接触法对中

1—模拟转子;2—千分表;3—夹具;4—锥轴;5—传感器座

球冠转子刻线中心与分划板十字中心的重合程度。一组安装在工作台上的微调机构，对气浮轴承底座进行 x、y 向微位移，即微位移球冠转子，使被测物刻线中心与分划板十字中心同心，实现球冠与探测器固定支座锥孔轴线（光电传感器光轴）的对中，即与光电传感器光轴同轴，从而实现光电传感器光轴与球冠转子刻线中心的初始零位对中。

第二步：精定中。

受加工及装配误差的影响，球冠转子回转中心与其外圆表面间有误差存在。球冠转子外圆与被测物刻线中心不同心（刻线误差为 5 μm），因此，以被测物外圆为检测面的方法不能满足零位对中的精度要求。为实现球冠转子刻线中心与光电传感器光轴的零位对中检测，需要用光学检测的方法。

设计一组光学十字丝分划板组件，如图 10.5 所示。将其放入探测器固定支座锥孔内，用读数显微镜对球冠转子刻线及分划板十字丝进行光学准直，观察被测物刻线中心与分划板十字中心的重合程度，人眼的准直精度为 10″，经 30× 读数显微镜准直，对中精度可以达到 0.3 μm。微位移气浮轴底座，使被测物刻线中心与分划板十字中心同心，即与光电传感器光轴同轴，从而实现球冠转子刻线中心与光电传感器光轴的精确零位对中。

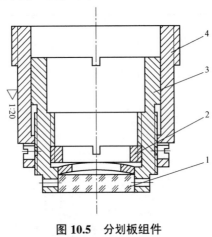

图 10.5　分划板组件

1—分划板；2—压圈；3—柱套；4—锥套

10.3　小角度切线位移

光电传感器相对于球冠转子的小角度切线位移由分度精度为 2″ 的光学分

度头的回转产生。为进一步提高小角度切线位移的分度精度，借助于读数精度为 0.1″ 的数字式光电自准直仪读取光电传感器相对于球冠转子间的微小转角，即对光学分度头进行细分读数。工作时，调节分度头的微调手轮，观察光电自准直仪的数值输出。

将一块平面反射镜固定于光学分度头回转盘上。在光电传感器光轴与球冠转子中心进行初始零位对中后，调节光电自准直仪，使之与反射镜对中，其角度输出为零。调节自准直仪的读数盘，使其与平面反射镜之间产生一微小偏角 θ，再调节光学分度头的微调机构使多面体与光电自准直仪重新对中。这样，光电传感器与球冠转子之间便产生了偏角 θ，自准直仪精确读出这一转角，可有效避免精密回转轴引入的误差，如图 10.6 所示。

图 10.6　光电自准直仪与平面反射镜的细分读数

10.4　系统组成

10.4.1　总体结构

光电传感器测角、标定、对中系统的设计总体结构由空气静压轴承、球冠转子、精密回转轴、平面反射、光电自准直仪和测量电路等组成。

光电传感器固定于"探测器固定支座"零件上，探测器固定支座与光学分度头回转盘刚性连接，转动分度头主轴带动回转盘旋转，使传感器相对于球冠转子做切线运动，以此来模拟小角度偏移。

10.4.2 零部件的结构

整套测量系统的零部件包括球冠转子、探测器固定支座、锥套、锥轴和气浮轴座等。这里详细介绍关键零部件——球冠转子的结构设计。

为使高速旋转时的转动惯量最小,将球冠转子设计成半径 19 mm、外径 10 mm 的球冠,以球冠转子的高速旋转运动模拟外凸形被测物的运动,具体结构尺寸参数如图 10.7 所示。工作时,被测物轴线垂直于平台。被测物与气浮电主轴之间采用基孔制过渡配合,连接后由主轴的螺旋拉杆拉紧以限制被测物的轴向移动;被测物与气浮主轴的不同轴度控制在 1 μm 以内,高速旋转时气浮轴承的自定心作用可以将这个量控制在 0.1 μm 以内;为保证球冠的结构对称度,结构设计时要求了球冠表面的同轴度及端面跳动;为保证球冠的表面粗糙度及不破坏它的对称度,加工时由金刚刀直接车出镜面,而无须球面磨削工序。在结构设计上,考虑了四个 $\phi 2$ mm 的出气孔,使安装时被测物内孔没有空气压力出现;球冠表面中心刻 2 mm×4 mm 的刻线。

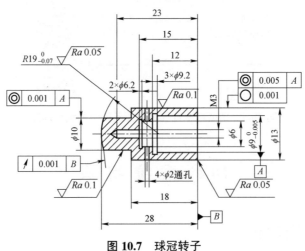

图 10.7 球冠转子

10.4.3 空气静压轴承

空气静压轴承支承球冠转子高速旋转以模拟被测物的工作状态。空气静压轴承结构上是由两个轴颈轴承、两个环形止推轴承组成。它的优点是:摩擦力小,因此具有功率损耗小的特点;能在极高转速下工作;轴线旋转精度高;磨损率小或为零,因此寿命长;噪声、振动小。实际工作中,最大工作转速会受到自激涡动不稳定性的限制。

轴承在正常工作时，不达到由被测物不平衡引起的谐振速度，被测物将不是绕着通过轴颈中心的轴线转动，而是绕着这条轴线有一运转轨道。降低被测物固有频率的措施有：增大轴承的径向刚度或角刚度、减轻被测物质量或减小它的横向惯性矩、增大轴承面积、减小间隙、改变被测物材料、用空心轴代替实心轴、提高气体供压。

空气静压轴承的外加载荷包括：

（1）被测物质量。

（2）静态和动态不平衡。

（3）作用于主轴上的切削载荷，通过皮带、联轴器或齿轮传动机构的传动力。

使用过程中，主要考虑静态和动态不平衡对主轴回转精度的影响。

气浮轴承主轴的径向跳动为 0.001 mm，动平衡精度为 G0.1 级：

$$G=e\omega/1\,000 \tag{10-1}$$

式中，e 为被测物不平衡率，ω 为最大角速度，当转速为 36 000 r/min（3 768 rad/s）时，动平衡 G0.1 级的偏心量为 0.002 65 mm。为使空气静压轴承的主轴在气浮状态下工作，必须按气浮轴的技术指标要求配置气动元件。

气浮轴的技术指标：空气压力：5～6 N/cm^2；空气过滤精度：3～5 μm；耗气量：20 L/min。

空气静压轴承气路工作流程如图 10.8 所示。

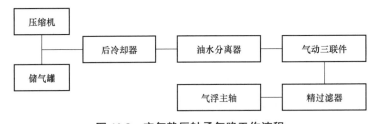

图 10.8　空气静压轴承气路工作流程

空气压缩机的气动三联件的过滤精度为 25 μm，精过滤器的过滤精度为 3 μm。

10.4.4　光电传感器的定位

为消除不同轴度误差，采用圆锥体结合的安装定位方案，如图 10.9 所示。极轴光电传感器外圆为锥轴（外锥体），精密回转轴上的定位支撑件为锥孔（内锥体）。

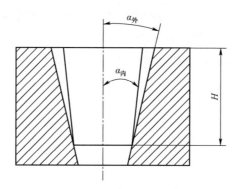

图 10.9 锥角误差对基面距的影响

基面距：外锥体基面（轴肩）与内锥体基面（端面）之间的距离。基面距决定两配合锥体的轴向相对位置。

1. 直径误差对基面距的影响

设计时将基面距的位置放在小端，并以内锥体小端直径为公称直径。设内锥体小端直径的加工误差为$\Delta d_内$，外锥体小端直径的加工误差为$\Delta d_外$则由直径误差引起的基面距的变动量为

$$\Delta_1 = \pm \frac{\Delta d_内 + \Delta d_外}{2\tan\alpha} \quad (10-2)$$

式中，Δ_1为直径误差引起的基面距的变动量(mm)；$\Delta d_内$为内锥体直径误差(mm)；$\Delta d_外$为外锥体直径误差（mm）；α为锥度角（′）。

2. 锥角误差对基面距的影响

设直径无误差，当外锥体倾角$\alpha_外$大于内锥体倾角$\alpha_内$时，内锥与外锥在大端处接触，对基面距变化的影响较小，可以略去不计。当内锥体倾角$\alpha_内$大于外锥体倾角$\alpha_外$时，内锥与外锥在小端处接触，对基面距变化影响较大。由锥角误差引起的基面距的变动量为

$$\Delta_2 = \frac{H\sin(\alpha_内 - \alpha_外)}{\cos\alpha_内 \sin\alpha_外} \quad (10-3)$$

一般锥度倾斜角的误差甚小，因此，$\alpha_内$、$\alpha_外$与公称倾斜角α相差甚微，有

$$\cos\alpha_{内} \approx \cos\alpha$$
$$\sin\alpha_{外} \approx \sin\alpha \quad (10-4)$$
$$\sin(\alpha_{内} - \alpha_{外}) \approx (\alpha_{内} - \alpha_{外})$$

于是，上式可写为

$$\Delta_2 = \frac{2H(\alpha_{内} - \alpha_{外})}{\sin(2\alpha)} \quad (10-5)$$

若 α 较小，例如常用莫氏锥度为 1:20，则 $\sin(2\alpha) \approx 2\tan\alpha$，所以有

$$\Delta_2 = \frac{H(\alpha_{内} - \alpha_{外})}{\tan\alpha} \quad (10-6)$$

将弧度换算成角秒

$$\Delta_2 = 3.6 \times 10^{-2} \frac{H(\alpha_{内} - \alpha_{外})}{\tan\alpha} \quad (10-7)$$

式中，Δ_2 为锥角误差引起的基面距的变动量（mm）；$\Delta\alpha_{内}$ 为内锥体斜角差（″）；$\Delta\alpha_{外}$ 为外锥体斜角差（″）；α 为锥度角（″）。

实际上，直径误差与锥角误差同时存在，所以对基面距的综合影响是两者的代数和：

$$\Delta = \Delta_1 + \Delta_2 = \pm\frac{\Delta d_{内} + \Delta d_{外}}{2\tan\alpha} + 3.6 \times 10^{-2} \frac{H(\alpha_{内} - \alpha_{外})}{\tan\alpha} \quad (10-8)$$

3. 锥体直径公差和角度公差的确定

极轴光电传感器与精密回转轴间的安装定位为一对锥体结构。设计时采用莫氏 2 号锥度，锥度 K 近似为 1:20，圆锥角 2α 为 2°51′41″，锥度极限偏差为 ±0.000 6（即倾斜角极限偏差为±1′），其内外锥体配合时的最大倾斜角相差为 2′；配合长度 H=9.5 mm；基面距公差 Δ=0.05 mm。为使圆锥面接触严密，必须成对研磨，研磨后，可使内外锥角的误差在±4″之内。

根据式（10-8），并设 $\Delta d_{内} = \Delta d_{外}$，有

$$0.05 = 20（2\Delta d_{内} + 0.6 \times 10^{-3} \times 9.5 \times 2）$$

$$\Delta d_{内}（或 \Delta d_{外}）\approx 0.004\ 5\ \text{mm}$$

即加工时内外锥体小端直径偏差应控制在 4.5 μm 之内。

4. 角度与锥体的测量

采用涂色法检验锥角误差，根据接触斑点，来判断锥度的误差，一般规定

接触斑点不少于工作长度的 60%，并使两端接触，容许中间凹。这种检验方法的极限误差为 24″。

10.5 精度装调

系统经设计加工完成后，装配及精度调整十分重要。图 10.10 所示为精度装调示意图。精度装调的内容如下：

（1）平板工作台平行度的检验。

（2）光学分度头主轴线的调整。

（3）关键零件"探测器固定支座"的对中找正。

（4）气浮电主轴与球冠转子回转轴同轴调整。

（5）分度头主轴线与气浮轴承轴线的找正。

（6）光电传感器光轴与球冠转子回转轴的对中。

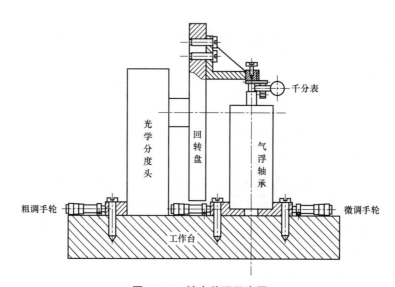

图 10.10　精度装调示意图

1. 平板工作台平面度的检验

图 10.11 所示为对平板 500 mm 长度范围所检测到的高度误差曲线。

经测量，平板不平行度为 0.02 mm，必须进一步研磨。研磨后，将平板不平行度控制在 1 μm 以内。

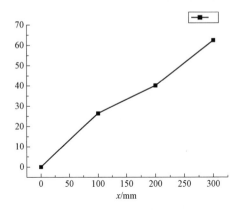 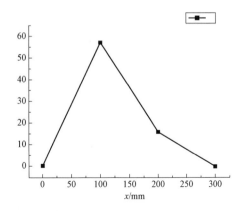

图 10.11　平板平面度的检验

2. 光学分度头主轴线的调整

用带标准锥柄圆柱芯棒（检验棒）插入分度头主轴锥孔中，千分表沿芯棒两端相对比较到工作台面的距离，以此调整主轴线与工作台表面平行。定位键块紧靠工作台定位槽侧面，使主轴线与工作台侧面平行。

3. 关键零件"探测器固定支座"的对中找正

锥孔芯轴找平（<1 mm），分度头转 180°后，再次找平（<1 mm），说明锥孔轴线与分度头主轴线平行。将两次找平的数值差除以 2，调悬臂位置，重复上述过程，直到两次找平的数值相等为止。此时，可认为"悬臂"锥孔轴线过分度头回转盘中心。

4. 气浮电主轴与球冠转子回转轴同轴调整

球冠转子的安装内孔与空气静压轴承主轴研配，保证研配后球冠转子的径向跳动在 1 mm 以内。经过精密动平衡后，可将球冠转子工作转速时的不平衡偏心量控制在 0.1 mm 以内。由于空气静压轴承的自定心作用，不平衡量引起的被测物抖动可以降低到忽略不计的程度。

5. 分度头主轴线与气浮轴承轴线的找正

粗调：将"探测器固定支座"件置于零位，观察其锥孔检验棒端部与球冠转子的对中程度，调整微调螺钉，微位移分度头位置，使分度头主轴与球冠转子轴粗对中。

精调："探测器固定支座"锥孔处吊装一千分表，表头旋转锥轴及千分表，判定球冠转子的偏移方向,调整空气静压轴承底座处的微调机构,使球冠转子轴与分度头主轴精确同轴。

6. 光电传感器光轴与球冠转子回转轴的对中

其由固定于工作台上的调节夹具及光学分度头实现。调节夹具的微调机构可使球冠转子沿水平方向（X 轴）微动,转动光学分度头可使光电传感器做垂直方向（Y 轴）移动。同时调节分度头回转盘和微调夹具,就可使光电传感器在 X-Y 平面内运动,从而实现光电传感器与球冠转子间的对中及初始零位对中。

10.6 误差与精度分析

10.6.1 系统误差

（1）球冠转子球心与光学分度头回转盘中心不同心引入的误差。

如图 10.12 所示,由于气浮轴承轴向尺寸未按设计要求制作,分度头做小角度切线运动时,回转半径由 25 mm 的设计值增加为 49 mm 的实际值。图中 O 为分度头中心,O' 为被测物球冠中心,设理论转角为 θ,实际转角为 θ',则有

$$\theta' = \arcsin[(49/25)\sin\theta] \qquad (10-9)$$

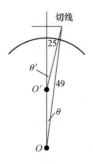

图 10.12 实际转角与理论转角关系

实际转角与理论转角是非线性关系,其差值造成的测量误差为原理误差。在零位附近,采用数值修正的方法对该项误差进行修正。

θ/(″)	θ′/(″)	θ/(″)	θ′/(″)	θ/(″)	θ′/(″)	θ/(″)	θ′/(″)
0	0	8	15.169 2	16	30.338 5	24	45.507 7
1	1.896 2	9	17.065 4	17	32.234 6	25	47.403 8
2	3.792 3	10	18.961 5	18	34.130 8	26	49.300 0
3	5.688 5	11	20.857 7	19	36.026 9	27	51.196 2
4	7.584 6	12	22.753 8	20	37.923 1	28	53.092 3
5	9.480 8	13	24.650 0	21	39.819 2	29	54.988 5
6	11.376 9	14	26.546 2	22	41.715 4	30	56.884 6
7	13.273 1	15	28.442 3	23	43.611 5		

图 10.13 所示为实际转角与理论转角间的关系曲线，可以看出，在±30″范围以内，两者的关系基本是线性的。

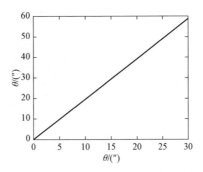

图 10.13 实际转角与理论转角间的关系曲线

（2）球冠转子与气浮轴承主轴的安装偏心（≤0.1 μm）。
（3）气浮轴承主轴线与分度头主轴线找正偏差引入的误差（≤1 μm）。
（4）"探测器固定支座"锥孔轴线偏移分度头回转盘中心引入的误差（≤5 μm）。
（5）球冠转子极点刻线误差（≤5 μm）。

将第一项误差进行数值剔除后，对后四项误差求均方值，当球冠转子回转轴与分度头主轴线存在偏心 e 时，实际旋转角度误差 $\Delta\theta$ 为

$$\Delta\theta = 824\,000 \times e/D \; (″)$$

式中，D 为球冠转子外径。

实际工作时，

$$D = 38 \text{ mm}, \quad e = 0.000\,1 \text{ mm}$$
$$\Delta\theta = 2″$$

10.6.2 随机误差

（1）要求气浮轴承主轴径向跳动≤0.001 mm、轴向窜动≤0.001 mm。

（2）环境振动及数据波动对标定系统数字输出的影响。

气浮轴承主轴回转中心与其几何中心不重合导致主轴偏离。偏离的形式有两种：一种是主轴在径向方向的平行移动；另一种是偏一定角度的摆动。经电容位移测量仪实测，气浮主轴径向跳动在 1 μm 以内，经对光电自准直仪的观察，数字输出跳动值为 0.1″。图 10.14 所示为光电传感器测角、标定、对中系统，图 10.15 所示为微小角度偏移的数字显示。

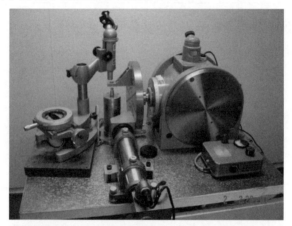

图 10.14 光电传感器测角、标定、对中系统

图 10.15 微小角度偏移的数字显示

10.7 标定系统精密轴系

10.7.1 标定系统

1. 微小角度偏移

标定系统具备以下几项功能：有一个能模拟工作状态的理想被测物，待标定的光电传感器与球冠转子间能实现初始零位对中及微小角度偏离，实现对微小角度的精密测量。球冠转子要求具有高的回转精度，由高精度的空气静压轴承支承模拟球冠转子。精密轴系带动光电传感器相对于球冠转子切线运动，从而实现与转子间的微小角度偏移，光电自准直仪精确测出这个转角，精密测量电路进行光电传感器的分辨率和灵敏度测定。

2. 微小角度的获得

在轴系的伸出端，设计一回转工作盘，上面固定光电传感器座，并可绕轴线做精确的转动，光电传感器相对于球冠转子刻线中心的小角度切线位移由精密轴系的回转产生。固定支座的底面距精密轴系回转轴线 27 mm，以模拟光电传感器相对于转子的回转半径。此时，转动 1″ 的切向位移量为 0.24 mm。

3. 微小转角的读取

借助于安装在主轴上的圆光栅读取光电传感器相对于球冠转子间的微小角度位移。圆光栅为在不锈钢圈上直接刻线，20 μm 栅距，角分辨率可达 0.01 弧秒，锥面安装易于集成，减少安装误差，结构紧凑、低质量、低惯性。光栅读数头进行读数。内置光源 LED，安装时进行位置调整。

10.7.2 精密轴系

1. 精密轴系的技术指标

测量范围：±1.5°；读数方式：数字显示；示值分辨率：0.2″；示值误差：小于 0.2″。

2. 测量系统构造

以精密回转轴+圆光栅的结构形式取代标定装置里的光学分度头，实现光电传感器相对于模拟陀螺被测物的微小角度偏移。具体结构形式如图 10.16 所示：将一对向心推力轴承置于轴的前端，向心球轴承置于轴的后端并处于游移状态，以补偿由于温度的变化而导致的轴长度的伸缩。圆光栅置于向心球轴承外，位于轴的尾端，驱动电机通过联轴器与轴相连，驱动主轴的微小角度转动。为使主轴能有精确定位功能，在主轴上设计了一个锁紧装置。整个轴系被罩在一个壳体内，壳体与主轴座连接成一体后固定在平板上。

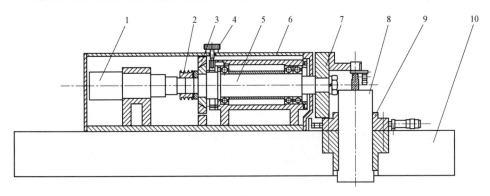

图 10.16 精密轴系结构

1—驱动电机；2—联轴器；3—光栅；4—锁紧装置；5—精密轴系；6—箱体；
7—探测器固定支座；8—气浮轴承；9—微调组；10—平板

选择步进电动机作为轴系的驱动电机。步进电动机是一种将数字脉冲信号转换成机械角位移的执行元件，位移量与数字脉冲数成正比，其转速与脉冲频率成正比。通过脉冲频率来调速，并能快速起动、反转和制动。常用的两相步进电动机其步距角为 1.8°，可通过细分驱动实现微小角度位移，细分驱动器细分比为 40，微动步距角为 0.045°。若要达到 0.2″的光栅分辨率步距角，还需加上一套减速比为 0.045°/0.2″=810 的减速传动机构。选用谐波齿轮减速机进行减速传动，使用电动机直联式谐波齿轮减速机可以省却电动机与减速机间的联轴器。

采用步进电动机驱动，光电传感器相对于球冠转子的微小角度偏移的运动过程如图 10.17 所示。

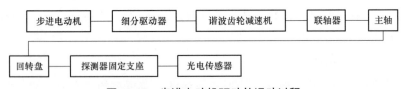

图 10.17 步进电动机驱动的运动过程

由于谐波减速机的传动精度很低（30″~3′），不能满足整个轴系回转精度的要求，而目前国内还没有足够高精度的大减速比的精密机械减速装置。为实现高精度的微小角度偏转，不能使用步进电动机+谐波齿轮减速机的传动方式，考虑使用直流力矩电动机进行轴系的驱动。

力矩电动机是一种能处于堵转或低速状态下工作、输出大转矩的电动机，可以不经过齿轮减速而直接驱动负载。它具有响应速度快，定位精度高，转矩、转速波动小，能在很低转速下稳定运行，机械特性和调节特性线性度好等优点，特别适用于位置伺服系统和速度伺服系统中作为执行元件。

采用直流力矩电动机驱动，光电传感器相对于球冠转子的微小角度偏移的运动过程如图 10.18 所示。

图 10.18　直流力矩电动机驱动的运动过程

可以看出，该方案减少了轴系的传动件，降低了误差来源，提高了整个轴系的回转精度。

10.7.3　精密轴系的组成

1. 精密轴系的主要组成

精密轴系包括以下几部分：支承圆光栅及光电传感器座的主轴和轴承、带动圆光栅转动及定位的传动机构和锁紧机构（由直流力矩电动机实现）、对圆光栅的转角进行计数的照明系统、读数头、细分机构及计数器。

为实现光电传感器相对于球冠转子的小角度偏移，设计时使光电传感器固定在绕某一个轴线做精确转动的回转盘上，当轴系转动时，由轴系（包括轴、轴承）支承的回转盘做相应的转动，由此带动光电传感器绕轴线精确地转动并相对于球冠转子做切线运动。精密轴系的回转精度制约着光电传感器小角度切线的运动精度。

2. 精密轴系的总体布局

带动光电传感器做小角度切线运动的精密轴系主轴系统与气浮轴承电主轴分别安装固定在零级大理石平板上（平面度 0.001 mm），该平板与地基调平。主轴在水平位置工作，气浮轴承电主轴在垂直位置工作，设计时从结构设计、加工精度等方面保证主轴与大理石平板的平行度要求，同时保证气浮轴与大理石平板的垂直度要求。球冠转子与气浮轴承电主轴连接成为一体，工作时回转盘带动光电传感器相对于球冠转子做小角度切线运动，气浮轴承电主轴作为整个轴系的装配调整基准,如图 10.19 所示。

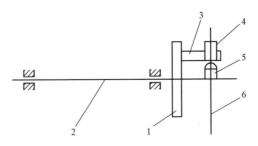

图 10.19　精密轴系布局 1

1—回转盘；2—主轴；3—探测器固定支座；4—传感器；5—球冠转子；6—气浮轴

精密轴系采用计算机控制、力矩电动机驱动、圆光栅计数并输出主轴微小转动角度数值的自动工作方式。各组成部分紧凑地布置在一个整体式轴架内。

圆光栅、力矩电动机、回转盘固定在主轴上,三者在主轴上的相对位置对整个精密轴系的影响很大。安装时为了便于观察莫尔条纹,圆光栅应安置在主轴的端部。读数头与圆光栅的径向距离为（0.8±0.1）mm,为方便读数头的调节,将其置于光栅的上部,并固定在主轴座上。为减小主轴扭转刚度及晃动带来的误差,设计时使光栅尽量靠近工件（固定光电传感器座的回转盘）并放置在前轴承附近。综上考虑,将圆光栅放置在主轴的头部。

力矩电动机的被测物固紧在主轴上,工作时它的作用力可能会引起主轴变形,在受同样作用力的情况下,电动机在主轴中间时引起的变形最大,所以电动机应放在靠近轴承的位置,设计时将其放置在后轴承附近,如图 10.20 所示。

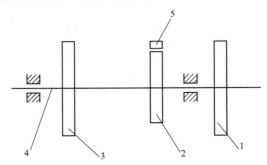

图 10.20　精密轴系布局 2

1—回转盘；2—圆光栅；3—力矩电动机；4—主轴；5—读数头

主轴在带动光栅转动时,若伴随轴向位移,则会引起光栅光闸条纹间距的变化,影响光栅输出信号,所以必须用推力轴承来防止主轴的轴向窜动。推力轴承的安放方式至关重要。将推力轴承安放在主轴的前后两端，但温度变化较大时轴向间隙会发生变化。由于在恒温室内工作，加之主轴座与主轴材料的线膨胀系数相差很小，轴向间隙变化的影响可忽略不计。为增加轴的刚度和减小轴工作时的晃动，在轴长度确定的情况下，应尽量增大两个轴承的跨度并使主轴前部的悬伸尽可能短。

10.7.4 精密轴系的结构

精密轴系的特点是：转速很低，负载较小，没有振动，精度要求很高。因此，对它的主要设计要求是：

（1）旋转精度：主轴的径向跳动及主轴的轴向窜动。

（2）刚度：主轴受力后抵抗变形的能力。

（3）转动灵活性：轴系应转动灵活，没有阻滞现象，因此轴承的摩擦力矩必须小。

（4）工艺性：精密轴系的精度要求高，因此设计时应尽可能从结构、尺寸、材料等方面用较简单的零件和调整，做出较高精度的轴系。

（5）有较长的寿命：仪器轴系受力不大，但因为精度很高，所以即使较小的磨损或变形，也可能对精度有较大的影响。因此，要从结构、材料、热处理及润滑等方面设法减小磨损和变形。

精密轴系的组成部件有轴承、光栅系统和力矩电动机。

1. 轴承

轴系的主轴主要承受径向力和少量的轴向力，选用单列向心推力球轴承，该轴承除能负担径向载荷外，还能承受相当大的轴向载荷，由于其只能受一个方向的轴向力，所以在设计时将其面对面成对使用并放置在主轴的前后两端。为增加轴回转运动的稳定性，在结构尺寸容许的情况下，应尽可能使轴承的承载面距离远一些。综合考虑以上因素及轴的刚度及尺寸大小，轴承型号选定为70006/P4。

2. 光栅系统

光栅系统是精密轴系里最重要的元件，起着对轴系的回转运动进行数字计量的作用，是精密的角度编码器。光栅系统为非接触式光学结构系统，具有零摩擦和零机械磨损，零机械磁滞、零反向间隙的特点。它由光栅尺、读数头、零位、细分盒等元件组成。其核心元件是光栅尺和读数头。

图 10.21 所示为非接触式光栅系统的工作原理。红外发光二极管将光线发射到刻线光栅表面，反射光通过一个透明的相位光栅返回读数头，在读数头内的检测面上生成正弦干涉条纹信号。光学滤波系统将多条刻线的信号进行平均并过滤出与相位周期不匹配的信号，可消除因光栅表面污染或轻微损伤而产生的信号的不稳定性，在实现精确测量、高分辨率的同时，确保光栅系统运行的可靠性以及减低烦琐的日常维护。

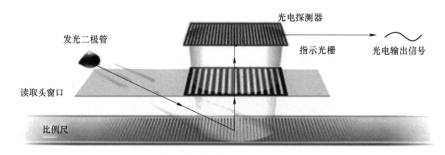

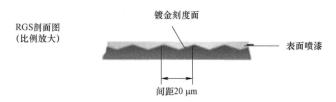

图 10.21 非接触式光栅系统工作原理

图 10.22 圆光栅编码器

选择英国雷尼绍（Renishaw）公司生产的圆光栅编码器系统。圆光栅编码器为在不锈钢圈上直接刻线的结构形式，如图 10.22 所示。大内径、小截面的钢圈设计使其具有低质量、低惯性的特点。小的惯性力矩使人们可以用最小的扭矩和最快的速度来定位待测量的角度。光栅采用有线计数方式，外径分别为 75 mm、100 mm、150 mm、200 mm 和 30 mm，栅距有 20 μm 和 40 μm 两种。角分辨率可达到 0.01 弧秒（0.57″）。

在精密轴系系统中，圆光栅的外径决定了轴系的径向尺寸，若选择外径大的光栅，机械分辨率虽高，但主轴的直径相应增大，转动惯量也相应增大，对轴系的稳定性有一定影响。若光栅外径小，外形尺寸紧凑，但小的（0.2″）分辨率又无法达到。综合考虑以上因素，最终选定栅距 20 μm、外径 100 mm、内径为 80 mm 的圆光栅。它的栅线刻划精度为±2.1″，系统精度为±2.9″。±2.1″的光栅分辨率尚不能满足 0.2″的分辨率要求，需要在光栅系统中加入细分装置。

圆光栅编码器的不锈钢圈为镀金表面，其反光性能良好，独特的光学设计确保短周期误差小，典型情况小于±0.15 μm 的周期误差（或细分误差）。圆光栅结构形式及外形尺寸系列如图 10.23 所示。

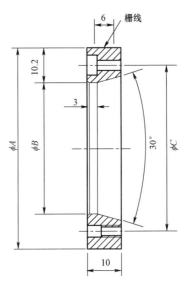

不锈钢圈尺寸	φA	φB	φC
75 mm （3 in）	75.4 75.3	55.04 55.00	65
100 mm （4 in）	100.4 100.3	80.04 80.00	90
150 mm （6 in）	150.4 150.3	130.04 130.00	140
200 mm （8 in）	200.4 200.3	180.04 180.00	190

图 10.23 圆光栅结构形式及外形尺寸系列

3. 圆光栅与主轴间的安装定位

采用与主轴中心线夹角为 15°的锥度基面安装方式，如图 10.24 所示。锥孔安装易于集成，可以减少安装误差，因此容易保证光栅与主轴的同轴度。光栅的内锥角为 30°±0.2°，加工时主轴锥面与光栅配磨，对主轴锥面的配磨精度要求为 30°±0.1°（全锥角）。主轴与圆光栅内圆采用过渡配

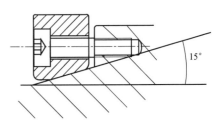

图 10.24 圆光栅与主轴的锥面安装

合，这样可以控制圆光栅的椭圆度，增加刚性。由于圆光栅的横截面很小，光栅与主轴装配时，由精度和刚度导致的所有的安装误差以及端面跳动和椭圆度均可通过锥面安装时的精确调整获得补偿，例如，调整光栅上的安装螺钉可对

偏心和轮廓误差进行控制，以减少端面跳动。

4. 读数头

读数头由硅光电池、光源、聚光镜、计数器集成而成。将主轴的回转角转换为电压输出，一个电压周期对应光栅的一条刻线。与圆光栅之间为非接触式光学设计，读数头使用玻璃网格板的"棋盘"式镀铬刻线作为指示光栅尺，工作原理是：取来自刻线的最强和最弱的反射光，因为反射区域和非反射区域组成的图案使 X 轴和 Y 轴都有反射光，由读数头中互成 90°的两个光学元件分别读取。两个光学元件集成在一个壳体内，分别读出 X 轴、Y 轴的信号并通过两路独立的电缆输出。读数头上带有内置调整 LED，由指示灯的颜色显示调整状态，无须示波器或其他复杂的安装监控装置。指示灯颜色的显示含义为：绿色——最佳调整状态；橙色——认可调整状态，需进一步调整到最佳状态；红色——不认可状态。选用 RGH20B 型读数头，其外形如图 10.25 所示。内置 LED 信号强度的输出如图 10.26 所示。

图 10.25 读数头

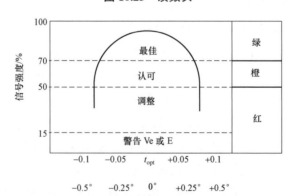

图 10.26 读数头内置 LED 的安装调整输出图

读数头采用模拟或数字方波信号输出,模拟信号输出为工业标准的 1Vpp 模拟输出信号,方波数字量为 5 μm～10 nm,信号形式如图 10.27 所示。读数头可加入集成内置细分电路(细分盒),不加细分盒时,数字信号分辨率范围为 5～0.1μm;读数头与细分盒结合使用时,数字信号分辨率范围为 50～10 nm。由轴系对光栅分辨率的要求,选择英国雷尼绍公司的 RGH20B 读数头+RGE00 细分盒可得到分辨率为 50 nm 的数字方波信号(对于外径 100 mm 的光栅,50 nm 的数字信号对应角分辨率 0.206 26″)。RGH20B 读数头输出信号强度与光栅转速的关系如图 10.28 所示。

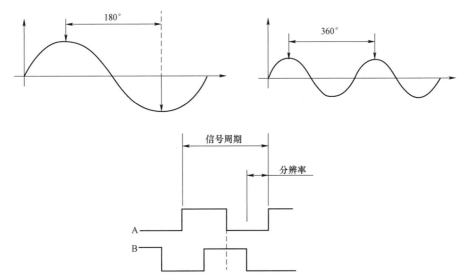

图 10.27　读数头输出的模拟及数字方波信号

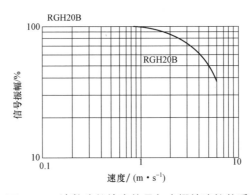

图 10.28　读数头的输出信号与光栅转速的关系

读数头具有带调整的外置插补器，外径为 4.2 mm 的柔性双屏 8 芯电缆，计数时钟频率为 8 MHz，工作电压为 5 V±5%，工作电流为 110 mA，谐振频率为 55～2 000 Hz，质量为 11 g，尺寸为 14.8 mm×36.0 mm×13.5 mm（高×长×宽）。

读数头的安装面可安排在光栅的顶部、底部或侧面，读数头相对于圆光栅的安装要同时保证径向、切向和轴向三个位置。对扭摆（±1°）、倾斜（±1°）、滚摆（±0.5°）、偏置（±0.1 mm）、骑高（0.8±0.1 mm）等均要打表调整。由于整个轴系固定在平板上，为调整方便，读数头只能放置在轴系的顶部或侧面。出于调整操作方便考虑，选择顶部安装方式，如图 10.29 所示。

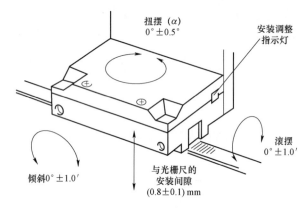

图 10.29　读数头的安装精度要求

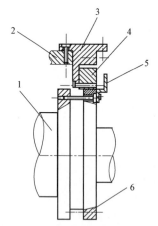

图 10.30　圆光栅与读数头的安装
1—主轴；2—主轴座；3—读数头支架；
4—读数头；5—零位；6—圆光栅

图 10.30 所示为圆光栅与读数头的安装。读数头 4 与读数头支架 3 连接成为一体，零位 5 与圆光栅 6 连为一体。安装时沿主轴座 2 径向放入，并微加调整，读数头与圆光栅的安装径向间隙（0.8±0.1）mm。读数头支架在主轴座上滑动，沿圆光栅的轴向及切线方向（即主轴 1 的轴向及切线方向）微位移，安装调整时观察读数头内置 LED 的指示灯，指示灯为绿时，表明读数头的位置安装正确。

读数头带有零位标记和限位开关，通过标准的磁性机构触发，如图 10.31 所示。零位标记提供一个可重复定位的参考原点或零点位置，限位开关用来指示旋转运动的停止点。不用接线或单独的继电器，集电极开路或线驱动器形式输出，重复精度<0.1 mm。限位开关粘贴到所需位置即可完成安装。

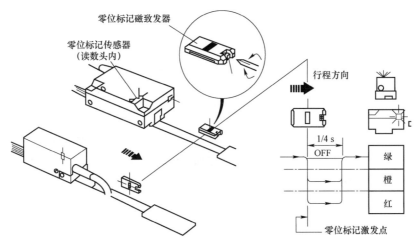

图 10.31　读数头零位标记

光栅系统的附件除参考零位、限位开关以外，还包括细分盒/接口、安装导向器和端压块，如图 10.32 所示。扁平柔性电缆，连接光栅读数头到小型的 PCB 接口上。

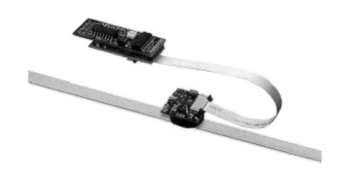

图 10.32　读数头零位标记为集成式芯片结构

5. 光栅系统误差分析

与角度运动系统有关的误差源可分为重复性误差和不重复性误差两类。对于非接触圆光栅 RESR，其重复性误差包括：

(1) 圆光栅固有的误差：分度误差——制造过程中产生的；结构误差——由钢圈的圆度误差引起的。

(2) 产品安装误差：偏心误差——由钢圈旋转中心线偏离其自身中心线引起的。

不重复性误差包括：

(1) 耦合的反向间隙。

(2) 传动轴的扭矩误差。

(3) 耦合损失及角度误差。

(4) 机械滞后所带来的不重复误差。

这些误差的大小随着圆光栅钢圈的大小和安装形式而变化。但分度误差是光栅固有的误差，只能通过误差测绘技术来减少；对于 RESR20USA100 光栅及 RGH20B 读数头而言，使用误差测绘技术可获得 ±0.05 弧秒的精度等级。重复误差包括编码器系统的重复精度、轴承间隙、轴的挠曲变形、读数头变形和温度梯度的影响。对于圆光栅测角系统而言，系统误差能够通过定标被标测，测量前可经数据处理去除，从而提高测角精度。在圆光栅上使用两个或多个读数头，可以消除主轴的径向跳动，实现微小的精密角度位移，提高角度测量精度，从而提高整个精密轴系的测量精度，如图 10.33 所示。

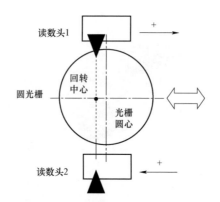

图 10.33　在圆光栅直径方向安装两个读数头，取平均值可减少偏心误差

6. 力矩电动机

直流力矩电动机输出转矩与输入电流成正比，转矩与转动惯量的比值大。

特别适用于低转速、大转矩输出和能长期堵转下工作的要求。适用于电动机体积小、质量小、速度和位置精度高的伺服系统。

为了得到较大转矩、较低转速，直流力矩电动机设计成盘式结构。总体结构形式有分装式和组装式两种，我们采用分装式。选用 J130LYX01 型永磁式直流力矩电动机，其主要技术数据如表 10.1 所示。

表 10.1　J130LYX01 型永磁式直流力矩电动机技术数据

峰值堵转			连续堵转			最大空载转速/(r·min^{-1})	电气时间常数/ms	电枢转动惯量/(kg·m^2)	转矩波动系数/%	质量/kg
电压/V	电流/A	转矩/(N·m)	电压/V	电流/A	转矩/(N·m)					
27	4.2	2.8	12	1.85	1.25	310	1.2	0.002	5	0.85

该力矩电动机的结构及尺寸如图 10.34 所示。电枢是中空的，没有轴，可以直接套在主轴上进行驱动，而不需要联轴器。电枢从定子中取出时，定子需用磁短路环保护，否则会引起磁钢退磁。

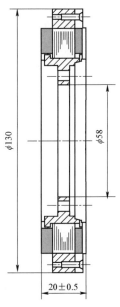

图 10.34　J130LYX01 型直流力矩电动机结构及尺寸

10.7.5 精密轴系关键零部件的设计

精密轴系由数个零件组成，这里重点介绍几个主要零件的结构设计。

1. 气浮轴承电主轴的安装固定

气浮轴承电主轴为外购件，由洛阳轴承研究所研制。气浮轴采用空气静压支承，经过精密动平衡后可将不平衡偏心量控制在 1 μm 以内。由于气浮轴的回转精度很高且又处于高速旋转运动中（第一工作转速：24 000 r/min，频率 400 Hz；第二工作转速：36 000 r/min，频率 600 Hz），为减少因高速运动而产生的振动问题，对气浮轴与工作台的安装固定需要缜密考虑。

将气浮轴固定在工作台（零级大理石平板）上时，应使轴的谐振频率低于或高于轴的工作频率。实验表明，气浮轴承的谐振频率范围为 350～420 Hz，由于工作频率在谐振频率范围内，需要对气浮轴承内部结构进行调整。气浮轴经拆卸调整并重新动平衡后，谐振频率高于 2 kHz，在轴的工作频率范围之外。

气浮轴与工作台的安装固定采用轴套抱紧气浮轴，再将轴套固紧在大理石平板上的固定方式。轴套内孔与气浮轴外径配研，研磨精度为 1 μm。轴套法兰盘下底面为研磨面，轴套内孔轴线与法兰盘下底面的垂直度要求为 1 μm，法兰盘下底面与大理石平板上结合定位，固定完毕后，以气浮轴的轴线位置作为整个精密轴系的装配调整基准。

2. 主轴的结构

角度测量的圆光栅和被测光电传感器都安装在主轴上或者依靠主轴为支承来安装，因此主轴系统是角度测量仪器的关键零件。设计轴的目的是确定轴的结构（形状、尺寸）、材料和必要的配合公差、表面粗糙度及热处理等技术要求。对于精密轴系的主轴，其精度要求较高，应该进行刚度校核。在测量过程中主轴应具有转动灵活及固紧可靠的特点，主轴应能做快、慢速运动及可靠的固紧。对主轴的精度设计要求：

1）转动时精度高

主轴转动时若存在偏心距 e，则主轴的径向晃动量为 $2e$。设计时要求轴的晃动小于 1 μm，则主轴回转运动时其晃动量为 2 μm。光栅读数头与光栅的间隙为 (0.8±0.1) mm，因此，光栅的读数精度不受主轴径向晃动的影响。

2）轴向跳动小

主轴的轴向跳动会使回转盘产生相应的轴向跳动，并转化为探测器固定支座即光电传感器轴线相对于气浮轴球冠转子的径向跳动。本轴系中要求轴向跳动不大于 1 μm。

3）足够的刚度

对主轴的结构设计要求：

（1）轴上零件及轴承的布置和固定定位，以保证轴的稳定性。

（2）轴受力的大小与分布情况及其他与强度和刚度有关的因素，以保证轴有足够的承载能力。

（3）制造与装配、拆卸的工艺性。

（4）在满足工作要求的前提下，轴的外形应尽可能简单。因为简单的轴加工方便，热处理不易变形，并能减少应力集中。

主轴上要安装的零件比较多，有回转盘、力矩电动机、圆光栅、轴承等，因此将主轴设计成阶梯形，各部分装上相应的零件。阶梯轴的优点是零件数少，但壁厚相差很大，对热处理及精加工的要求较高。

主轴材料的选择原则是：具有足够的硬度，热处理后变形小，组织稳定且易于加工。在安装轴承部位，对主轴的硬度要求为HRC65。主轴材料选择合金钢40Cr，合金钢强度高，热处理性能好，硬度高，质量小，耐磨性好。

从轴系的装配顺序考虑，轴承的外径应小于圆光栅和力矩电动机的内径，圆光栅的内径为 80 mm，力矩电动机的内径为 56 mm，所选轴承的型号为70006/P4，轴承的外径为 55 mm，内径为 35 mm。主轴的结构如图 10.35 所示。

3. 主轴座的结构

从轴系的稳定性考虑，将轴系的支承设计成整体式结构，即主轴座零件。主轴座对回转轴起着支承作用，要承受轴系各部件的重力、工件的重力和传动部件的力，它的设计及制造质量对精密轴系的质量有直接影响。如果主轴座制造得不准确，则装在它上面的工作部件的相对位置和相对运动都不会准确，从而影响精密轴系的总体精度。

主轴座起支承及连接其他部件的作用，在受力时，轴座本身及与其他部件的接触面会产生变形，如果变形过大，会影响轴系的运动精度。由于主轴座体积较大且形状复杂，设计时采用铸件的结构形式，因加工时间较短，需要对铸件材料进行人工时效，以起到消除应力而使材料的应变减到最小的作用，从而保证整个轴系的刚度和精度要求。

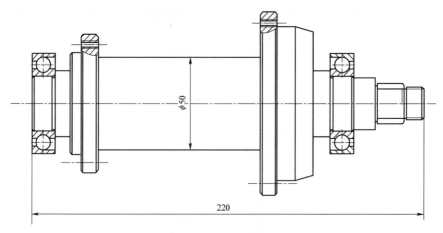

图 10.35　主轴结构

主轴座的设计原则是：根据轴系的总体布局和各部分的结构要求，确定主轴座的基本形状和尺寸。基本形状为薄壁的空心结构，这样对减轻零件质量、提高刚度有很大的好处。采用外方内圆的结构形式，为配合主轴回转零件的形状，主轴座内孔设计为圆形，空心圆孔对提高抗弯和抗扭刚度效果很好；为增加稳定性，主轴座的外形设计为矩形；主轴座支撑点的分布选择沿主轴的轴向方向，可以使轴的重心均匀分布，使自重所产生的变形为最小。具体结构形式如图 10.36 所示。

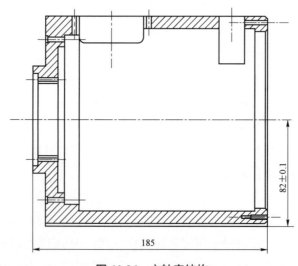

图 10.36　主轴座结构

精密轴系的总装配图如图 10.37 所示。轴在主轴座中转动灵活，精度调整时，微动主轴座，使轴系回转盘上固定的探测器固定支座与气浮轴精确对位，实现标定系统的零位对中。力矩电动机驱动主轴回转运动，实现探测器固定支座相对于气浮轴球冠转子的微小角度偏移，圆光栅的转角由光栅读数头读出，电路处理系统给出微小角度偏移的数值。

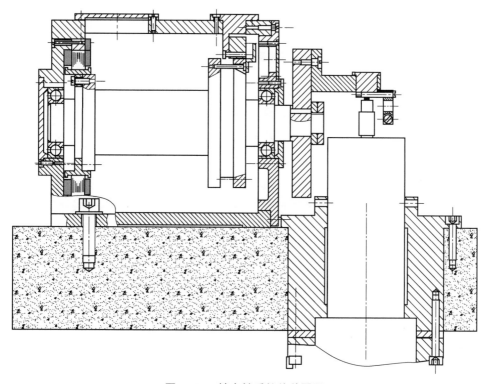

图 10.37 精密轴系的总装配图

10.7.6 精密轴系控制驱动及转角读出系统

标定装置采用永磁直流力矩电动机驱动精密轴系转动，进而带动光电传感器绕球冠转子转动，精密轴系的转动角度大小采用圆光栅进行检测。控制与转角测量系统采用一种闭环跟踪系统，其电气控制和角度检测如图 10.38 所示。

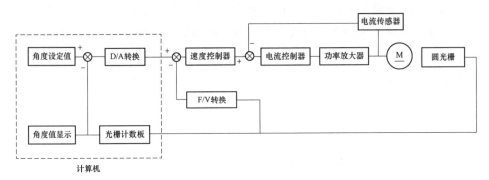

图 10.38　控制及角度读出系统方框图

直流电动机驱动及精密轴系转角读出系统是由三个环路组成的闭环跟踪系统，这三个环路分别为位置环、速度环和电流环。在本系统中，位置环采用数字控制方式，电流环和速度环采用模拟控制方式。电流环由电流控制器、功率放大器、直流力矩电动机以及电流测量传感器测量的电枢电流负反馈电路组成。速度环由速度控制器、电流环及圆光栅测量系统的输出的转速反馈量组成。位置环由初始设定的数字量、速度环、电流环、圆光栅测角系统输出的反馈数字量组成。开始工作时，首先给出角度设定值的大小，该设定值与圆光栅计数板输出的角度测量值进行比较，差值供给 D/A 转换器，由 D/A 转换器输出模拟量给速度控制器。速度控制器将该值与频率电压转换器输出的速度反馈信号进行比较后，差值加到电流控制器。电流控制器的输出经过功率放大后，驱动直流永磁力矩电动机转动，直到其转过的角度与计算机设定的角度值相等。同时，计算机将测量的转动角度以数字量的形式在显示器上显示。D/A 转换器及光栅计数板插在计算机的插槽内。

永磁直流电动机具有良好的控制性能，具有启动转矩较大，相对功率大和响应速度快等优点。电动机的电枢电流、转矩、转速之间具有如下关系：

直流电动机的电磁转矩为

$$T_{em} = K_t i_a \tag{10-10}$$

式中，K_t 仅与电动机本身的结构参数有关；i_a 为电枢电流。

转速的变化与转矩的关系为

$$I \frac{d\omega}{dt} = T_{em} - T_d \tag{10-11}$$

式中，I 为转动惯量；T_d 为阻尼和负载力矩。

反电动势与转速的关系为

$$E_a = K_e \omega \quad (10-12)$$

电枢电压、电流之间的关系为

$$u_a = R_a i_a + L_a \frac{\mathrm{d}i_a}{\mathrm{d}t} + E_a \quad (10-13)$$

通过上述公式可以分析电动机的电流、转矩、转速之间的关系，进而设计合适的控制测量系统。

1. 电流环

图 10.39 所示为电流环的工作原理，主要是通过调节电枢电流控制电动机的转矩，改善电动机的工作特性和安全性。开始启动时，加在电流控制器上的电压，通过电流控制器给出较大的电枢电流，得到大的电磁转矩，迅速克服负载力矩，使电动机快速运转。由于电流环的存在，电枢电流作为反馈回量形成反馈电压与初始电压值进行比较，通过差分放大使电流控制器输出电流减小，电动机的电磁转矩相应减小，进而使速度的变化量减小。输入电压通过电流环控制电磁转矩，电流环是直流电动机的转矩调节系统。它的另一个作用是，当负载突变时，由于电流反馈环的存在，不会因为反电动势的作用，使电枢电流过大而出现损坏电动机控制元件的事故。

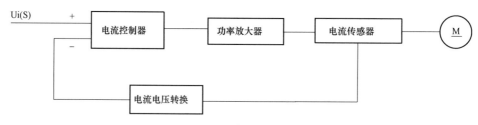

图 10.39　电流环的工作原理

直流电动机的电枢电流采用霍尔电流传感器检测，霍尔电流传感器串联入电动机控制回路。本电流环采用 LA28 霍尔电流传感器，其线性度优于 0.2%，测量精度优于 0.5%，并具有快的响应时间，较高的跟踪精度。检测的电枢电流通过电流电压转换装置形成负反馈电压反馈到电流调节器。

功率放大电路的主回路采用 H 型开关电桥，有两个 OPA541 功率放大芯片，其输出电压为 ±20 V，输出电流为 3 A。具有欠压、过压保护，电流保护，失控、超载保护等功能。

电流控制器设计为比例–积分控制器。

2. 速度环

速度环的作用就是使电动机的转速恒定与设定值相等。当反馈回的速度值远小于设定的速度值时，设定值与反馈值的差较大，速度控制器输出较大的电压值到电流控制器，通过电流环的作用来提高转速，直至其控制的电动机的旋转速度与初始设定的速度相等。

电动机转速的检测采用了 F/V 转换的原理。由圆光栅输出的两路相差 90°的方波信号 A+，A−，B+，B−，首先被送入四倍频鉴向电路，由四倍频鉴向电路输出两路脉冲方波序列信号 Xa 和 Xb。这两路方波信号的输出与电动机的转向有关，当电动机顺时针旋转时，Xa 信号为四倍频的方波信号，Xb 为低电平直流信号；当电动机逆时针旋转时，Xb 信号为四倍频的方波信号，Xa 为低电平直流信号。将这两路信号分别送入频率电压转换器 LM331，进行频率电压转换，得到与光电频率信号成正比的直流电压信号，它们分别反映电动机的顺时针旋转速度和逆时针旋转速度。这两路直流电压信号再送入差动放大器，由差动放大器输出的电压信号就可以作为速度反馈电压信号。电动机顺时针旋转时，输出正的反馈电压信号；电动机逆时针旋转时，输出负的反馈电压信号。其电路原理如图 10.40 所示。

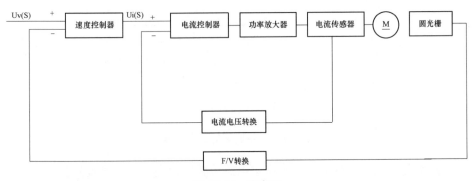

图 10.40　速度环

3. 位置环

圆光栅测角系统输出的角度以反馈数字量的形式与初始设定的角度值相比较，差值经过 D/A 转换后，送到速度控制环路，如图 10.41 所示。

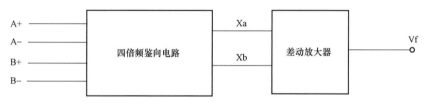

图 10.41　电动机转速检测原理

在速度环路控制中，电压信号与圆光栅测角系统输出的转速电压信号相比较后，差值加到电流控制回路。电流控制器的输出经过功率放大器后，驱动直流力矩电动机转动，直到其圆光栅测角系统输出的角度值和初始设定的角度值相等。

图 索 引

图 1.1　莫尔轮廓术的测量原理 …………………………………… 002
图 1.2　机械触针轮廓仪原理 ……………………………………… 005
图 1.3　激光片光垂直照明三角法测量原理 ……………………… 007
图 1.4　傅里叶变换轮廓术测量原理 ……………………………… 008
图 1.5　TOPO 表面测量系统 ……………………………………… 010
图 1.6　激光菲索干涉仪检测光路示意图 ………………………… 013
图 1.7　ZYGO GPI 系列干涉仪 …………………………………… 014
图 1.8　FISBA 干涉仪内部光路简图 ……………………………… 015
图 1.9　共焦成像法原理 …………………………………………… 016
图 1.10　三种常用离焦检测原理 …………………………………… 017
图 1.11　外差干涉光学探针 ………………………………………… 019
图 1.12　微分干涉光学探针原理 …………………………………… 020
图 1.13　扫描电子显微镜原理示意图 ……………………………… 021
图 1.14　扫描隧道显微镜原理示意图 ……………………………… 023
图 1.15　原子力显微镜原理示意图 ………………………………… 024

图 2.1　相移干涉测量原理 ………………………………………… 030
图 2.2　分步进相移干涉术原理 …………………………………… 032
图 2.3　线性连续相移与分步进相移的光强采集方式 …………… 035
图 2.4　Twyman–Green 相移干涉系统 …………………………… 036
图 2.5　Mach–Zehnder 相移干涉系统 …………………………… 037
图 2.6　分步进相移分光路干涉显微测量系统 …………………… 037

图 2.7 当等间距采样而扫描范围小于 2π 时条件数与扫描范围的关系曲线 ·················· 041

图 2.8 几种典型的移相方法 ·················· 041

图 2.9 压电陶瓷的迟滞现象 ·················· 045

图 2.10 压电陶瓷的非线性现象 ·················· 045

图 2.11 压电陶瓷微位移致动器微位移机构三维图 ·················· 047

图 2.12 包裹在 ±π 之间及解包裹后的一维相位分布 ·················· 049

图 3.1 四种传统快速算法线性相移差与相位误差 $P-V$ 值关系 ·················· 061

图 3.2 探测器二次非线性响应导致的相位测量 $P-V$ 值误差曲线 ·················· 063

图 3.3 四种算法对探测器三次非线性响应误差的灵敏程度 ·················· 063

图 3.4 四种快速算法对非线性相移误差的灵敏程度 ·················· 064

图 3.5 多项式特性图 ·················· 072

图 3.6 有些根可同时消除两个谐波，从而减少干涉图帧数 ·················· 072

图 3.7 特征多项式特性图（带圈圆点表示双根，圆点表示单根，数字为谐波数） ·················· 075

图 3.8 $I_\varphi \sim I_\psi$ 构成的 Lissajous 图 ·················· 078

图 4.1 计算机模拟高斯函数相位包裹图及解包裹图 ·················· 091

图 4.2 运用传统相位解包裹法进行二维相位解包裹 ·················· 092

图 4.3 包裹相位和解包裹相位示意图 ·················· 095

图 4.4 对任意相邻的四个像素点，其包裹相位差之和应为零 ·················· 103

图 4.5 采用相移干涉术进行的计算机模拟测试 ·················· 110

图 4.6 相位图 ·················· 113

图 4.7 相位图 ·················· 114

图 4.8 极点分布图 ·················· 114

图 4.9 Goldstein 枝切产生流程 ·················· 115

图 4.10 枝切图 ·················· 116

图 4.11　沿路径积分流程 ··· 117
图 4.12　枝切法解包裹相位图 ·· 118
图 4.13　相位微分变化图作为质量图 ···································· 120
图 4.14　质量图导引解包裹相位图 ······································· 120
图 4.15　离散余弦变换解包裹图 ·· 122
图 4.16　对应三维图 ··· 122
图 4.17　快速傅里叶变换解包裹图 ······································· 122
图 4.18　对应三维图 ··· 122
图 4.19　直接求解 Poisson 方程解包裹图 ······························ 123
图 4.20　对应三维图 ··· 123
图 4.21　平滑迭代解包裹 ·· 124
图 4.22　进行平滑处理之前 ··· 124
图 4.23　进行平滑处理之后 ··· 124

图 5.1　三种类型的干涉显微镜 ··· 129
图 5.2　基于干涉显微原理的表面微观形貌测量系统组成示意图 ········ 130
图 5.3　偏振相移干涉显微测量系统 ····································· 131
图 5.4　相移干涉表面微观形貌测量系统结构框图 ···················· 132
图 5.5　XJC−1 型微分相衬干涉显微镜外形 ··························· 133
图 5.6　图像采集电路原理框图 ··· 134
图 5.7　检偏器驱动系统原理框图 ······································· 135
图 5.8　微分相衬干涉显微光路结构原理 ······························· 136
图 5.9　偏振元件的方位 ··· 137
图 5.10　微分干涉相衬显微测量系统中任一像素点的光强与检偏器方位
角 θ 的实测曲线 ··· 139
图 5.11　Nomarski 棱镜光路 ··· 140
图 5.12　氯化钠晶体干涉图像 ·· 141
图 5.13　积分帧长 Δl 与 $\Delta H_x(x,y)$ 及剪切量 ΔX 的关系 ··············· 143

图 5.14　最小二乘中线 ……………………………………………… 144
图 5.15　▽12.5 粗糙度样块相移干涉图 …………………………… 146
图 5.16　▽12.5 粗糙度样块的形貌图 ……………………………… 146
图 5.17　▽12.5 粗糙度样块在 $y=200$ 处的轮廓曲线 …………… 146
图 5.18　测量工作流程 ……………………………………………… 147
图 5.19　测量系统主程序框图 ……………………………………… 147
图 5.20　测量系统数据处理程序框图 ……………………………… 148

图 6.1　微分相衬干涉显微镜的反射式及透射式光路示意图 …… 150
图 6.2　β 值调整程序框图 ………………………………………… 152
图 6.3　倾斜校正前的平晶三维图 ………………………………… 154
图 6.4　倾斜校正后的平晶三维图 ………………………………… 154
图 6.5　平晶三维图在 $y=300$ 及 $x=300$ 处的二维轮廓曲线 …… 155
图 6.6　$y=300$ 轮廓线的频谱图 ………………………………… 155
图 6.7　高通滤波后平晶三维形貌 ………………………………… 156
图 6.8　高通滤波后平晶三维的 y 向校平 ………………………… 156
图 6.9　中值滤波去噪后的平晶三维形貌 ………………………… 156
图 6.10　中值滤波去噪后的平晶二维轮廓 ……………………… 156
图 6.11　滤波与平滑前的粗糙度样板 …………………………… 157
图 6.12　$y=400$ 处的频谱 ………………………………………… 158
图 6.13　滤波与平滑后的粗糙度样板 …………………………… 158
图 6.14　台阶高度测量结果 ……………………………………… 159
图 6.15　光盘盘片表面凹坑的测量结果 ………………………… 160
图 6.16　硅片表面划痕测量结果 ………………………………… 160
图 6.17　相位解包裹前 …………………………………………… 162
图 6.18　相位解包裹后 …………………………………………… 162
图 6.19　表面粗糙度样板的干涉图像、三维形貌重构及二维轮廓图 …… 163
图 6.20　相位解包裹后的三维形貌及跳变线处的二维轮廓和高度值 …… 164
图 6.21　粗糙度样板图 …………………………………………… 166

图 6.22　一条"坏"轮廓线（$y=265$ 处）的频谱图 …………………… 166
图 6.23　带通滤波解包裹的三维形貌及二维轮廓 …………………… 167
图 6.24　传统相位解包裹的三维形貌及二维轮廓 …………………… 167
图 6.25　表面粗糙度样块的三维形貌重构及一条二维轮廓图 ……… 168
图 6.26　Talysurf–5p 触针仪测量 Ra 值为 0.35 μm 粗糙度样块的二维轮廓图 ………………………………………………………………… 169
图 6.27　$Ra=2.1$ μm 粗糙度样块原图 ………………………………… 173
图 6.28　$Ra=2.1$ μm 粗糙度样块测量结果 …………………………… 174
图 6.29　三个样块的干涉图像 ………………………………………… 183
图 6.30　三个样块的三维形貌 ………………………………………… 184

图 7.1　$m=0$ 时，$R_n^m(\rho)$ 随着 ρ 的变化趋势 ………………… 191
图 7.2　$m=1$ 时，$R_n^m(\rho)$ 随着 ρ 的变化趋势 ………………… 191
图 7.3　$m=2$ 时，$R_n^m(\rho)$ 随着 ρ 的变化趋势 ………………… 192
图 8.1　线性误差响应曲线 ……………………………………………… 211
图 8.2　二阶非线性误差响应曲线 ……………………………………… 211
图 8.3　探测器的二次非线性误差响应曲线 …………………………… 213
图 8.4　多光束干涉效应误差响应曲线 ………………………………… 214
图 8.5　三步法、四步法和五步法高频噪声响应 ……………………… 215
图 8.6　Ra 0.09 粗糙度样块干涉图像 ………………………………… 223
图 8.7　Ra 0.09 粗糙度样块三维形貌 ………………………………… 224
图 8.8　Ra 0.09 粗糙度样块二维轮廓图 ……………………………… 225
图 8.9　光学系统对台阶表面的测量 …………………………………… 226
图 8.10　Ra 0.35 粗糙度样块干涉图像 ………………………………… 227
图 8.11　三种算法的三维形貌 …………………………………………… 227
图 8.12　三种算法在同一位置处的二维轮廓 …………………………… 228
图 8.13　算法 3 在同一位置处七次测量的二维轮廓 …………………… 229
图 8.14　Ra 0.09 粗糙度样块干涉图像 ………………………………… 231

图 8.15　三种算法的三维形貌 ·· 231
图 8.16　三种算法在同一位置处的二维轮廓 ··· 232
图 8.17　数值孔径的影响 ·· 236
图 8.18　样品倾斜 ··· 237
图 8.19　测量系统正焦时的三维形貌及二维轮廓图 ···································· 238
图 8.20　测量系统离焦 10 μm 后的三维形貌及二维轮廓图 ························ 239
图 8.21　测量系统离焦 20 μm 后的三维形貌及二维轮廓图 ························ 241

图 9.1　振幅能量式传感器测量原理 ·· 247
图 9.2　振幅相位式传感器的典型结构 ··· 248
图 9.3　振幅频率式自动反射镜传感器 ··· 249

图 10.1　球冠与空气静压轴承主轴的连接 ··· 252
图 10.2　2″光学分度头 ·· 252
图 10.3　测角、标定、对中系统 ·· 252
图 10.4　机械接触法对中 ·· 253
图 10.5　分划板组件 ·· 254
图 10.6　光电自准直仪与平面反射镜的细分读数 ······································· 255
图 10.7　球冠转子 ··· 256
图 10.8　空气静压轴承气路工作流程 ·· 257
图 10.9　锥角误差对基面距的影响 ·· 258
图 10.10　精度装调示意图 ·· 260
图 10.11　平板平面度的检验 ··· 261
图 10.12　实际转角与理论转角关系 ·· 262
图 10.13　实际转角与理论转角间的关系曲线 ··· 263
图 10.14　光电传感器测角、标定、对中系统 ··· 264
图 10.15　微小角度偏移的数字显示 ·· 264
图 10.16　精密轴系结构 ·· 266

图 10.17	步进电动机驱动的运动过程	266
图 10.18	直流力矩电动机驱动的运动过程	267
图 10.19	精密轴系布局 1	268
图 10.20	精密轴系布局 2	268
图 10.21	非接触式光栅系统工作原理	270
图 10.22	圆光栅编码器	270
图 10.23	圆光栅结构形式及外形尺寸系列	271
图 10.24	圆光栅与主轴的锥面安装	271
图 10.25	读数头	272
图 10.26	读数头内置 LED 的安装调整输出图	272
图 10.27	读数头输出的模拟及数字方波信号	273
图 10.28	读数头的输出信号与光栅转速的关系	273
图 10.29	读数头的安装精度要求	274
图 10.30	圆光栅与读数头的安装	274
图 10.31	读数头零位标记	275
图 10.32	读数头零位标记为集成式芯片结构	275
图 10.33	在圆光栅直径方向安装两个读数头,取平均值可减少偏心误差	276
图 10.34	J130LYX01 型直流力矩电动机结构及尺寸	277
图 10.35	主轴结构	280
图 10.36	主轴座结构	280
图 10.37	精密轴系的总装配图	281
图 10.38	控制及角度读出系统方框图	282
图 10.39	电流环的工作原理	283
图 10.40	速度环	284
图 10.41	电动机转速检测原理	285

表 索 引

表 1.1　微观形貌测量方法汇总 ································· 004

表 1.2　机械接触式和光学非接触式轮廓仪优缺点比较 ············· 006

表 1.3　TOPO 三种型号光学轮廓仪的性能参数 ···················· 011

表 1.4　ZYGO 两种型号非接触式表面轮廓仪主要性能 ············· 012

表 1.5　菲索型与泰曼–格林型干涉仪优缺点比较 ·················· 013

表 1.6　ZYGO 干涉仪主要性能指标 ······························ 014

表 3.1　常用的传统快速相位提取算法公式 ······················· 060

表 3.2　DFT 算式对 m 次谐波的灵敏性（无相移差存在） ·········· 074

表 5.1　微分相衬干涉显微物镜的有关性能参数 ··················· 134

表 6.1　β 输出值（X 向的像素点 1～10，Y 向的像素点 329～351）··· 153

表 6.2　相位跳变区域高度值 ··································· 163

表 6.3　相位跳变区域相位包裹去除后的高度值 ··················· 165

表 6.4　Ra 对比实验结果 ····································· 169

表 6.5　谷底附近的差分测量结果 ······························· 171

表 6.6　高度重复测量精度实验数据 1 ··························· 175

表 6.7　高度重复测量精度实验数据 2 ··························· 176

表 6.8　高度重复测量精度实验数据 3 ··························· 178

表 6.9　高度重复测量精度实验数据 4 ··························· 179

表 6.10　高度重复测量精度实验数据 5 ·························· 180

表 6.11　高度重复测量精度实验数据 6 ··· 181
表 6.12　高度重复测量精度实验数据 7 ··· 182
表 6.13　高度值数据处理结果（七次测量）·· 183
表 6.14　高度值数据处理结果（测量误差）·· 183
表 6.15　Ra 重复测量数据与处理结果 ··· 184
表 6.16　稳定性实验数据 1 ·· 185
表 6.17　稳定性实验数据 2 ·· 185

表 7.1　Zernike 圆多项式前 8 阶的表达式及其与像差的对应关系············ 189
表 7.2　部分 Zernike 项与像差的对应关系·· 194
表 7.3　Zernike 圆多项式在笛卡儿坐标（x, y）下的表达式····················· 199

表 8.1　压电陶瓷移相器与旋转检偏器移相器的性能比较························ 221
表 8.2　步进电动机连续运行实验数据·· 221
表 8.3　三种算法精度及定标系数·· 230
表 8.4　三种算法精度及定标系数·· 233
表 8.5　物镜倍率与采样间隔及表面斜率测量范围的关系······················· 237
表 8.6　离焦前后 Ra 值的比较··· 242

表 10.1　J130LYX01 型永磁式直流力矩电动机技术数据·························· 277